经济果林病虫害防治手册

上海市林业总站
上海市林学会

王焱·主编

上海科学技术出版社

图书在版编目（CIP）数据

经济果林病虫害防治手册 / 王焱主编. -- 上海 ：
上海科学技术出版社，2021.6
 ISBN 978-7-5478-5214-9

Ⅰ. ①经… Ⅱ. ①王… Ⅲ. ①果树－病虫害防治－手
册 Ⅳ. ①S436.6-62

中国版本图书馆CIP数据核字(2021)第078627号

经济果林病虫害防治手册
上海市林业总站

上海市林学会

王焱 主编

上海世纪出版（集团）有限公司
上海 科 学 技 术 出 版 社 出版、发行
(上海钦州南路 71 号 邮政编码 200235 www.sstp.cn)
浙江新华印刷技术有限公司印刷
开本 889×1194 1/32 印张 12
字数：300 千字
2021 年 6 月第 1 版 2021 年 6 月第 1 次印刷
ISBN 978-7-5478-5214-9/S·217
定价：132.00 元

内容提要

　　本书先以概述的形式，扼要介绍长三角地区经济果林栽培现状、病虫危害特点及防治策略与技术；然后，分两部分介绍有关内容。第一部分果林病虫害防治，分别介绍柑橘、桃、葡萄、梨、杨梅、苹果、柿、枇杷、猕猴桃、蓝莓等10种果树共124种病虫害，对每种病害或虫害，均具体介绍其生物学、生态学特性及防治方法，并配若干张彩色图片，便于读者对照鉴别；第二部分果林常用农药，主要介绍农药基础知识，以及生产上常用的32种杀虫剂和51种杀菌剂科学使用方法。

编写人员名单

顾问

叶建仁　郭玉人　郝德君

主编

王　焱

参编人员

上海市林业总站

王　焱　杨储丰　韩阳阳　张洪良　吴广超　张岳峰　樊斌琦

冯　琛　季　镭　刘璐璐　李玉秀　张宇鹏　王小月　郑　杰

蒋　飞　　　　　　上海市柑橘研究所

刘永杰　刘　锦　　　山东农业大学植物保护学院

陈建新　　　　　　安道麦股份有限公司

黄广育　盛峰雷　　　上海市金山区林业站

主编简介

王　焱

　　博士，教授级高级工程师，上海市林业总站副站长。长期从事林业有害生物防治等科研和管理工作。组织建立了上海市林业有害生物监测预警、检疫御灾、应急防控三大网络体系和森防队伍，实现了国家、市、区林业有害生物测报点的标准化建设；构建了集林业植物检疫申报、检疫追溯、远程监控、检疫管理和现场执法 APP 等为一体的林业植物检疫信息化云平台，实现了林业植物及其产品引种、调运和产地检疫的信息化管理；系统完成上海市林业有害生物名录数据库；开展无公害农药对水源涵养林生态环境影响的评估，实现以生物防治为主的绿色防治技术；建立了适合上海地区及整个华东地区引种陆生植物的入侵性多指标风险分析系统和上海及整个华东地区引种陆生植物可能携带检疫性有害生物的多指标风险分析系；研究筛选出了一批适合上海地区的优良抗病促生微生物，推广应用于上海生态林和经济林中，促进了林木的生长和防病效果，减少了化学农药使用。

主持 20 余项省、部级科研项目，获上海市科学技术进步二等奖（第一名）、国家梁希林业科学技术进步二等奖（第一名）各 1 项，获国家发明专利 4 项，主编专著 4 部，在核心期刊发表论文 52 篇。

获 2005~2006 年度上海市"三八红旗手"称号，2008 年入选上海领军人才，2013 年被全国总工会授予"全国五一巾帼标兵"，2018 年被国家人力资源和社会保障部、国家林业局授予全国林业系统"先进工作者"，2020 年经国务院批准享受政府特殊津贴等称号 20 余项。

兼任上海市林学会秘书长、上海市林业标准化技术委员会秘书长。

前言

　　随着社会经济的发展和人民群众对生活品质追求的提高，人们对经济果林产品特色特别是优质产品质量有了更高的需求。随着长三角区域经济建设的高速发展，果品已形成了巨大的消费人群和高端消费市场，"优质、健康、营养、安全"的农产品已经成为市场的迫切需求，特色、品牌和区域性果树栽培已成为长三角地区的区域特色，如上海以柑橘、桃、葡萄和梨为主的四大主栽经济果林已形成上海特有的"一区一品"的区域特色，江苏的无锡精品桃、长江枇杷、东陇海线甜樱桃、太湖杨梅等区域品牌，浙江的慈溪杨梅、奉化水蜜桃、黄岩蜜橘等知名地域果品品牌等，对农民增收、农业增效起着重要作用，是推进新农村建设的重要支柱产业。

　　随着经济果林种植结构、栽培方式、管理模式的调整，以及气候、环境的变化，经济林病虫害的危害仍然是制约果树产业发展的重要因素。优质、安全的果品生产，迫切需要相关科学技术的支撑。为进一步满足果农和技术人员在经济果林栽培管理中病虫害预测与防治的需求，有效推广、普及经济果林病虫害防治技术，本人组织业内专家和森防团队，结合本人主持的科研项目成果和工作实践，经过近5年的资料收集、走访果园种植地、咨询有关专家，力求较全面、系统地编写这本《经济果林病虫害防治手册》。

本书主要内容分两部分。第一部分果林病虫害防治，分别介绍柑橘、桃、葡萄、梨、杨梅、苹果、柿、枇杷、猕猴桃、蓝莓等 10 种果树共 124 种病虫害，对每种病害或虫害均具体介绍其生物学、生态学特性及防治方法，并配若干张彩色图片，便于读者对照鉴别；第二部分果林常用农药，在扼要介绍农药基础知识后，重点介绍 32 种杀虫剂和 51 种杀菌剂的科学使用方法。这些杀虫剂和杀菌剂都是生产中常用的农药品种。

本书编写得到业内有关专家的指导和帮助；各参编人员倾注了很大的精力，付出了辛勤的劳动。山东农业大学植物保护学院刘永杰教授提供了部分苹果病虫资料和图片；安道麦公司陈建新老师提供了部分杨梅病虫资料和图片；此外，个别图片取于国内外专业网站；书中手绘图为上海科学技术出版社提供。在编写过程中，得到了上海市林业总站领导和同仁的支持和帮助，在此表示衷心的感谢。

限于作者水平，书中不足和疏漏之处，恳请读者批评指正。

2021 年 5 月

目录

概述

第一部分·果林病虫害防治

一、柑橘

第二部分 · 果林常用农药

目录

参考文献

概述

随着农林产业结构的调整以及多种经营的开展，特别是退耕还林等重要林业生态建设工程的实施，经济林产业逐渐成为社会可持续发展的重要突破环节。发展经济林已成为改善地方生态环境、调整农业产业结构、繁荣农村经济的重要措施，在满足人民生活需求、增加农民收入、促进区域经济发展等方面发挥着重要作用。

我国经济林资源非常丰富，现有经济林面积2 139.00万 hm²，果树林占51.15%，食用油料林占16.03%，饮料林占8.65%，调料林占3.69%，药用林占1.53%，工业原料林占10.41%，其他经济林占8.54%。我国长三角地区经济果林的发展，不仅是促进郊区农林业增效、果农增收的特色产业，也是森林资源的重要组成部分，更是积淀着情感与自信的文化符号和物资载体。

（一）长三角地区经济果林现状

随着林业建设的加快和农村产业结构的调整，上海经济果林获得了快速的发展，以果树为主的经济林品种、产量、质量和产值都有较大的提高。虽然近几年果树种植面积逐年减少，但果品质量和产值有了明显提高。据2018年统计，上海果树种植面积达21.58万亩，其中投产面积20.4万亩，柑橘5.4万亩、桃6.7万亩、梨2.8万亩、葡萄5.1万亩，四大主栽果树占

注：1 亩 = 667 m²，1 hm² = 15 亩。

92.6%，形成了南汇水蜜桃、嘉定葡萄、松江水晶梨、崇明柑橘、金山蟠桃、奉贤黄桃和青浦枇杷等"一区一品"的区域特色果品栽培格局，创立了"传伦"葡萄、"皇姆"蟠桃、"锦绣"黄桃、"石升"蜜露桃、"仓桥"水晶梨和"前卫"柑橘等优质果品品牌，一大批果园通过了无公害、绿色产品和有机食品认证。经济果林的发展，还推进了果品文化、果品旅游产业的发展，果园已成为农林业生态旅游观光的主要目的地，如"南汇桃花节""马陆葡萄节""仓桥梨科技文化节""上海柑橘节"等以果树为主题的旅游节庆已经深入人心，成为上海城市和郊区相互之间增进了解和友谊的桥梁，促进了城市和乡村的和谐发展，为促进经济社会发展和改善生态环境做出了巨大贡献。

浙江水果是浙江省的传统产业，在农业结构调整、农村经济发展和农民收入增长中发挥着重要的作用。据 2017 年统计，全省果树栽培面积 488 万亩，以柑橘、杨梅、葡萄、桃、梨、枇杷、猕猴桃为主，另有李、柿子、梅、樱桃、蓝莓、枣、果桑等；果树资源丰富，特色明显，有"慈溪杨梅"、"奉化水蜜桃"、"黄岩蜜橘"等知名地域果品品牌。全省已基本建成浙东南沿海、中西部山地丘陵、浙北平原三大水果产业带；全省重点发展高效特色优势水果，产业结构进一步优化，葡萄、杨梅、梨和桃等在水果产业中的比重逐步提高。近些年，结合"农业部标准果园"创建、"浙江省水果产业提升"等项目，重点建设果园大棚、棚架、排灌设备设施、产地保鲜设备、果品自动选果分级机等生产设施；积极推广水果设施栽培、果园节水灌溉、病虫害综合防治等标准化生产技术，产业技术水平和基地设施水平进一步提升。

江苏省 2018 年统计，果树种植面积约 334 万亩；栽培的树种较多，其中以桃、梨、葡萄、苹果为主，另有石榴、柿、杨梅、枇杷、樱桃等。特色水果发展较快，重点发展精品桃、长江枇杷、东陇海线甜樱桃、太湖杨梅等。江苏省地跨淮河、长江两岸，水果树种分布区域化明显，苹果、梨、桃主要分布于苏北，其中苹果仅分布在徐州，柑橘、杨梅、枇杷等主要分布于苏南，重点构建沿海果区、太湖果区、长江果区和黄河故道果区。江苏省设施水果发展迅速，其中大棚、日光温室、避雨栽培及棚架栽培等设施果树面积达 53 万亩。在绿色防控方面，提倡建立苗木检疫证制度，推广生态安全的病虫害防治措施。

安徽省 2018 年统计，其水果栽培面积约 250 万亩，品种以桃、梨、苹果、葡萄、猕猴桃为主，其中桃的栽培面积最大，已有 60 余万亩。经济果林产业结构的优化、果农增产增收形成了安徽经济果林的特色品牌。

（二）经济果林病虫害危害特点

随着社会经济的发展和人们对生活品质追求的提高，人们对经济林产品特别是优质产品的需求也在相应增加。但经济林栽培品种仍然存在良莠不齐、抚育管理粗放、病虫害严重等问题，从而影响了品质和产量，直接影响经济效益。

目前，经济果林病虫害的危害仍然是制约果树产业发展的重要因素之一。其主要特点：

一是有害生物种类多，损失大。经济林有害生物发生地域范围广，危害种类多，而且在不同时期有不同的病虫种类发生，例如苹果有病害 90 余种，害虫 348 种；柑橘有病害近 100 种，害虫 354 种。如果防治措施不当，都会导致严重的产量损失和产品品质下降，甚至一年严重受害影响多年收成。比如，2003 年上海奉贤区发生桃潜叶蛾对黄桃的大面积危害，导致数千亩"黄桃"几乎绝收；2005 年橘小实蝇对柑橘的危害，严重影响果农的增产增收。

二是有害生物抗药性强，防治困难。由于多次连续使用同一种或二种药剂以及药剂使用不合理等，甚至个别使用高毒高残留农药，果园内有害生物抗药性普遍提高，致使防治成本增加，防治效果欠佳，形成恶性循环。

三是经营分散，交叉感染严重。由于地理区域限制或管理模式不同，造成经营分散，管理水平不一，联合互动性不强，防治时期不统一，经常出现你防他不防的情况，造成有害生物不能统防统治，形成交叉感染，防治效率低下等。

（三）经济果林病虫防治策略与技术

经济果林有害生物防治应围绕经济果林稳产和果品质量提高，立足预防措施的正确运用，以提高绿色防控和降低损失为前提，从田间管理抓起，把有害生物预防控制措施贯穿于经济果林栽培的各个环节，推进经济果林有害生物管理的科学化、规范化和标准化。

一是在品种选育和新品种培育上要注重品种的抗逆性和抗病虫能力，在品种选育、推广过程中，必须明确有害生物抗性指标，对主要有害生物高感的品种坚决不能推广种植。

二是强化田间管理。在经济林栽培过程中，管理措施是最根本、最经济的办法。改良土壤，合理施肥，增加生物菌肥和菌剂的使用，注重果林的排灌水；搞好果园卫生，及时查找和剪除病虫枝梢，摘除病虫果等，减少侵染源。通过科学管理可提高树体的抵抗力，有效控制有害生物侵害。

三是在经济林栽培过程中，每一个环节都要重视和加强有害生物的预防控制。加强经济林有害生物的监测预报工作，及时向果农发布病虫害预报信息，提供有害生物预防控制技术与注意事项咨询，指导果农科学预防有害生物。

四是要根据预测预报信息和害虫的发生规律抓住防治的关键时期，在害虫抵抗力最弱的虫态、最易防治的时期（第一代的 1 龄、2 龄幼虫期；初孵若虫期）进行防治；病害防治首先要做好预防，也要把握侵染循环的最佳防治期，早防早治，取得最佳防治效果。

五是为保证经济林产品质量，要大力推广使用生物农药、农业防治和物理防治等技术措施，尽可能降低农药使用量，在果树生产周期不重复使用同一种农药，使用安全低毒低残留农药，严格遵守农药管理条例，减少果园农药的面源污染，保证果品的质量安全。

六是实行联防联治，提高防治效率。建立健全民间组织，充分发挥合作社和种植大户以及乡土专家的作用，实现协防统管、风险同担、利益共享，形成互相监督、互相促进的格局，全面控制经济果林有害生物发生危害，促进经济果林产业化的健康发展。

第一部分

果林病虫害防治

一、柑橘

　　柑橘，芸香科植物，性喜温暖湿润气候，耐寒性较柚、酸橙、甜橙稍强。芸香科柑橘亚科分布在北纬 16°~37° 之间，是热带、亚热带常绿果树（除枳以外）。

　　目前，全国生产柑橘包括台湾在内有 19 个省（直辖市、自治区），南起海南三亚，北至陕、甘、豫，东起台湾，西到西藏雅鲁藏布江河谷，均有柑橘的身影。直至 2018 年，中国柑橘栽培面积达 4 000 余万亩，产量达 3 900 多万 t，是我国栽培面积及产量最大的水果。上海现有柑橘种植面积 5.4 万亩，栽培区域主要集中在崇明区。得天独厚的生态岛环境，使崇明柑橘自 20 世纪 70 年代开始就得到迅速发展，并创造了柑橘北缘地区生产栽培的奇迹。作为全市唯一的出口鲜果，崇明柑橘每年都远销加拿大、东南亚等地。

　　近年来，柑橘在华东地区主要病害有柑橘疮痂病、树脂病、炭疽病、白粉病、煤污病、青霉病、绿霉病和苗期立枯病等，主要虫害有红蜘蛛、锈壁虱、黑刺粉虱、柑橘粉虱、矢尖蚧、红蜡蚧、橘蚜、橘小实蝇、柑橘花蕾蛆、柑橘潜叶蛾、斜纹夜蛾、柑橘凤蝶、蜗牛和蛞蝓类等。监测的方法主要包括人工调查监测、测报灯监测、昆虫信息素监测和孢子捕捉仪监测等。

柑橘病害

柑橘疮痂病

· **病原**· 柑橘痂囊腔菌 (*Elsinoe fawcettii* Bitancourt et Jenk.)，属子囊菌亚门 (Ascomycotina) 痂囊腔菌属 (*Elsinoe*)；无性阶段为柑橘痂圆孢菌 (*Sphaceloma fawcettii* Jenkins)，属半知菌亚门 (Deuteromycotina) 痂圆孢属 (*Sphaceloma*)。

· **症状**· 主要危害春梢、嫩叶、幼果、花蕾等幼嫩组织。叶片受害初期会产生水渍状黄褐色圆形小斑点，后扩大颜色变为蜡黄色，病斑木质化向叶背部位突起呈圆锥形的疮痂，似牛角或漏斗状，叶片畸形扭曲。感病枝梢变短而小、扭曲，严重时叶片早期脱落。花瓣受害很快凋落。花瓣落后不久，幼果随即产生与叶片相似症状，引起早期落果。近成熟果实染病，病斑小，不明显。

· **发病规律**· 病原在病枝、叶上越冬，气温达到15℃以上且多雨潮湿时借助风雨传播。疮痂病只侵染幼嫩组织，刚抽出而未展开的嫩叶、嫩梢以及刚谢花的幼果最易受侵害，随着组织不断老熟，抗病能力逐渐增强，组织完全老熟后则不会感病。该病发生的温度范围为15~24℃，在春梢和幼果期发生严重；温度高于24℃后很少发病；橘类最易感病。夏梢期由于气温较高，一般发病较轻。15年以上树龄发病较轻；反之，较重。

· **防治方法**·

（1）冬季清除病果病枝，深埋已落入土中的病果，减少越冬病源，对越冬初始侵染源可每亩用1.5 kg 45%石硫合剂晶体喷雾。

（2）合理修剪、整枝，增强通透性，降低湿度；控制肥水，增施有机肥，培育健壮树势，促使新梢抽发整齐，提高树体抵抗力，减少侵染机会。

（3）一般1年喷药2~3次，可有效控制该病。第一次在早春萌芽时，第二次在落花时，第三次是在第二次用药后间隔3周。春芽期和花谢2/3时，以防治幼果疮痂病为重点，可选择70%代森联水分散粒剂500~580倍液，或12.5%烯唑醇可湿性粉剂1 500倍液，或17.5%氟吡菌酰胺加17.5%戊唑醇悬浮剂100~200 mg/kg，或60%唑醚·代森联水分散粒剂1 500倍液等药剂，均匀喷雾即可。注意农药的使用次数和安全间隔期。

柑橘疮痂病　病叶

柑橘疮痂病　幼果被害状

柑橘疮痂病　病叶

柑橘疮痂病　病果

柑橘疮痂病　病果

柑橘疮痂病　嫩梢被害状

柑橘疮痂病　分生孢子盘和分生孢子

柑橘树脂病

· **病原** · 柑橘间座壳菌 [*Diaporthe citri* (Fawcett) Wolf]，属子囊菌亚门（Ascomcotina）痂囊腔菌属（*Elsinoe*）。又称砂皮病，因发病部位不同又有不同的别称，发生在枝干上的称为树脂病或流胶病，发生在幼果和嫩叶上的称为黑点病或砂皮病，发生在储藏期则称为蒂腐病。

· **症状** · 主要危害柑橘的枝干、叶片及青果，受害表面散生许多黄褐色或黑褐色小粒，密集成片，手感粗糙，凹凸不平。危害主干或主干分杈，流胶型病部初呈灰褐色水渍状，组织松软，皮层具有细小裂缝，后流有褐色胶液，边缘皮层干枯或坏死翘起，木质部裸露。干枯型的病部呈红褐色，略下陷的皮层干枯，但不剥落。危害叶片时，表面散生黑色硬质突起小点，有的很多密集成片，呈砂皮状。危害果实时先是果蒂处产生水渍状圆形褐色病斑，随后病斑向脐部扩展，边缘呈波纹状。

· **发病规律** · 该病菌丝的寄生性不强，必须在寄主生长衰弱或受伤的情况下才能侵入危害，寄主生长不良或有伤口、多雨潮湿、温度为20℃左右的条件下传播较快，传播媒介为风雨或昆虫。梅雨期和秋季柑橘受冻后容易发病。

· **防治方法** ·

（1）合理修剪，改善树体通风透光条件，剔除枯枝病枝、叶、果，集中烧毁，降低病菌基数，减少传染源。

（2）休眠期内，对腐烂皮层、木质层、刮除流胶硬块进行集中烧毁，并用75%酒精消毒，然后涂上药剂。可选用50%多菌灵可湿性粉剂100倍液或70%托布津可湿性粉剂300倍液等药剂，每隔一周涂施1次，连涂2~3次。冬季对柑橘的树干进行涂白处理。

（3）当柑橘春梢长0.3 cm左右、花谢2/3、幼果直径达到1.5~2.0 cm时开展化学防治，选用60%吡唑醚菌酯·代森联水分散粒剂1 000倍液喷雾保护。幼果期及壮果期可选用10%氟硅唑水乳剂500倍液，或10%苯醚甲环唑水分散粒剂6 000倍液与30%嘧菌酯悬浮剂4 000倍液，或10%苯醚甲环唑1 500倍液与21%松脂酸铜水乳剂600~750倍液等，进行轮换防治。

柑橘树脂病 枝干被害状

柑橘树脂病 枝干被害状

柑橘树脂病 树体死亡

柑橘树脂病 果实症状严重

柑橘树脂病 主干被害状

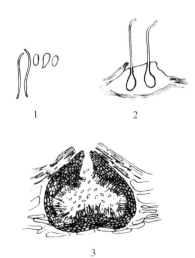

柑橘树脂病 1.卵状分生孢子和丝状分子孢子；2.子囊壳；3.分生孢子器

柑橘炭疽病

· **病原** · 胶孢炭疽病 (*Colletotrichum gloeosporioides* Penz.)，属半知菌亚门 (Deuteromycotina) 炭疽菌属 (*Colletotrichum*)，又称柑橘爆皮病。

· **症状** · 主要危害叶片、枝梢、花和果实。叶片病斑多发生在近叶缘、叶尖处，半圆形或近圆形，直径 3~20 mm，稍凹陷，中央灰白色，边缘褐色或深褐色，病斑上有同心轮纹状排列的黑色小粒点。感病枝梢由梢顶向下枯死，受冻害后的秋梢发病较重，初为淡褐色椭圆形病斑，后扩大为灰白色长梭形，呈灰白色或淡褐色枯死，与健部交界明显，其上有黑色小粒点。花期感病，雌蕊柱头变褐腐烂，引起落花。染病幼果现暗绿色油渍状斑点，后扩至全果，病斑凹陷，变为深褐色，引起腐烂落果或干缩成僵果挂在树上经久不落。果实膨大期果梗受害，初为淡黄色，后变褐干枯，引起落果。

· **发病规律** · 病原物在病残体上越冬，次年气温上升到20℃时借风雨、昆虫等传播，从伤口或皮孔侵入寄主。柑橘炭疽病有潜伏侵染的特征，病菌在嫩叶、幼果期便可侵入，侵入后部分病菌处于潜伏状态，当寄主抗性下降时诱发病害。

· **防治方法** ·

（1）剪除病虫枝、交叉枝、过密枝，清除枯枝、落叶、病果，并集中烧毁。采果后或萌芽前，喷布石硫合剂进行药剂清园，减少越冬菌源。

（2）加强肥水管理，施足基肥，增施磷、钾肥，增强植株抗病性。及时排除园区积水，干旱时及时灌水，增强树势，提高抗病能力。科学修剪，适度取大枝开天窗，利于通风透光。

（3）在春、夏、秋梢嫩叶期，以及幼果期，开展化学防治，药剂可选用60% 唑醚代森联水分散粒剂 1 000~1 500 倍液，或 10% 苯醚甲环唑水分散粒剂 1 500 倍液。注意农药的使用次数和安全间隔期。

柑橘炭疽病　叶片、果实被害状

柑橘炭疽病　叶片被害状

柑橘炭疽病　果实被害状

柑橘炭疽病　叶片被害状

柑橘炭疽病　病枝

柑橘炭疽病　落果

柑橘炭疽病　分生孢子和刚毛

柑橘煤污病

· **病原** · 柑橘煤炱菌（*Capnodium citri* Berk. *et* Desm），属子囊菌亚门（Ascomycotina）煤炱属（*Capnodium*）；巴特勒小煤炱菌（*Meliola butleri* Syd.）属子囊菌亚门（Ascomycotina）小煤炱属（*Meliola*）；刺盾炱菌 [*Chaetothyrium spinigerum*（John）Yam.]，属子囊菌亚门（Ascomycotina）刺盾炱属（*Chaetothyrium*）。又称煤烟病、煤病。

· **症状** · 主要危害叶片、枝梢及果实。发病初期，在叶片、枝梢或果实表面出现灰黑色的小煤斑或暗褐色小霉点，以后扩大形成绒毛状黑色或暗褐色霉层，并散生黑色小点。严重发生时，全株大部分枝叶变成黑色，影响光合作用，树势下降，开花少，果品差。

· **发病规律** · 病原物以菌丝体或分生孢子器及闭囊壳在病部越冬，翌春由霉层上飞散孢子借风雨传播，并以蚜虫、介壳虫、粉虱的分泌物为营养，辗转危害。

生产上，种植过密，通风不良，荫蔽潮湿及管理不善的橘园发病重。煤污病全年都可发生，在5~9月发病最严重，蚧、蚜、粉虱等害虫分泌"蜜露"是诱发煤污病的先决条件。

· **防治方法** ·

（1）对柑橘树进行适当修剪，促进透风通光；田间施用有机肥，提高柑橘树的抗病能力；合理施肥。

（2）及时清理残枝败叶，集中处理销毁，切断其越冬病源和媒介昆虫，减少发病率。及时处理田间杂草，防止病原微生物和媒介虫在其他寄主上繁殖。

（3）在落花后1个月内，每隔10~15天喷药1次，重点防治蚧、蚜、粉虱等刺吸式口器害虫。可用99%矿物油乳油100~200倍液，或99%矿物油100~150倍液，或松脂合剂8~10倍液，或70%代森联水分散粒剂500倍液进行防治。

已发生煤污病的果园，可在冬春清园期喷65%甲硫·乙霉威可湿性粉剂1 000倍液，或40%克菌丹悬浮剂400倍液，或0.5∶1∶100倍式波尔多液，或70%甲基硫菌可湿性粉剂600~800倍液，或50%多菌灵可湿性粉剂600~800倍液。

柑橘煤污病　植株被害状

柑橘煤污病　病叶

红蜡蚧并发煤污病

柑橘煤污病　病叶

柑橘煤污病　病叶

柑橘虫害

柑橘红蜘蛛

·**学名**· *Panonychus citri* McGregor，又名柑橘全爪螨，属蛛形纲（Arachnida）全爪螨属（*Panonychus*）。

·**鉴别特征**·雌成螨：约长 0.39 mm，宽约 0.26 mm，近椭圆形。雄成螨：鲜红色，体型略小于雌成螨。若虫：身体比成虫小，足 4 对，身体颜色与成虫差别不大。幼虫：体较小，长 0.2 mm，初孵时足 3 对，体色呈淡红色。卵：一般多产在叶面和叶背中脉两旁。

·**生活习性**·喜干旱，多雨不利发生。温度 24~28℃、相对湿度 60%~85% 是红蜘蛛生长发育的最适气候，高于 34℃或低于 11℃时生长受到抑制。上海地区红蜘蛛的发生高峰一般出现在 5~6 月；若气候适宜，9~10 月也可能再次发生高峰。

·**危害特点**·主要危害柑橘叶片和果实。被害叶片呈现大面积灰白，失去光泽，并最终脱落。幼果和成熟果实受害后表面出现淡绿色和淡黄色斑点，品质下降。

·**防治方法**·

（1）冬季清园时，结合修剪，将柑橘红蜘蛛的受害枝叶剪除并集中烧毁。田间释放捕食螨捕食柑橘红蜘蛛，开展无公害防治。

（2）气温低于 25℃时，可以用 99% 矿物油乳油 100~200 倍液喷雾，对叶片的上下两面喷洒均匀，不遗漏。

（3）药剂防治：在若虫期，可选用 4% 阿维菌素 +24% 螺虫乙酯悬浮剂 5 000~7 000 倍液喷雾 1 次。柑橘红蜘蛛始发盛期时，喷雾 43% 联苯肼酯悬浮剂 1 900~2 400 倍液，或 20% 丁氟螨酯悬浮剂 1 500~2 500 倍液（在柑橘树上每季最多使用 1 次）。喷雾时应使作物叶面正反面、果实表面以及树干、枝条等部位均匀着药。

柑橘红蜘蛛　卵

柑橘红蜘蛛　柑橘苗被害状

柑橘红蜘蛛　成虫

柑橘红蜘蛛　群集危害

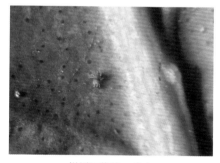

柑橘红蜘蛛　成虫

柑橘红蜘蛛　群集危害叶片

柑橘红蜘蛛　危害柑橘叶片

柑橘锈壁虱

· **学名** · *Phyllocoptruta oleivora* Ashmead，属蛛形纲（Arachnida）瘿螨科（Eriophyidae），又名柑橘锈瘿螨、柑橘铜病。

· **鉴别特征** · 成螨：体长 0.1~0.2 mm，胡萝卜形或楔形，黄色或橙黄色，头小，向前方伸出。幼螨：孵出时为三角形。若螨：体形如成螨，但较小，半透明。

· **生活习性** · 以成螨在夏、秋梢腋芽、卷叶等部位越冬。越冬螨在 15℃ 左右时开始活动、产卵。当平均气温达 20℃ 以上时繁殖迅速，7~8 月高温季节种群迅速扩大，易造成果面严重危害。

· **危害特点** · 成螨、若螨均可危害，以口器刺入柑橘组织吸食汁液。叶片、枝梢、果实被害后，油胞破裂，芳香油溢出，经空气氧化，叶背和果皮变成污黑色，叶片受害严重时变小、变脆、畸形，当年抽生的春梢叶片大量脱落；果实受害变黑褐色，果皮粗糙布满网状细纹或古铜色锈斑，品质及商品价值降低。

· **防治方法** ·

（1）加强栽培管理，肥水管理，增施有机肥，改善果园生态环境，使植株生长健壮，抗病虫力增强。

（2）保护利用锈壁虱的天敌，主要有食螨瓢虫、捕食螨、具瘤长须螨、蓟马和多毛菌等。

（3）入冬后剪除枯枝、病虫枝和残弱枝等，并移出园外烧毁。树干刷石灰水，消灭越冬虫源。每月喷施 45% 石硫合剂结晶 150~200 倍液。春季清园可在柑橘萌芽前进行，药剂可选用 20% 松脂酸钠可溶粉剂 150~200 倍液。当发现春梢的叶片上有锈色或黑色斑点，个别果实有暗灰色或黑色斑点，或个别枝梢叶片黄褐色脱落时，应立即喷药防治。叶背、叶面应均匀喷布，尤其是树冠下部、内膛和果实的背阴面，都要喷到。药剂可选用 50% 苯丁锡可湿性粉剂 2 000~3 000 倍液等。结合潜叶蛾及其他虫害防治，也可选 1.8% 阿维菌素水乳剂 2 500 倍液。

柑橘锈壁虱　危害柑橘果实

柑橘锈壁虱　危害果实

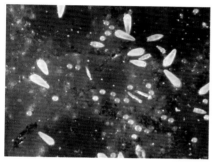
柑橘锈壁虱　若螨

柑橘锈壁虱　成螨

柑橘锈壁虱　被害果、叶

黑刺粉虱

· **学 名** · *Aleurocanthus spiniferus* Quaintance，属半翅目（Hemiptera）粉虱科（Aleyrodidae），又名橘刺粉虱。

· **鉴别特征** · 常见虫态为若虫，共四个龄期。成虫：体长 0.96~1.3 mm，橙黄色，体表薄敷白色蜡粉；前翅紫褐色，上有 7 个白斑；后翅小，淡紫褐色。若虫：体长 0.7 mm，黑色，体背上具刺毛 14 对，体周缘泌有明显的白蜡圈。卵：香蕉形，长 0.25 mm，基部钝圆，有 1 小柄，直立附着在叶上，初乳白后变淡黄，孵化前灰黑色。蛹：椭圆形，黑色有光泽，蛹壳边缘锯齿状，壳背显著隆起，背脊两侧具 19 对黑刺，周缘有 10 对（雄）或 11 对（雌）黑刺。

· **生活习性** · 上海 1 年发生 3 代，主要以四龄若虫在叶片背面越冬，于翌年 4 月中下旬羽化，成虫喜产卵于嫩叶背面；第一代发生期在 5 月上旬到 7 月，第二代 7 月到 8 月底，第三代 9 月下旬到 11 月。成虫喜较阴暗的环境，有趋嫩（新）性，成虫盛发期与新梢抽出期一致，在树冠内膛枝叶上活动。初孵若虫多在卵壳附近爬动吸食。

· **危害特点** · 成虫、若虫刺吸叶、果实和嫩枝的汁液，被害叶出现失绿黄白斑点，后斑点扩展成片，后期全叶苍白早落；被害果实风味品质降低，幼果受害严重时常脱落。严重时，一叶可达数百头，虫体堆叠，并分泌蜜露诱发煤污病，使柑橘树枝叶发黑，枝弱叶薄，树势弱，开花少，产量低，果质劣。

· **防治方法** ·

（1）冬季剪除果树内膛的弱枝、交叉荫蔽枝，减少越冬基数；及时抹除夏梢，清除成虫产卵场所，抹梢还可兼治柑橘潜叶蛾；种植绿肥，保留果园良性杂草。

（2）设置黄色黏虫板诱杀成虫。也可分区连片安装杀虫灯或在果园放置诱虫带，诱杀成虫。

（3）在开展药剂防治时，抓住冬季清园，可喷 99% 矿物油乳油 100~200 倍液杀灭越冬若虫。黑刺粉虱发生严重的果园，在第二代和第三代若虫盛发期再防治 2~3 次。可选用 22.4% 螺虫乙酯悬浮剂 4 000~5 000 倍液喷雾。喷药做到均匀，并尽量喷到叶背，才有良好效果。注意要交替使用不同类型的药剂，以上药剂与矿物油乳油农药混用，可以提高防效并兼治煤污病，减少锈果率，提高果品的商品价值。

黑刺粉虱　危害状

黑刺粉虱　危害初期

黑刺粉虱　危害初期

黑刺粉虱　危害初期

柑橘粉虱

· **学名** · *Dialeurodes citri* Ashmead，属半翅目（Hemiptera）粉虱科（Aleyrodidae），别名橘绿粉虱、裸粉虱、通草粉虱等。

· **鉴别特征** · 成虫：体长 1~1.2 mm，黄色，翅半透明，披有一层白色蜡粉。若虫：体小扁平，椭圆形，淡黄色，长约 0.7 mm，有半透明蜡质物披盖，触角随龄期变化呈现出不同形态和结构。蛹：椭圆形，长 1.3~1.6 mm，扁平，质软薄而透明，背面无刺毛。

· **生活习性** · 上海地区一年发生 3 代，一般以大龄幼虫或蛹在叶背越冬。翌年 4 月下旬开始羽化，越冬代和第一代成虫盛发期分别在 5 月上旬和 7 月中旬，第二代受气候、食源等因素的影响，会在 8~9 月呈现出 2~3 次的高峰，12 月底停止羽化，进入越冬期。该虫喜阴湿环境，在郁闭度大和徒长枝多的橘园发生较严重。

· **危害特点** · 幼虫群集叶片背面吸食汁液，造成柑橘树体营养生长停滞、落叶、新梢抽发少，抑制植物及果实发育。柑橘粉虱一旦大发生，橘园紧接着会诱发煤污病大发生，特别是 8、9 两个月，粉虱危害导致柑橘叶片布满霉层，使叶片失去光合作用能力，后期果实停滞不长，果小味酸。

· **防治方法** ·

（1）冬季剪除果树内膛的弱枝、交叉荫蔽枝，减少越冬基数；及时抹除夏梢，清除成虫产卵场所，抹梢还可兼治柑橘潜叶蛾；种植绿肥，保留果园良性杂草。

（2）设置黄色黏虫板诱杀成虫；也可分区连片安装杀虫灯或在果园放置诱虫带，诱杀成虫。

（3）在开展药剂防治时，抓住冬季清园，可喷 99% 矿物油乳油 100~200 倍液，杀灭越冬若虫。柑橘粉虱发生严重的果园，在第二代和第三代若虫盛发期再防治 2~3 次。可选用 10% 吡虫啉可湿性粉剂 4 000~5 000 倍液，或 22.4% 螺虫乙酯悬浮剂 4 000~5 000 倍液喷雾。做到喷药均匀，并尽量喷到叶背，才有良好效果。注意要交替使用不同类型的药剂。以上药剂与矿物油乳油农药混用，可以提高防效并兼治煤污病，减少锈果率，提高果品的商品价值。

柑橘粉虱 成虫及卵

柑橘粉虱 成虫羽化

柑橘粉虱 若虫

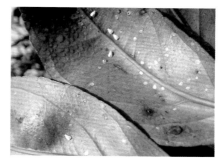

柑橘粉虱 成、若虫群集危害

柑橘粉虱 若虫

柑橘粉虱 成虫

矢尖蚧

·学名· *Unaspis yanonensis* Kuwana，属半翅目（Hemiptera）盾蚧科（Diaspididc），又名箭头蚧，矢尖盾蚧。

·鉴别特征· 雌成虫：介壳长形，稍弯曲，长约 3.5 mm，介壳前窄后宽，末端稍窄，形似箭头，介壳呈褐色或棕色，边缘有灰白色膜，中央有一条明显的纵线，前端有两个黄褐色壳点，通常在果皮和树叶上分布些斑点较为集中、大小一致的褐色箭头附着物。雄成虫：介壳狭长，粉白色，壳背有 3 条纵脊。

·生活习性· 上海 1 年发生 3 代，以受精雌成虫在枝、叶上越冬。翌年 3 月上中旬开始孕卵，4~6 月产卵于介壳下，每雌产卵 39~165 粒，卵期极短，仅 1 小时左右，边产卵边孵化。第一代若虫 5 月下旬开始出现，在雌成虫介壳下停留 2~3 天才爬离，于附近枝、叶处固定危害，多固定在老叶上危害。7 月上旬始见雄虫；7 月下旬第二代若虫出现，大部分寄生在新叶上，一部分在果实上。9 月中旬见雄虫；9 月中、下旬第三代若虫出现，11 月上旬见雄虫，交尾后以雌成虫越冬，也有少量以若虫和蛹越冬。

·危害特点· 主要危害柑橘叶片、枝梢和果实，导致叶片褪绿发黄，严重时叶片卷缩、干枯，树势衰弱，甚至整株死亡。果面布满虫壳，不着色，影响商品价值。

·防治方法·

（1）在卵孵化前剪去虫枝，剪好的虫枝最好集中放在果园内的空地上，让其寄生天敌羽化、飞出，约一周后再进行烧毁处理。

（2）在矢尖蚧发生的地区，可以引进大红瓢虫、澳洲瓢虫等天敌对虫害进行有效控制。

（3）在若虫孵化盛期，可用 99% 矿物乳油 100~200 倍液，连喷 2 次。在第一代低龄若虫始盛期喷施 22.4% 螺虫乙酯悬浮剂 4 000~5 000 倍液，或 30% 松脂酸钠水乳剂 150~200 倍液。

矢尖蚧　危害状

矢尖蚧　危害状

矢尖蚧　成虫危害

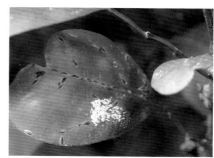

矢尖蚧　雌成虫

矢尖蚧　雄成虫

矢尖蚧　雄成虫

红蜡蚧

· **学名** · *Ceroplastes rubens* Maskell，属半翅目（Hemiptera）蜡蚧科（Coccidae）。

· **鉴别特征** · 雌成虫：体球形或半球形，暗红色，体长约 2.5 mm；蜡壳近椭圆形，蜡质坚硬，长 3~4 mm，初为玫瑰红色，后呈紫红色；老熟时背面隆起呈半球形，顶部凹陷，中央有 1 白色脐状点。有 4 条白色蜡带向上卷起。雄成虫：体长 1 mm，翅展 2.4 mm，白色，半透明；雄虫至化蛹时蜡壳长椭圆形，暗紫红色。卵：椭圆形，淡紫红色，长 0.3 mm。若虫：初孵若虫扁平椭圆形，灰紫红；2 次蜕皮后，体背覆以白色透明蜡质。蛹：椭圆形，头、胸、腹明显，紫红色，长约 1 mm。

· **生活习性** · 上海 1 年发生 1 代，以受精雌成虫在枝干上越冬。越冬雌成虫于翌年 5 月下旬开始产卵；6 月上旬至 7 月上旬为孵化期。初孵若虫经一定时间爬行后固定于寄主上取食。初孵若虫多寄生于叶上，少数也寄生于嫩枝和叶柄上，后雌虫则随虫体的各次蜕皮陆续转移到枝条上寄生，雄若虫直至化蛹仍留在叶片上。雄成虫于 8 月下旬化蛹，9 月中旬羽化、交尾。

· **危害特点** · 雌虫在枝干、叶柄上危害，雄虫多在叶柄和叶片上危害。可诱发煤污病，致使植株长势衰退，树冠萎缩，全株发黑，严重危害时整株枯死。

· **防治方法** ·

（1）冬季树木越冬期向枝干喷洒 45% 石硫合剂晶体，杀死越冬虫体。

（2）植物生长期的防治应立足于初孵活动若虫期，在蜡质形成前及时进行防治，喷洒 99% 矿物油 100 倍液，或 22.4% 螺虫乙酯 4 000 倍液，或 1.2% 苦参碱·烟碱 1 000 倍液。交替使用上述农药可有效避免害虫产生抗药性。鉴于此虫孵化期要延续 30 天左右，因此喷药次数需在孵化始、盛、末期喷施 3 次（第一次喷药后每隔 7~10 天喷 1 次）才能取得满意效果。防治时要重点照顾树冠外围尤其是顶部枝条即当年春梢。

（3）保护、利用天敌。

（4）冬季和夏季对树木进行适度修剪，去除虫枝，创造不利于蚧体发育的通风透光条件。

红蜡蚧 雌成虫

红蜡蚧 雄蛹蜡茧

红蜡蚧 低龄若虫

红蜡蚧 群集危害

红蜡蚧 群集危害

红蜡蚧 群集危害

橘　蚜

· **学名** · *Toxoptera citricidus* Kirkaldy，属半翅目（Hemiptera）蚜科（Aphididae）。

· **鉴别特征** · 有翅胎生雌蚜：体长 1.1 mm 左右，漆黑有光泽，触角丝状 6 节灰黑色，腹管长管状，尾片乳头状，两侧各有毛多根；翅白色透明，翅脉色深，翅痣淡黄褐色；足胫节、跗节及爪均黑色。无翅胎生雌蚜：体长 1.3 mm，与有翅胎生雌蚜相似，腹管下侧具明显的线条纹。卵：椭圆形，长 0.6 mm，漆黑有光泽。若虫：与无翅胎生雌蚜相似，体褐色，有翅若蚜 3 龄出现翅芽。

· **生活习性** · 越冬卵 3 月下旬至 4 月上旬孵化为干母后即上新梢危害，春末夏初和秋季天气干旱时发生多，危害重。

· **危害特点** · 群集、刺吸危害，使新叶卷缩、畸形，新梢枯死，叶片、幼果、花蕾脱落；并能分泌大量蜜露，诱发煤污病，使叶片发黑，树体长势变弱，落花落果。该虫也是柑橘衰退病毒重要的传播媒介。

· **防治方法** ·

（1）一般蚜虫大多在柑橘的幼嫩部分，因此对于无规律生长的嫩梢，可通过及时抹梢办法，一律予以抹除，从而达到阻断成虫食物链、降低虫口基数的目的。冬季修剪时，对被害枝及有蚜虫枝予以剪除，结合冬季清园刮杀枝干上的越冬虫卵。

（2）瓢虫、草蛉、食蚜蝇、寄生蜂和寄生菌等都是很有效的天敌，在柑橘园内尽可能地采用挑治的办法，以保护利用天敌。

（3）橘园中设置黄色黏虫板，粘捕有翅蚜。

（4）在蚜虫严重危害的高峰期，辅以农药防治，选用 10% 烯啶虫胺水剂 4 000~5 000 倍液喷雾。

橘蚜群集危害柑橘春梢，导致叶片萎缩

橘蚜 成虫

橘蚜 蚜虫群集危害柑橘叶片

橘蚜 危害法国冬青

橘蚜 危害柑橘花芽

橘小实蝇

· **学名** · *Bactrocera dorsalis* Hendel，属双翅目（Diptera）实蝇科（Tephritidae）。

· **鉴别特征** · 成虫：体长 6~8 mm，暗褐色；中胸背板黑色，有一对黄色的缝后侧色条；小盾片黄色，具端鬃一对；翅具烟褐色而窄的前缘带；腹部红褐色。卵：长约 1 mm，乳白色，表面光亮，梭形。老熟幼虫：体长 6~10 mm，黄白色，蛆形，前端尖细，后端钝圆。蛹：椭圆形，长 4~6 mm，宽约 2 mm；初化蛹时浅黄色，后逐步变至红褐色。

· **生活习性** · 上海地区生活史不详。成虫早晨至 12 时出土，但以 8 时为盛。夜间交配，夜间喜聚集于叶背面。产卵于果皮下 1~4 mm 深处的果瓤与果皮之间。幼虫老熟后脱果入土化蛹。

· **危害特点** · 成虫产卵于果实的瓤瓣和果皮之间，产卵处有针刺小孔和汁液溢出，逐渐产生乳突状灰色或红褐色斑点。幼虫蛀食果瓣，造成果实腐烂早落，引起减产。

· **防治方法** ·

（1）防治前期悬挂橘小实蝇黏胶板或橘小实蝇诱捕器，每隔 15 天更换 1 次诱芯，连续 2~3 次。

（2）在果实采收前 2 个月左右喷施食物诱剂 1~2 次，间隔 7~10 天。食物诱剂可使用糖醋液：1.8% 阿维菌素水乳剂 4 000~5 000 倍液中加入 3% 红糖、1% 白酒、1% 白醋。如果园内有杂草，也可将食物诱剂喷施到杂草上，但采收前 15 天左右停止喷施食物诱剂。

（3）及时摘除树上提前变色的虫果和捡拾脱落虫果，进行处理。使用实蝇虫果闷杀袋，每袋装入虫果若干，然后用细绳扎紧袋口密封。5~7 天后虫果袋内幼虫全部死亡，然后倒出虫果作肥料使用，清洁虫果袋可重复使用。

橘小实蝇　成虫

橘小实蝇　成虫

橘小实蝇　成虫

橘小实蝇　幼虫

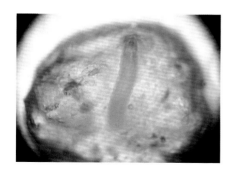

橘小实蝇　幼虫

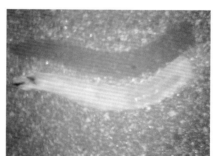

橘小实蝇　幼虫

柑橘花蕾蛆

· **学名** · *Contarinia citri* Barnes，属双翅目（Diptera）瘿蚊科（Cecidomyiidae），又名橘蕾瘿蚊、柑橘瘿蝇、蕾瘿蝇、花蛆。

· **鉴别特征** · 雌成虫：像小蚊，雌体长 1.5~2 mm，黄褐色，虫体长有黑褐色的细毛；触角含珠状；前翅膜质透明，被黑褐色细毛，后翅特化为平衡棒；足细长。雄成虫：体长 1.2~1.4 mm，灰黄色。卵：长椭圆形，一端有 1 根胶质细丝。老熟幼虫：体长 3 mm，长纺锤形，初孵化时乳白色，渐变浅黄色，后期为橙红色；前胸腹面具 1 褐色 "Y" 形剑骨片。

· **生活习性** · 老熟幼虫在树冠下土中 3~7 cm 处越冬。成虫在柑橘现蕾期羽化出土，4 月中下旬至 5 月初危害严重。成虫多于早、晚活动，以傍晚最盛，飞行力弱，羽化后 1~2 天即可交配产卵；一般阴湿低洼橘园发生较多，壤土、砂壤土利于幼虫存活，发生较多，3~4 月多阴雨有利于成虫发生，幼虫脱蕾期，多雨有利于幼虫入土。柑橘显蕾开花季节遇多雨天气，该虫发生严重。

· **危害特点** · 喜在花蕾开始现白、直径 2~3 mm 的花蕾内产卵；孵化的幼虫在花蕾内活动取食，并产生大量黏液。受害花蕾膨大变形如灯笼，花瓣略带绿色，并有分散绿色小点，导致被害花蕾不能正常开花和授粉，最后枯萎脱落，严重影响产量。

· **防治方法** ·

（1）冬季深翻或春季浅耕树冠周围土壤。在开花期发现灯笼状畸形花蕾，立即人工摘除受害花蕾，集中园外深埋或烧毁。

（2）多数花蕾变白时，于产卵之前树冠喷药毒杀成虫，可喷洒 75% 灭蝇胺可湿性粉剂 5 000 倍液等，选择无风，特别是雨后天晴的傍晚或早晨喷施树冠。喷药时周到均匀，每隔 5~7 天喷 1 次，共喷 2~3 次；重点是花蕾和叶背，地面和树冠同时喷药。

柑橘花蕾蛆 幼虫

柑橘花蕾蛆 蛹

柑橘花蕾蛆 危害花（中间）和正常开放花

柑橘潜叶蛾

· **学名** · *Phyllocnistis citrella* Stainton，属鳞翅目（Lepidoptera）潜叶蛾科（Lyonetiidae），又名橘潜蛾、潜叶虫。

· **鉴别特征** · 成虫：体银白色，体长 2 mm，翅展 4 mm，触角丝状，前翅披针形，翅基部具 2 条黑褐色纹，翅近中部有黑褐色"Y"形斜纹，前缘中部至外缘有橘黄色缘毛，顶角有黑圆斑 1 个；后翅银白色，针叶形，缘毛极长。卵：椭圆形，白色、透明，底部平面成半圆形突起，长 0.3~0.6 mm。初孵幼虫：浅绿色，形似蝌蚪。老熟幼虫：体扁平，纺锤形，长约 4 mm，胸腹部背面背中线两侧有 4 个凹陷孔，排列整齐。体黄绿色，头三角形，腹部末端尖细，具 1 对细长的铗状物。蛹：纺锤形，初为淡黄色，后为深黄褐色，长 2.5 mm。茧：黄褐色。

· **生活习性** · 一般一年发生 9~10 代，多的达 15 代，世代重叠，多以幼虫和蛹在柑橘的秋梢或冬梢上越冬，5 月下旬晚春梢上始见幼虫危害，7~9 月严重危害秋梢。成虫昼伏夜出，飞行敏捷，趋光性弱，卵多散产在嫩叶背面主脉附近。初孵幼虫由卵底潜入皮下危害，蛀道白色光亮，有 1 条由虫粪组成的细线。

· **危害特点** · 幼虫潜入嫩叶、嫩梢表皮下蛀食叶肉，形成银白色弯曲的隧道，内留有虫粪，在中央形成一条黑线，虫道蜿蜒曲折，导致被害叶卷缩、硬化，叶片易脱落，新梢生长停滞。幼虫危害造成的伤口易染溃疡病，常诱发柑橘溃疡病，被害卷叶又为红蜘蛛、介壳虫、卷叶蛾等害虫提供了越冬场所。

· **防治方法** ·

（1）结合栽培管理及时抹芽控梢，摘除过早、过晚的新梢，通过水、肥管理使夏梢、秋梢抽发整齐健壮。

（2）于潜叶蛾发生始盛期或新梢 3 mm 长时，选用 20% 氯虫苯甲酰胺悬浮剂 3 000 倍液，或 1% 苦皮藤素水乳剂 4 000~5 000 倍液、0.3% 印楝素乳油 400~600 倍液、1.8% 阿维菌素水乳剂 4 000~5 000 倍液等喷雾防治。

一般隔 7 天左右喷药 1 次，连喷 2~3 次。防治成虫应在傍晚喷药，潜入叶内的低龄幼虫应在午后喷药，并注意药剂的轮换使用。

柑橘被害状

柑橘潜叶蛾　卵

柑橘潜叶蛾　成虫

柑橘潜叶蛾　幼虫

柑橘潜叶蛾　蛹

柑橘被害状

柑橘潜叶蛾　幼虫

柑橘潜叶蛾　幼虫

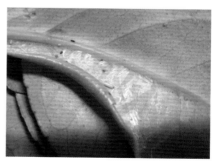

柑橘潜叶蛾　成虫

斜纹夜蛾

· **学名** · *Prodenia litura* Fabricius，属鳞翅目（Lepidoptera）夜蛾科（Noctuidae），又名连纹夜蛾、斜纹贪夜蛾。

· **鉴别特征** · 成虫：体长 16~21 mm，翅展 37~42 mm，全体灰褐色；前翅黄褐色，具有复杂的黑褐色斑纹，后翅白色，带有红色闪光，外缘有 1 条褐色线。老熟幼虫：体长 38~51 mm，体色因虫龄、食料、季节而变化，从初孵幼虫时的绿色渐变为老熟时的黑褐色，背线、亚背线橘黄色，亚背线内侧具三角形黑斑一对。卵：半球形，直径约 0.5 mm，成块，黄白色，外覆黄白色绒毛。蛹：长 18~20 mm，圆筒形，赤褐至暗褐色。

· **生活习性** · 斜纹夜蛾为迁飞性害虫。主要以蛹在土中越冬。成虫昼伏夜出，有较强的趋光性，喜食糖、酒、醋等发酵物。成虫多产卵于叶背，产卵后 2~3 天即能孵化，初孵幼虫常群集危害，2~3 龄后分散，4 龄后进入暴食期。幼虫畏光，7 月下旬至 9 月下旬为盛发期。

· **危害特点** · 幼虫在全株危害。低龄幼虫群集啃食叶片，3 龄开始分散危害叶片、嫩茎，4 龄后暴食，可吃光叶肉，仅剩叶脉，老熟幼虫可蛀食果实。

· **防治方法** ·

（1）清除种植区域杂草，翻耕晒土或土壤灌水，破坏、恶化斜纹夜蛾的化蛹场所，消灭越冬虫蛹，减少虫源基数。人工摘除卵块和初孵幼虫群集危害的叶片，减少斜纹夜蛾幼虫数量，降低幼虫危害。

（2）杀虫灯诱蛾：利用斜纹夜蛾成虫趋光性，于盛发期利用黑光灯诱杀。悬挂性诱剂诱捕器，引诱雄虫，降低雌雄交配率，减少后代种群数量。

（3）化学防治：斜纹夜蛾 4 龄以上幼虫皮厚，具有很强的抗药性，在卵孵高峰至 3 龄幼虫分散前，用足药液量，均匀喷雾叶面及叶背，使药剂能直接喷到虫体和食物上，触杀、胃毒并进，增强毒杀效果。药剂可用 1.8% 阿维菌素水乳剂 3 000 倍液，或 1% 苦参碱 800~1 500 倍液，每隔 5~7 天喷 1 次，交替使用，连喷 3~4 次。一般下午用药，土表及杂草上也要喷到。

斜纹夜蛾　低龄幼虫

斜纹夜蛾　低龄幼虫

斜纹夜蛾　成虫

斜纹夜蛾　老熟幼虫

玉带凤蝶

· **学名** · *Papilio polytes* Linnaeus，属鳞翅目（Lepidoptera）凤蝶科（Papilionidae）。

· **鉴别特征** · 成虫：体长 25~28 mm，翅展 95~100 mm，全体黑色；胸部背有 10 个小白点，成 2 纵列；胸前翅外缘有 7~9 个黄白色斑点，后翅外缘呈波浪形，有尾突，翅中部有黄白色斑 7 个，横贯全翅似玉带。卵：球形，直径 1.2 mm，初淡黄白，后变深黄色，孵化前灰黑至紫黑色。幼虫：体长 45 mm，头黄褐，体绿至深绿色，前胸有紫红色臭丫腺。幼虫共 5 龄，初龄黄白色，2 龄黄褐色，3 龄黑褐色；1~3 龄体上有肉质突起褐淡色斑纹，似鸟粪；4 龄后油绿色，体上斑纹与老熟幼虫相似。蛹：长 30 mm，体色多变，有灰褐、灰黄、灰黑、灰绿等，头顶两侧和胸背部各有 1 突起，胸背突起两侧略突出似菱角形。

· **生活习性** · 1 年发生 4 代，少数 5 代。以蛹在枝干和叶背等隐蔽处越冬。翌年 5 月上旬成虫开始羽化。成虫白天活动，交尾产卵于寄主新梢嫩叶上，多单产。第一代为 5 月中旬至 6 月中下旬危害，初食嫩叶边缘，后食全叶，仅剩主脉和叶柄，对幼苗和小树危害明显。6 月中下旬第一代成虫羽化，第二三代成虫期在 7 月中下旬和 8 月中下旬。2~4 代幼虫期分别在 6 月下旬至 7 月下旬、7 月下旬至 8 月上旬、8 月下旬至 9 月中旬。

· **危害特点** · 以幼虫危害柑橘的芽、嫩叶和新梢。叶片被啃食成孔洞状，严重时全叶被吃的仅剩叶柄。苗木和幼树受害时可影响抽梢。

· **防治方法** ·

（1）对幼苗、小树可人工捕杀卵、幼虫和蛹。

（2）药剂防治：可用 32 000 IU/mg 苏云金杆菌可湿性粉剂，或 25% 灭幼脲Ⅲ号 1 500 倍液，或 0.3% 苦参碱水剂 1 000 倍液喷雾防治。

玉带凤蝶　卵

玉带凤蝶　1 龄幼虫

玉带凤蝶　3 龄幼虫

玉带凤蝶　4 龄幼虫

玉带凤蝶　5 龄幼虫

玉带凤蝶　预蛹

玉带凤蝶　雌成虫

玉带凤蝶　雄成虫

柑橘凤蝶

· **学名** · *Papilio xuthus* Linnaeus，属鳞翅目（Lepidoptera）凤蝶科（Papilionidae）。

· **鉴别特征** · 成虫：体长约 27 mm，翅展 91 mm 左右，翅绿黄色，沿脉纹有黑色带。幼虫：黄绿色，体长 48 mm 左右；4 龄前黑褐色，杂有白色，形似鸟粪；5 龄幼虫绿色，体肥壮，体表光滑，疣突消失，气门黄色或白色、椭圆形、小，后胸背面两侧各有 1 枚蛇眼状斑，前缘红色，中后部分黑色，中部有一白色纵纹；两眼斑间为一浅黄绿色横带，带内具开口向后的墨绿色"U"形纹；"Y"形嗅腺发达，橙黄色，气味浓烈。卵：长 1~1.3 mm，散产，初产时淡黄色，逐渐加深为黄褐色；圆球状，无明显棱脊，有的卵壳上布有不明显的微小皱纹。蛹：长 24~30 mm，宽 8~11 mm；近菱形，头顶部分叉，猫头状；背面凹陷，腹面凸起；初化蛹时腹面灰白色，背面淡黄绿色。

· **生活习性** · 4 月始见成虫。卵产于嫩梢、叶上。幼虫 3 龄前食叶肉，虫体褐色似鸟粪，后渐变黄绿色，啃食全叶，受惊时会伸出橘黄色臭角腺。

· **危害特点** · 参照玉带凤蝶

· **防治方法** · 参考玉带凤蝶

柑橘凤蝶　成虫

柑橘凤蝶　成虫

柑橘凤蝶　末龄幼虫

柑橘凤蝶　幼虫

柑橘凤蝶　蛹

柑橘凤蝶　幼虫

柑橘被害状及三龄幼虫

柑橘凤蝶　蛹

蜗牛和蛞蝓类

该类虫属软体动物门、腹足纲。多雨潮湿天气上树危害，取食果实和叶片。该类虫喜潮湿环境，正常或干旱天气不予防治；园内散放鸡、鸭、鹅等家禽可有效消灭该类害虫；清除种植场所内的杂草及杂物，营造通风、干燥的环境；在多雨潮湿天气发生量大时可喷洒药剂防治。

· **防治方法** ·

(1) 人工防治：清洁草坪，并撒上生石灰，减少滋生地，或用树叶、杂草诱集，天亮前集中捕捉。

(2) 生物防治：保护和利用天敌，如步行虫、蛙、蜥蜴等。

(3) 化学防治：用生石灰粉或茶枯粉毒杀，用量分别为 75 kg/hm^2 和 45 kg/hm^2；或 6% 三聚乙醛颗粒剂 500~700 g/ 亩。

蛞蝓

蛞蝓

蛞蝓　群集危害

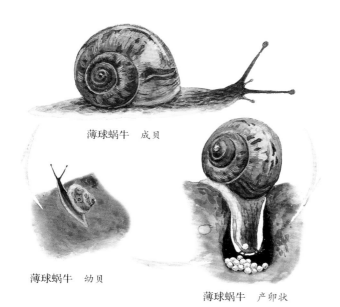

薄球蜗牛　成贝

薄球蜗牛　幼贝

薄球蜗牛　产卵状

同型巴蜗牛

同型巴蜗牛

柑橘病虫防治历

物候期	主要病虫害	防治措施	
休眠期 （12月～翌年2月）	柑橘病害，柑橘红蜡蚧、红蜘蛛	柑橘病害越冬初始侵染源，每亩用 1.5 kg 45% 石硫合剂晶体喷雾	柑橘红蜡蚧、红蜘蛛，每亩用 50 ml 0.3% 苦参碱水乳剂、30 ml 15% 哒螨灵水乳剂，另加 25 ml（3 000 倍液）农用有机硅喷雾。清园翻耕杀灭地下越冬害虫
花芽形成期、春梢萌发期（3月）	柑橘树脂病、溃疡病、疮痂病，柑橘红蜡蚧、红蜘蛛，花蕾蛆	柑橘树脂病、溃疡病、疮痂病，每亩用 50 g 10% 苯醚甲环唑水分散粒剂和 75 ml 8% 宁南霉素水剂，另加 25 ml（3 000 倍液）农用有机硅喷雾	柑橘红蜡蚧、红蜘蛛，花蕾蛆，每亩用 75 ml 25% 灭幼脲，另加 25 ml 农用有机硅（3 000 倍液）喷雾
现蕾期、春梢生长期（4~5月）	柑橘树脂病、疮痂病，柑橘粉虱、红蜘蛛、橘小实蝇	柑橘树脂病、疮痂病，每亩用 10% 苯醚甲环唑水分散粒剂和 75 ml 8% 宁南霉素，另加 25 ml（3 000 倍液）农用有机硅喷雾	柑橘粉虱、红蜘蛛，黄板诱杀； 橘小实蝇，诱捕器诱杀
花期（5月）		柑橘盛花期禁止施药。月初打开频振式或者太阳能杀虫灯，挂放橘小实蝇诱捕器	
谢花后（5月）	柑橘树脂病、疮痂病、锈壁虱、橘小实蝇、花蕾蛆、蚜虫、柑橘红蜡蚧、红蜘蛛	柑橘树脂病、疮痂病，花谢三分之二时防治，每亩用 50 g 10% 苯醚甲环唑水分散粒剂、75 ml 8% 宁南霉素，另加 25 ml（3 000 倍液）农用有机硅喷雾	锈壁虱，每亩用 125 g 30% 松脂酸钠水乳剂农用有机硅喷雾； 橘小实蝇，诱捕器； 花蕾蛆，75% 灭蝇胺可湿性粉剂 5 000 倍液喷雾； 蚜虫，10% 烯啶虫胺水剂 4 000~5 000 倍液喷雾； 柑橘红蜡蚧、红蜘蛛，每亩用 75 ml 3% 甲维盐，或 30 ml 15% 哒螨灵水乳剂，另加 25 ml（3 000 倍液）农用有机硅喷雾

（续表）

物候期	主要病虫害	防治措施	
夏梢抽发期（6月）	柑橘树脂病、疮痂病、煤污病、柑橘红蜡蚧、红蜘蛛、天牛	柑橘树脂病、疮痂病、煤污病，当幼果直径达到1.5~2.0 cm时防治，每亩用50 g10%苯醚甲环唑水分散粒剂加25 ml（3 000倍液）农用有机硅喷雾	柑橘红蜡蚧、红蜘蛛，每亩用75 ml 3%甲维盐，或30 ml 15%哒螨灵水乳剂，另加25 ml（3 000倍液）农用有机硅喷雾； 天牛，人工捕杀
定果期（7月）	柑橘疮痂病、柑橘树脂病、煤污病、锈壁虱、红蜘蛛、橘小实蝇、柑橘叶潜蛾、柑橘凤蝶、棉大造桥虫、日灼、炭疽病	柑橘疮痂病、煤污病，每亩用50 g10%苯醚甲环唑水分散粒剂另加25 ml（3 000倍液）农用有机硅喷雾。 密切关注柑橘树脂病（黑点病），可用10%苯醚甲环唑水分散粒剂1 500倍液喷雾	锈壁虱，每亩用30%松脂酸钠水乳剂另加25 ml（3 000倍液）农用有机硅喷雾； 红蜘蛛，防治同锈壁虱
秋梢生长期、果实膨大期（8~9月）		密切关注柑橘树脂病（黑点病）、日灼、炭疽病，可用10%苯醚甲环唑水分散粒剂1 500倍液喷雾	橘小实蝇，用诱捕器诱杀； 柑橘叶潜蛾、柑橘凤蝶、棉大造桥虫，用1%苦参碱可溶性药剂800~1 500倍液喷洒
果实成熟期（10~11月）		采收前15天停止用药。采收前关闭振频式杀虫灯和橘小实蝇诱捕器	

二、桃树

桃，蔷薇科、桃属植物；是一种乔木，高 3~8 m。桃除鲜食外，还可加工成桃脯、桃酱、桃汁、桃干和桃罐头；素有"寿桃"和"仙桃"的美称，因肉质鲜美，又被称为"天下第一果"。桃肉富含蛋白质、脂肪、碳水化合物、粗纤维、多种营养元素以及有机酸、糖分和挥发油，适宜低血钾和缺铁性贫血患者食用。

桃原产中国，主要经济栽培地区在中国华北、华东各省，世界各地均有栽植。全国有许多优良桃品种，如山东的肥城桃、天津和上海的水蜜挑、南京时桃、杭州蟠桃、贵州白花桃、血桃以及河北深州的蜜桃。上海现在桃树种植面积为 6.7 万亩，水蜜桃主要集中在浦东的南汇地区、松江、崇明；黄桃主要集中在奉贤；蟠桃集中在金山地区，其他区有少量分布和油桃零星种植。

目前，桃在上海地区主要病害有桃细菌性穿孔病、桃疮痂病、桃褐腐病、桃炭疽病、桃流胶病、桃根癌病、桃树生理性黄化等；主要虫害有桃树蚜虫、红蜘蛛、桃潜叶蛾、桃小绿叶蝉、桃蛀螟、茶翅蝽、介壳虫、红颈天牛等。

桃树病害

桃褐腐病

· **病原** · 本病原有三种：果生链核盘菌（*Monilinia fructicola*）、核果链核盘菌（*M.laxa*），均属子囊菌亚门（Ascomycotina）链核盘菌属（*Monilinia*）；无性阶段为半知菌亚门（Deuteromycotina）丛梗孢属（*Monilia*）。

· **症状** · 主要危害果实、花、叶和枝梢。果实染病初期在果面产生淡褐色圆形或近圆形小斑，斑部果肉很快腐烂，造成病果大部甚至整个呈褐色腐烂。近成熟果受害，初为淡褐色至褐色圆形斑，并很快扩展至果实的大部分，果肉迅速变褐腐烂，病斑表面产生黄白色或灰色绒球状霉丛或霉层，呈同心环纹状排列，引起落果。花部受害自雄蕊及花瓣尖端发生，病部始生褐色水渍状斑点，后扩展至全花，变褐枯萎。叶片受害自叶缘开始，产生褐色水渍状病斑，后扩展到叶柄，使全叶变褐萎垂。新梢上产生长圆形、灰褐色、边缘为紫褐色溃疡斑，中间稍凹陷，初期病斑常有流胶。

· **发病规律** · 主要在树上、树下僵果及病枝条溃疡斑部以僵果（病菌的假菌核）和菌丝体越冬。翌春气温上升后产生大量病菌孢子，通过气孔、虫伤和机械伤口侵入，借助风、雨水飞溅或昆虫传播。该病从开花到果实成熟都能侵染；遇阴雨天气易引起花腐、果腐。栽植过密、地势低洼、管理粗放、通风透光不良易发病。

· **防治方法** ·

（1）在休眠期和生长期，及时清除园中和枝条上的病果、僵果、病枝、病叶和病花，减少病菌侵染来源；修剪过密枝条，改善果园通风透光条件。雨季及时排水。

（2）在幼果期及时进行套袋，可阻隔病菌侵染。

（3）桃树萌芽前，选用45%晶体石硫合剂30倍液，或波尔多液100倍液等喷雾，并同时喷洒地面。

（4）在落花后10天左右，开始喷药，每次喷药须间隔10~15天。药剂可选用混配剂75%百菌清可湿性粉剂800倍液加70%甲基硫菌灵可湿性粉剂800~1 000倍液、23.4%双炔酰菌胺悬浮剂1 500倍液、4%春雷霉素可湿性粉剂40~60 g/亩等，交替喷雾防治，每次喷雾间隔7~15天，连续防治2~3次。

桃褐腐病　田间发病状

桃褐腐病　悬挂在树上的僵果成为
病菌持续传播的病源

桃褐腐病　病果后期表现的霉丛

果实　被害状

桃褐腐病　叶片被害状

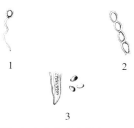

桃褐腐病　1.分生孢子的萌发；2.分生孢子
链的一部分；3.子囊、侧丝和子囊孢子

桃菌核病

· **病原** · 病原为核盘菌 [*Sclerotinia sclerotiorum* (Lib.) de Bary]，属子囊菌亚门（Ascomycotina）核盘菌属（*Sclerotinia*）。

· **症状** · 初期的症状与桃褐腐病极为相似，花期受害，病花迅速变褐枯死，多残，留在枝上而不脱落，叶片发病初为圆形或近圆形褐色水烫状病斑，后可见有深浅相间的轮纹；新梢上病斑褐色，有流胶，幼果发病初期，果面上产生淡绿褐色近圆形病斑，后病果全部腐烂，并干缩成僵果，果面产生很厚的白色菌丝，并形成很多白色至灰黑色大小不一的菌核，病果无霉臭味。

· **发病规律** · 本病病菌主要以菌核在病僵果、树上、地面上越冬。翌年桃树开花时菌核萌发形成子囊盘，从中散发出大量的子囊孢子，如天气潮湿多雨，即能造成大量花朵的发病。病花的组织碎片及残体遇到风雨即被吹散，并散落和黏附在叶片和幼果上，引起叶片和幼果的发病。因此在病叶和病果的病斑上，多可明显地看到黏附有由病花散落的花器残余物。

· **防治方法** ·

（1）落叶后至发芽前，彻底清除树上、树下的病僵果，集中烧毁；及时疏花疏果；合理修剪，使园内通风良好，降低小气候湿度。

（2）发芽前全园喷施一次 45% 石硫合剂晶体 200~300 倍液，铲除树上的病原菌；落花后 3~5 天开始喷药防病，常用药剂有 500 g/L 异菌脲悬浮剂 800 倍液、70% 甲基托布津可湿性粉剂 1 000~1 200 倍液；每隔 10~15 天防治 1 次，共防治 2~3 次。

桃菌核病　嫩梢被害状

桃菌核病　发病后期果实

桃菌核病　果实被害状

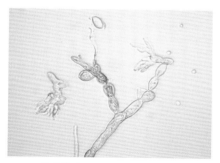

桃菌核病　分生孢子和孢子囊

桃菌核病　无性孢子

桃煤污病

· **病原** · 无性阶段属半知菌亚门（Deuteromycotina）丝孢目（Hyphomycetales），主要有多主枝孢 [*Cladosporium hergarum* (Pers.) Link.]、大孢枝孢（*C.macrocarpum preuss*）、链格孢 [*Alternaria alternata* (Fr.) Keissl]、出芽短梗霉 [*Aureobasidium pullulans* (de Bary) Arn]. 和炱壳小圆孢（*Cheatasbalisa microglobulosa*）等，上海以煤烟霉属（*Fumago* sp.）常见。有性阶段为子囊菌亚门（Ascomycotina）煤炱科（Capnodiaceae）或小煤炱科（Meliolaceac）。

· **症状** · 主要危害叶片、果实和枝条。被害处初现污褐色霉点，圆形或不规则形，后形成煤烟状黑色霉层，严重时布满叶面、果面及枝，影响光合作用，降低果实商品价值。

· **发病规律** · 病原菌以菌丝体和分生孢子在病叶上、土壤内及植物残体上越过休眠期，翌春病菌借风雨或蚜虫、介壳虫、粉虱等昆虫传播蔓延。以蚜虫、介壳虫、粉虱等刺吸式口器昆虫的分泌物为养料。凡刺吸式口器昆虫发生严重、果园种植过密、枝杈过密、湿度大、通风透光差，往往发病严重。

· **防治方法** ·

（1）改善桃园小气候，雨后及时排水，增强通透性，防止湿气滞留。及时防治蚜虫等害虫。

（2）发病初期，可选用40%多菌灵胶悬剂600倍液，40%克菌丹可湿性粉剂400倍液，每15天喷洒1次，共喷1~2次。

桃煤污病　被害叶片

桃煤污病　叶片被害状

桃煤污病　叶片被害状

桃煤污病　果实被害状

桃煤污病　叶片被害状

桃煤污病　叶片被害状

桃细菌性穿孔病

·**病原**· 油菜黄单孢菌桃李致病变种 [*Xanthomonas campestris* pv. pruni（Smith）Dowson]，属于变形菌门（Proteobacteria）黄单孢杆菌属（*Xnthomons*）细菌。

·**症状**· 该病主要危害叶片，枝梢和果实也能受害。叶片感病后出现水渍状小点，淡褐色，逐渐扩大成圆形、近圆形斑，直径 2~5 mm，褐色或紫褐色，外有黄色晕圈。数个病斑可相互连成不规则斑，后期病斑周围产生裂纹，病斑脱落后形成穿孔斑；穿孔斑边缘常残留病斑组织，同一叶病斑多时叶片变黄，提早脱落。高湿环境下病斑背面分泌黄白色黏液。夏秋抽生的枝梢感病后产生春季溃疡斑，紫褐色，油浸状，微隆起，长圆形小斑，成为第二年初侵染主要来源。春夏抽生的枝梢感病后产生夏季溃疡斑，暗紫色，油浸状，椭圆形，中间稍凹陷，当年干枯死亡，不能成为第二年来源。枝梢病斑绕枝条一周后，病斑以上枝条枯死。果实受害后产生淡褐色水渍状小圆斑，扩大后褐色，稍凹陷，病斑常开裂，较深，易腐烂。

·**发病规律**· 病菌主要在病梢上越冬，第二年病斑出现菌脓，经风雨或昆虫传播，一般 4 月中旬展叶后就可发病，5~6 月梅雨季节和 8~9 月台风季节为病害高峰期。果实成熟期多雨发病更重。

·**防治方法**·

（1）选栽抗病桃树品种。

（2）开春后要注意开沟排水，达到雨停水干，降低空气湿度。增施有机肥和磷钾肥，避免偏施氮肥。

（3）适当增加内膛疏枝量，改善通风透光条件，促使树体生长健壮，提高抗病能力。在 10~11 月桃休眠期，也正是病原在被害枝条上开始越冬，结合冬季清园修剪，彻底剪除枯枝、病梢，及时清扫落叶、落果等，集中烧毁，消灭越冬菌源。桃园附近应避免种植杏、李等核果类果树。

（4）发芽前喷 45% 石硫合剂晶体 300 倍液，或 1:1:100 倍式波尔多液，铲除越冬菌源。发芽后喷 8% 宁南霉素水剂 2 000~3 000 倍液，或 20% 噻菌铜悬浮剂 300~700 倍液。6 月末至 7 月初喷第一遍，隔半个月至 20 天再喷 1 次，共喷 2~3 次。

桃细菌性穿孔病　病原细菌

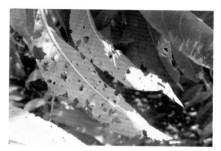

桃细菌性穿孔病　叶片被害状

桃细菌性穿孔病　叶片被害状

细菌性穿孔病　危害后期

桃细菌性穿孔病　果实危害后期

桃细菌性穿孔病　整株危害状

桃侵染性流胶病

· **病原** · 主要有葡萄座腔菌（*Botryosphaeria dothidea*）、柑橘葡萄座腔菌（*B.rhodina*）等，均属子囊菌亚门（Ascomycotina）葡萄座腔菌属（*Botryosphaeria*）。

· **症状** · 该病主要危害枝干和果实，后期隆起开裂，溢出树脂。病部易被腐生菌侵染，树势衰弱，叶片变黄，严重时全株枯死。果实发病，有时龟裂。

· **发病规律** · 病菌主要以菌丝体、分生孢子器和子囊壳在被害枝干部越冬，翌年3月下旬至4月中旬产生分生孢子或弹射出子囊孢子，通过风、雨传播，从皮孔、伤口及侧芽侵入。一般直立生长的枝干基部以上部位受害严重，侧生枝干向地表的一面重于向上的部位，枝干分杈处受害亦重；土质瘠薄，肥水不足，负载量大，均可诱发该病。

· **防治方法** ·

（1）加强桃园管理，增强树势。增施有机肥，改善土壤团粒结构，提高土壤通气性能；低洼积水地注意排水，酸碱土壤适当施用石灰或过磷酸钙，改良土壤，盐碱地要注意排盐。

（2）做好桃园清园工作：冬前或开春后清理果园，将受害枝梢及枯枝落叶集中烧毁；刮除流胶硬块及腐烂组织，消灭菌源。土施硼或生长季节根外喷硼，对防治流胶病有较好的效果。

（3）调整修剪时间：合理修剪，减少枝干伤口。桃树生长季节进行短截和疏枝修剪，人为造成伤口，遇中温高湿环境，伤口容易出现流胶现象。通过调整修剪时期，生长期采取轻剪，及时摘心疏除部分过密枝条。主要的疏枝、短截、回缩修剪，调到冬季后进行。

（4）树干涂白：冬夏季节进行两次主干刷白，第一次刷白于桃树落叶后进行，用45%石硫合剂晶体200~300倍液或用20%~25%石灰乳涂刷主干杀菌消毒，防治冻害、日灼，消灭树干越冬病虫，减少病虫害侵染和辐射热危害，可有效地减少流胶病发生。

（5）夏季全园覆草：没有种植绿肥的果园，夏秋高温干旱季节全园覆盖10 cm厚的杂草或稻草，不但能够提高果园土壤含水量，利于果树根系生长，强壮树体，而且十分有效地防止地面辐射热导致的日灼病，从而防止发生流胶病。

桃流胶病　枝干流胶

桃流胶病　枝干流胶

桃树流胶病

·**病原**· 桃树流胶病是一种非侵染性病害。凡造成桃树不能正常生长发育的原因，如各种伤口、管理不当，环境条件不宜都能引诱树体流胶。

·**症状**· 主要发生在枝干，尤以主干和主枝杈桠部最为常见。枝干受害病部稍肿胀，木质部变色，从病部流出半透明黄色树胶，尤其雨后流胶现象更为严重。流出的树胶与空气接触后，变为黄褐色，胶冻状，干燥后变为红褐、茶褐、黑色的硬胶块；致树势衰弱，易遭天牛危害，严重时，枝干或全株枯死。果实也能流胶。

·**发病规律**· 整个生长期都发病，梅雨和台风季节发生最重，特别是长期干旱后降暴雨常引发严重流胶。老树、弱树较幼树健壮树流胶严重。

·**防治方法**· 凡虫害严重、施肥不当、土质黏重，排水不良，夏季修剪过重，遭受各种损伤等都能加重流胶危害。可结合冬剪，清除被害枝梢。低洼积水地注意开沟排渍；增施有机肥及磷、钾肥，控制树体负载量。

（1）加强肥水管理，增施有机肥，桃树耐干旱，适宜于疏松土壤内种植。

（2）科学修剪，注意生长季节及时疏枝回缩，冬季修剪少疏枝，减少枝干伤口，修剪的伤口上要及时涂抹愈伤防腐膜，保护伤口不受外界细菌的侵染，有效防治伤口腐烂流胶。注意疏花疏果，减少负载量。

（3）增施有机肥，氮、磷、钾配比合理；加有机肥和砂土改良黏重土壤；雨后及时排水；涂白减少冻伤和日灼；防治枝干病虫害，减少伤口。

桃树流胶病　枝干被害状

桃树流胶病　枝干被害状

桃树流胶病　枝干被害状

桃树流胶病　被害枝

桃缩叶病

· **病原** · 畸形外囊菌 [*Taphrina deformans* (Berk.) Tul]，属子囊菌亚门（Ascomycotina）外囊菌属（*Taphrina*）。

· **症状** · 早春桃树展叶期即能发病，病叶卷曲畸形，呈红褐色，春末病叶上有一层白色粉状物是病菌子囊层，后病叶变褐色、枯焦脱落；新梢发病后节间缩短，略肿大扭曲，灰绿色至黄绿色，叶片丛生，最后整枝枯死。小幼果感病后畸形，果面疮痂状开裂，很快脱落；较大的果实感病后，果实畸形，肿起，黄色或红色，毛茸多消失，病果易早落。

· **发病规律** · 病菌主要以孢子附着在枝上或芽鳞上越冬，也能在土壤中越冬，次年桃芽萌动期和露红期即可侵入，展叶初期也能侵入。一年只有一次侵染，病菌喜欢冷凉潮湿的气候。春季，桃树发芽展叶期如多雨低温天气，桃树萌芽和展叶过程延长，往往发病严重。病害盛发期在 4 月下旬至 5 月上旬，6 月以后气温升至 20℃以上时，病害停止发展。一般在沿海、地势低洼的桃园发病严重。

· **防治方法** ·

（1）在早春桃芽开始膨大但未展开时，喷射波美 5 度石硫合剂一次，这样连续喷药二三年，就可彻底根除桃缩叶病。在发病很严重的桃园，由于果园内菌量极多，一次喷药往往不能全歼病菌，可在当年桃树落叶后（11~12 月）喷 2%~3% 硫酸铜一次，以杀灭黏附在冬芽上的大量芽孢子。到第二年早春再喷 45% 石硫合剂晶体 150 倍液一次，使防治效果更加稳定。早春萌芽期喷用的药剂，除石硫合剂外，也可喷用 1% 波尔多液，但不能同时使用。

（2）喷药后，如有少数病叶出现，应及时摘除，集中烧毁，以减少第二年的菌源。

（3）发病重、落叶多的桃园，要增施肥料，加强栽培管理，以促使树势恢复。摘除病梢，加强管理。当初见病叶而尚未出现银灰色粉状物前摘除销毁，可减少翌年的越冬菌量。对发病树应加强管理，追施肥料，使树势得到恢复，增强抗性。

在早春桃发芽前喷药防治，可达到良好的效果。如果错过这个时期，而在展叶后喷药，则不仅不能起到防病的作用，且容易发生药害，必须引起注意。

桃缩叶病 病叶

1

2

桃缩叶病 1.双核菌丝穿破叶角质层伸入表皮细胞间隙；2.叶组织中的菌丝及叶面的子囊层

桃缩叶病 发病叶片

桃缩叶病 病叶

桃缩叶病 病叶

桃炭疽病

·**病原**· 无性阶段为胶孢炭疽菌（*Colletotrichum gloeosporioides* Penz），异名 *Gloeosporium laeticolor* Berk，属半知菌亚门（Deuteromycotina）刺盘孢属（*Colletotrichum*）。

·**症状**· 该病主要危害果实，也能侵染新梢、叶片。幼果染病，果面上产生水渍状浅褐色小点，随后扩大为红褐色或深褐色圆形或椭圆形凹陷有明显同心轮纹状病斑。新梢染病，呈长椭圆形褐色凹陷病斑，病梢侧向弯曲，严重时枯死。叶片染病产生淡褐色圆形或不规则形灰褐色病斑，其上产生橘红色至黑色粒点。后病斑干枯脱落穿孔，新梢顶部叶片萎缩下垂，纵卷成管状。

·**发病规律**· 病菌以菌丝体在病枝、病果及僵果内越冬。翌春产生分生孢子，借风雨或昆虫传播，侵染新梢和幼果引起发病；后病部可再产生分生孢子，借风雨或昆虫进行多次侵染。桃树整个生长期均可被侵染。该病的发生与气候、品种有关，其中高温、高湿是该病发生的前提条件，果实成熟前温暖、高湿极易发病。

·**防治方法**·

（1）细致修剪，彻底清除树上病梢、枯死枝、僵果，结合施基肥，彻底清扫落叶和地面病残体，深埋于施肥坑内。

（2）增加果园通风透光条件，落叶后深翻果园、保持土壤疏松和通透性。

（3）以腐熟有机肥为主，增施钾肥，禁施单一含氮肥料。

（4）发芽前细致喷洒 45% 石硫合剂晶体 200~300 倍液，消灭越冬病菌。落花后喷 70% 甲基硫菌灵可湿性粉剂 1 000 倍液；生长季节结合防治褐腐病等及时喷洒 2 000 倍液 10% 苯醚甲环唑水分散粒剂，或 3 000 倍液 3% 嘧菌酯悬浮剂等药液，保护叶片和果实。

桃炭疽病　病果

桃炭疽病　病叶

桃炭疽病　病叶

桃炭疽病　病果和卷成筒状的叶

桃炭疽病　病幼果干缩成僵果

桃炭疽病　留在枝上的僵果引起周围幼果发病状

桃炭疽病　分生孢子盘和分生孢子

桃白锈病

· **病原** · 桃不休白双胞锈菌 [*Leucotelium pruni~persicae* (Hori) Tranzsechel]，属担子菌亚门（Basidiomycotina）不休白双胞锈属（*Leucotelium*）。

· **症状** · 病树叶表面最初出现浅绿色至淡黄色、多角形至不整齐形、直径约 1 mm 的斑点，后变为鲜黄色。病斑反面出现稍隆起、突破表皮的浅褐色的粉状夏孢子堆。秋天，叶片反面长出雪白色、黏质和隆起的冬孢子堆。冬孢子堆和夏孢子堆可以混生，也可以各自在另外的叶片上出现。

· **发病规律** · 夏孢子借风力飘落到叶面萌发，长出芽管，从气孔侵入寄主。接种 12~15 天后，表现症状，三周后形成夏孢子。秋天形成冬孢子。冬孢子形成后，萌发很容易。在合适的温、湿度条件下，经 2~4 小时即萌发，从芽管长出前菌丝，7~15 小时形成担孢子。担孢子侵染转主寄主天葵。担孢子从叶上萌发，通过角皮层侵入表皮细胞，在栅状组织细胞间伸长，以肿大的吸盘插入细胞内。菌丝通过叶柄组织向下蔓延。春天，天葵的地下块茎有很多菌丝。后来，天葵抽出新叶。若叶从感染的块茎抽出，则呈萎缩状，叶背面长出性孢子器，叶正面则呈现锈子器，锈孢子借风力飞散，传染桃叶。此时约为春、夏之间。锈孢子在桃叶上萌发，芽管先端到达桃叶气孔，并形成附着孢，下面长出侵染菌丝，从气孔侵入寄主组织内。发病潜育期为 29 天，夏孢子堆出现则需要 45 天。病原菌的菌丝在天葵的块茎内，可持续数年，每年均形成性孢子器和锈子器。

· **防治方法** ·

（1）铲除桃园附近杂草，冬季清扫果园，烧尽落叶，杜绝病源。

（2）加强树体管理，增强抗病能力。

（3）芽萌动期喷洒 45% 石硫合剂晶体 150~200 倍液，或 1：1：100 波尔多液。6~7 月间喷洒 30% 嘧菌酯悬浮剂 1 000~2 000 倍液，或 25% 乙嘧酚磺酸酯微乳剂 500~700 倍液。

桃白锈病　叶片正面被害状

桃白锈病　叶背面被害状

桃白锈病　整株被害状

桃白锈病　叶正面被害状

桃白锈病　叶背面被害状

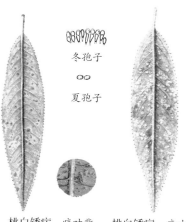

冬孢子

夏孢子

桃白锈病　病叶背面（示夏孢子堆）　　桃白锈病　病叶背面（示冬孢子堆）

桃根癌病

·**病原**·根癌土壤杆菌［*Agrobacterium tumefaciens* (Smith *et* Towns.) Conn.］，属根瘤菌科（Rhizobiaceae）土壤杆菌属（*Agrobacterium*）细菌。

·**症状**·染病桃树地上部分无肿瘤症状，只显出树势差，生长缓慢，抽梢晚且慢，重病树叶片黄化早落，树体寿命明显缩短，果实变小。受害部位在根颈、主根、侧根、支根，以嫁接处常见，肿瘤最大。长出肿瘤初生时乳白色或略带红色，光滑、柔软，球形或扁球形，或相互愈合成不规则形，后渐变为褐色、深褐色，表面粗糙凹凸不平，木质化坚硬，最后变为黑褐色、形状不规则的空洞。

·**发病规律**·病原细菌在土壤中可存活 1 年，在未经分解的病株残体中可存活 2 年；通过机械伤、嫁接口、虫伤、冻伤等伤口侵入。雨水和灌溉水是传播的主要媒介，地下害虫、带菌土壤、修剪工具、病残组织亦可传病。带病接穗和苗木的调运，是远距离传播的主要途径。降水多、湿度大，病情扩散快且严重。受冻害的梨树，病害亦重。地势较高、排水良好的砂壤土较地势低洼、排水不良的黏壤土和碱性土壤生长的梨树发病轻。

·**防治方法**·

（1）严格检疫。不从疫区调苗，不栽带病苗木。

（2）移栽时发现有肿瘤应予处理，可疑的用 1% 硫酸铜浸 5 分钟，再用 2% 的石灰水浸 1 分钟。

（3）嫁接工具用 75% 酒精消毒，伤口和接穗避免和土壤接触，减少染病机会和人为传播。

（4）发现病株，应彻底刮除病部，再涂石硫合剂和波尔多液保护。刮下的肿瘤应随即烧毁。

桃树根癌病　根被害状

桃树根癌病　根被害状

桃树根癌病　根被害状

桃树根癌病　根被害状

桃树虫害

桃潜叶蛾

· **学名** · *Lyonetia clerkella*（Linnaeus），又名桃潜蛾，属鳞翅目（Lepidoptera）潜叶蛾科（Lyonetiidae）。

· **鉴别特征** · 成虫：体长 3 mm，体及前翅银白色。前翅狭长，翅基部有 2 条褐色纵纹，先端尖，翅先端有黑色斑纹。幼虫：体长 4 mm 左右，胸部淡绿色，体扁平椭圆形，头部尖，足退化，尾端尖细具细长的尾状。

· **生活习性** · 桃潜叶蛾一年发生 7~9 代，翌年 4 月桃树展叶后成虫羽化，产卵于叶表皮内取食。3~5 天幼虫即老熟后，从蛀道脱出，在叶缘尖叶片边缘折成蛹室，吐丝作茧化蛹，也在树干翘皮缝、草丛中结白色薄茧化蛹。5 月上旬发生第一代成虫。以后每月发生 1 代，除第一、二代整齐外，以后各代明显世代重叠。

· **危害特点** · 主要以幼虫潜食叶肉组织，在叶中纵横窜食，形成弯弯曲曲的虫道，并将粪粒充塞其中，最终干枯、脱落；7~9 月严重危害，尤以秋梢受害最烈。虫口密度大时还蛀食嫩梢皮层，形成银白色弯曲蛀道。

· **防治方法** ·

（1）冬季结合清园，刮除树干上的粗老翘皮，树干涂白，清理的枝丫叶片和杂草集中粉碎或深埋。

（2）药剂防治：要掌握在夏季和秋季嫩梢长出不到 3 mm 时或新叶受害 5% 时开始用药，喷洒 25% 灭幼脲悬浮剂 1 500 倍液，或 34% 螺螨酯悬浮剂 400~600 倍液，每 7~10 天用 1 次药，连续用药 2~3 次。

（3）用性诱剂诱杀成虫，每亩挂 2~3 个诱芯。

桃潜叶蛾　危害状

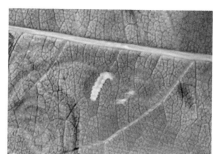

桃潜叶蛾　幼虫出孔

桃潜叶蛾　茧

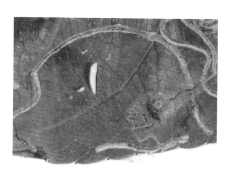

桃潜叶蛾　蛹

桃潜叶蛾　成虫

梨小食心虫

·**学名** · *Grapholita molesta* Busck，属鳞翅目（Lepidoptera）卷蛾科（Tortricidae），又名梨小。

·**鉴别特征** · 成虫：体长 6~7 mm，翅展 10~15 mm，灰褐色，前缘具有 10 组白色斜纹，翅面中央有一小白点，近外缘处有 10 个黑色斑点。卵：扁椭圆形，淡黄白色、半透明。幼虫：末龄幼虫体长 10~13 mm，淡黄白色或粉红色。蛹：纺锤形，黄褐色；茧：灰白色。

·**生活习性** · 梨小食心虫一年发生 4~5 代。以老熟幼虫在枝干裂皮缝隙及树干周围的土缝里结茧越冬。次年 3 月开始化蛹，4 月上中旬成虫羽化，4 月下旬至 5 月初第一代幼虫开始危害桃梢。第二代幼虫也危害桃梢，3~4 代在梨果上危害。危害梨果的卵多产在梨果萼洼处或两果接缝处。蛀果盛期在 8 月下旬至 9 月上旬，所以晚熟品种受害最重。第一二代幼虫蛀食桃梢；第三四代幼虫钻蛀梨果。梨小食心虫成虫对糖、醋、酒的气味和灯光有趋性。

·**危害特点** · 以幼虫蛀食桃嫩梢和钻蛀果实。危害嫩梢时，新梢顶部出现萎蔫，几天后新梢顶部干枯死亡；危害果实时，幼虫多从梗凹处蛀入在果皮下取食，当果实近成熟时幼虫直接蛀食果心。

·**防治方法** ·

（1）彻底刮除树体上的粗翘皮，将潜藏其中的越冬幼虫刮死、刮掉集中烧毁，以减少次年成虫的发蛾量。落叶后喷施 5 波美度石硫合剂。

（2）生长季节及时剪除虫梢，摘除虫果及感病果以控制其一二代数量。

（3）用糖醋液挂容器诱捕其成虫，糖醋液比例为：红糖∶醋∶酒∶水＝2∶4∶1∶16。此外梨果套袋可大大减少梨小食心虫的侵染及危害。

（4）使用梨小食心虫迷向素防治。

（5）药剂防治：在搞好预测预报的基础上，在卵孵盛期和成虫盛发期及时用药，准确用药。防治幼虫药剂可选用 20% 除虫脲悬浮剂 1 200~2 000 倍液，或 4.3% 氯虫苯甲酰胺加 1.8% 阿维菌素水乳剂 3 000~4 000 倍液等。

（6）杀虫灯诱杀，利用太阳能频振式杀虫灯，不仅可以诱杀梨小食心虫，还可以诱杀其他害虫，每盏灯可控面积 15 亩左右。杀虫灯架设在果园周围位置比较高、比较开阔的地方，这样能更好地诱杀害虫。

梨小食心虫 危害新梢

梨小食心虫 危害新梢

梨小食心虫 幼虫

梨小食心虫 成虫

梨小食心虫 卵

梨小食心虫 幼虫

梨小食心虫 梨果被害状

梨小食心虫 蛹

梨小食心虫 成虫

桃蛀螟

·**学名**·*Dichocrocis punctiferalis* Guenée，属鳞翅目（Lepidoptera）螟蛾科（Pyralidae），又名桃蠹螟，桃斑螟。

·**鉴别特征**·成虫：体长约 12 mm，翅展 24 mm 左右，体橙黄色，前后翅及胸、腹背面都散生许多小黑斑。雌蛾末端圆锥形，雄蛾尾端有 1 丛黑毛。卵：椭圆形，长 0.6~0.7 mm，初产时乳白色，后渐变橘红色。老熟幼虫：体长 20~25 mm，灰褐色或暗红色，前胸背板褐色，背腹面各节有毛片 4 个；雄性幼虫腹部第五节背面可见 1 对灰黑色性腺。蛹：长 12~15 mm，褐色，尾端有臀刺 6 个。

·**生活习性**·桃蛀螟一年发生 4 代，第一二代幼虫主要危害桃、李、梨、石榴等果实；第三四代主要危害葵花、玉米、蓖麻。5 月下旬到 6 月上旬为第一代产卵高峰期，第一代幼虫孵化高峰在 6 月下旬；幼虫孵化后，多从果蒂、果叶或两果相接处蛀入果内取食。蛀入孔处堆积很多深褐色粒状虫粪，并流出黄褐色胶液，致使果实腐烂、脱落，幼虫会转移危害多个果实，造成"十桃九蛀"。幼虫老熟后在果柄、两果相接或在果内化蛹。成虫昼伏夜出，趋光性强。早熟桃着卵早，晚熟桃着卵量大，受害期长。

·**危害特点**·幼虫钻蛀桃、梨、柑橘、石榴等果实。幼虫蛀入孔处堆积很多深褐色粒状虫粪，并流出黄褐色胶液，致使果实腐烂、脱落，幼虫会转移危害多个果实，造成"十桃九蛀"。

·**防治方法**·

（1）在每年 4 月中旬，越冬幼虫化蛹前，清除玉米、向日葵等寄主植物的残体，并刮除苹果、梨、桃等果树翘皮、集中烧毁，减少虫源。

（2）在套袋前结合防治其他病虫害喷药 1 次，消灭早期桃蛀螟所产的卵。

（3）在桃园内点黑光灯或用糖、醋液诱杀成虫，可结合诱杀梨小食心虫进行。

（4）拾毁落果和摘除虫果，消灭果内幼虫。

（5）不套袋的果园，要掌握第一二代成虫产卵高峰期喷药。可喷洒 20% 除虫脲悬浮剂 3 000~5 000 倍液，或 5% 杀铃脲悬浮剂 1 000~1 500 倍液，或 1% 苦参碱可溶液剂 1 000 倍液，或 25% 灭幼脲 1 500~2 500 倍液。

（6）喷洒苏云金杆菌 75~150 倍液，或青虫菌液 100~200 倍液，开展生物防治。

桃蛀螟　果实危害状

桃蛀螟　果实危害状

桃蛀螟　幼虫

桃蛀螟　成虫

桃蛀螟　幼虫

桃蛀螟　果实危害状

桃蛀螟　蛹

桃蛀螟　成虫

桃 蚜

· **学名** · *Myzus persicae* Sulzer，属半翅目（Hemiptera）蚜科（Aphididae），又名烟蚜、桃赤蚜、菜蚜、腻虫。

· **鉴别特征** · 无翅孤雌蚜：体长约 2.6 mm，体绿色；腹管长筒形，是尾片的 2.4 倍，色淡；尾片两侧各有 3 根长毛。有翅孤雌蚜：体长约 2 mm，头、胸部黑色，腹部深褐色，翅无色透明；腹部 3~6 节背面中央有 1 块大黑斑，2~4 节各有 1 对缘斑，斑上有缘瘤。

· **生活习性** · 一年发生 10~30 代，以卵在枝梢、芽腋和树皮裂缝等处越冬。3 月中旬左右越冬卵孵化，先群集在芽上危害，展叶后多聚集在叶背取食。4、5 月繁殖最盛，危害也最严重。继而产生有翅蚜，6 月迁移到其他植物上，9 月迁回桃危害，11 月中旬产卵越冬。

· **危害特点** · 成虫及若虫群集新梢和叶片背面上刺吸汁液，造成叶片卷缩变形，严重影响新梢生长，排泄的蜜状黏液后期滋生霉菌，形成煤污病。此外，桃蚜传播多种病毒，造成的危害较大。

· **防治方法** ·

（1）可以在果园悬挂黄色诱虫板诱杀。

（2）可选 1% 苦参碱可溶液剂 1 000 倍液，或 0.5% 藜芦碱可溶液剂 400~600 倍液喷雾防治。

（3）重灾区冬季可喷 5 度石硫合剂，杀死越冬卵。

桃蚜　成虫

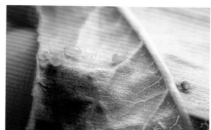

桃蚜　成虫

桃蚜　危害状

桃蚜　危害状

桃蚜　聚集危害

美国白蛾

- **学名** · *Hyphantria cunea* Drury，属鳞翅目（Lepidoptera）灯蛾科（Arctiidae）白蛾属（*Hyphantria*），又名秋幕毛虫。

- **鉴别特征** · 成虫：体中等白色，腹部白色，前足基节、腿节为橙黄色，胫节和跗节内侧白色、外侧黑色。雌成虫体长 9.5~15 mm，触角锯齿状（细），前翅多数纯白色；雄成虫体长 9~13.5 mm，触角双栉齿状（粗），越冬代成虫多数前翅有黑褐色斑点。成虫羽化后，多于夜间交配，交配后的两虫呈"1"形，静止。卵：圆球形，直径约 0.5 mm，浅绿色，单层紧密排列成块状，覆盖白色鳞毛，夜间灯光照射有荧光反应。幼虫：体长 28~35 mm，头黑（黑头型），体圆筒状；背面有一条灰黑色或深褐色的宽纵带，上面着生黑色毛瘤；体侧淡黄色，着生橘黄色毛瘤，毛瘤上着生白色长毛丛。幼虫取食产卵侧枝叶片单叶叶背面叶肉，并将该小侧枝叶片结成网幕。蛹：体长 8~15 mm，宽 3~5 mm，暗红色，腹部各节除节间外，布满凹陷刻点，臀刺 8~17 根，排成扇形，端部呈喇叭口状；雄蛹瘦小，雌蛹较肥大；蛹外被有白色或黄色薄丝质茧，茧上的丝混杂着幼虫的体毛共同形成网状物。

- **生活习性** · 1 年发生 3 代，主要危害水杉、落羽杉、悬铃木、杨树、桑树、桃、梨、柿、苹果等多种生态林、经济林树种。以蛹在枯死树翘皮、树干缝隙、树洞、砖头瓦块缝隙、表土浅土内、枯叶等处结灰色薄茧化蛹。翌年 4 月上中旬越冬代成虫开始零星羽化，5 月初达羽化高峰；4 月中下旬开始产卵；5 月初第一代幼虫开始出现，5 月中旬为网幕高峰期；6 月中旬第一代老熟幼虫开始下树化蛹，6 月下旬为下树化蛹高峰期；6 月中旬第一代幼虫开始羽化，6 月下旬达到羽化高峰；成虫羽化 2 天后即可产卵，6 月下旬第二代幼虫开始零星出现，7 月为第二代网幕高峰期；7 月下旬第二代老熟幼虫开始下树化蛹，8 月上旬第二代幼虫开始羽化，8 月下旬羽化达到高峰；8 月下旬越冬幼虫开始出现，9 月上中旬为网幕高峰期，9 月中旬越冬代老熟幼虫开始陆续下地寻找隐蔽场所化蛹越冬。第一代发育较整齐，第二代和第三代，虫态重叠现象严重。

- **危害特点** · 主要危害叶，幼虫常群集树叶吐丝结网幕，在其内食害叶片。1~2 龄幼虫只取食叶肉，严重时全株树叶被吃光，只留下叶脉，整个叶片呈透明的纱网状，3 龄幼虫开始将叶片咬成缺刻，4 龄幼虫开始分成若干个小的群体，形成几个网幕，4 龄幼虫食量大增，5 龄后进入单个取食的暴食期。发生严重时可将全株树叶食光，造成部分枝条甚至整株死亡，严重威胁林果业，造成惊人的损失。

· **防治方法** ·

（1）人工摘除卵块及网幕，可在美国白蛾卵期及三龄前幼虫结网幕期，开展人工摘除卵块及网幕防治。

（2）围草诱蛹：在老熟幼虫化蛹前，在树干离地 1~1.5 m 处，绑稻草或草帘，按照上松下紧围绑起来，诱集幼虫化蛹。结束后统一收集，并进行无害化处理。

（3）药剂防治：在幼虫发育初期、破网前进行防治，可选喷 32 000 IU/mg 苏云金杆菌 200~400 倍液、0.5% 苦参碱水分散粒剂 1 250~1 650 倍液、5% 杀铃脲悬浮剂 1 250~2 500 倍液，每次喷药应间隔 5~10 天，连续喷施 2~3 次。注意农药轮换交替使用。

美国白蛾　幼虫

美国白蛾　幼虫

美国白蛾　幼虫

美国白蛾　产卵

美国白蛾　成虫　林间交尾

美国白蛾　卵块

美国白蛾　成虫前足基部

美国白蛾　蛹

美国白蛾　越冬代成虫（左，雄；右，雌）

美国白蛾 桑树网幕

美国白蛾 柿树网幕

美国白蛾 桃树网幕

桃红颈天牛

· **学 名** · *Aromia bungii* Faldermann，属鞘翅目（Coleoptera）天牛科（Cerambycidae），又名红颈天牛、铁炮虫、哈虫。

· **鉴别特征** · 成虫：体长 28~37 mm，体漆黑色，有光泽，仅前胸背面棕红色（极少数黑色）；前胸密布横皱，前胸两侧各有刺突 1 个，背面有瘤突 4 个；翅鞘表面光滑，翅基部较前胸宽，后端较狭。卵：长椭圆形，乳白色，长 6~7 mm。幼虫：体长 42~52 mm，乳白色；前胸背板的前缘和侧缘有 4 个稍骨化的黄棕色斑块，中间的两块横长方形，中央凹陷。蛹：淡黄白色，长 32~46 mm。

· **生活习性** · 每 2~3 年发生 1 代，以不同虫龄的幼虫在蛀道内越冬；一般低龄幼虫在韧皮部下越冬，高龄幼虫在木质部内。翌年春幼虫开始活动、蛀食；危害严重时，红褐色粉粒状粪屑可堆满树干基部。6~9 月成虫羽化，7~8 月为成虫羽化盛期。成虫活跃，有假死性，啃食嫩枝和熟果。卵产于树皮缝隙内，近地面 30~40 cm 处的树干上产卵率最高，单雌产卵 170 粒左右，卵期 1~2 周。幼虫孵化后先在韧皮部皮层下蛀食，形成弯曲虫道，粪屑堆于皮层内，一般情况下不排出。当年冬季即以小幼虫在皮层内越冬。第二年开春后恢复活动，向木质部边材部分蛀食，虫道向下发展。当幼虫长至 30 mm 时，可再向上蛀食心材，并在其中度过第二个冬天。第三年 4~6 月老熟幼虫在虫道末端黏结虫粪、木屑筑成蛹室，虫体转动头部向上，在蛹室内化蛹，6~7 月陆续羽化。天敌有管氏肿腿蜂，其成蜂可以潜入蛀道寻觅天牛幼虫寄生。

· **危害特点** · 主要危害木质部，幼虫孵出后向下蛀食韧皮部，后期蛀入木质部，削弱树势，严重时可致整株枯死。

· **防治方法** ·

（1）重点放在消灭成虫上，在成虫期人工捕杀效果很好；尤其中午，成虫有从树冠下到干基部栖息的习性，便于捕杀；也可用浸过药的熟果置于树杈上诱杀成虫。

（2）幼虫期用人工勾除方式防治，或释放管氏肿腿蜂、花绒寄甲等天敌防治。

桃红颈天牛　排泄物

桃红颈天牛　排泄物

桃红颈天牛　幼虫

桃红颈天牛　成虫

桃红颈天牛　成虫

草履蚧

· **学名** · *Drosicha corpulenta* Kuwana，属半翅目（Hemiptera）珠蚧科 Drosicha corpulenta，又名桑虱、日本履绵蚧、草鞋蚧。

· **鉴别特征** · 雌成虫：长椭圆形，黄褐色或红褐色，似草鞋状，无翅，体长约 10 mm，体被霜状白色蜡粉，腹部有横皱褶和纵沟。雄成虫：紫红色，体长 5~6 mm，翅展 10 mm；1 对前翅，淡紫黑色，半透明，翅上有两条淡黑色条纹，后翅退化为平衡棒。卵：椭圆形，初产时黄白色，渐变为黄褐色，卵产于白色绵状卵囊中。若虫：外形与雌虫相似，但虫体较小。蛹：圆筒形，褐色，外被白色絮状物。

· **生活习性** · 上海 1 年发生 1 代，以卵在树根茎四周的土缝中越冬。翌年 1 月下旬至 3 月上旬开始孵化，历期 1 个月余；2 月下旬至 3 月上旬，若虫出蛰上树，群集于幼嫩枝芽处吸食危害。若虫于 4 月上旬进行第一次蜕皮，4 月下旬进行第二次蜕皮。雄成虫于 5 月上中旬出现，傍晚群集飞舞，寻找雌成虫交配；雌若虫于 5 月上中旬进行第三次蜕皮，变为成虫，并与羽化的雄成虫交配。随后，雌成虫于 5 月底至 6 月初陆续下树，在树基部周围 10 cm 左右深的土层中、砖瓦石块下产卵于卵囊中，过夏越冬。

· **危害特点** · 若虫和雌成虫常成堆聚集在芽腋、嫩梢、叶片和枝干上，吮吸汁液危害，造成植株生长不良，早期落叶。

· **防治方法** ·

（1）整形修剪：结合草履蚧生活习性，在冬季、早春结合修剪，剪除虫枝，对生长过旺、枝叶郁闭的枝条进行疏剪，改善通透性，将剪除的枝条集中销毁。

（2）清除虫源：于秋冬季节结合日常养护管理，对当年虫害发生严重的树木，可用竹片、软刷清除树缝内的卵囊，以减少虫量。

（3）环涂粘虫胶：根据若虫上树危害的生物习性，可于早春（2 月中下旬至 3 月中旬）在树干环涂宽度为 10~20 cm 的黏虫胶，阻止若虫上树。采取该措施防治时应注意：一是在涂胶前，应刮除涂胶部位的粗皮，但不可破坏树木形成层，高度和宽度要整齐划一，达到美观的目的；二是绿地中的树木涂胶应尽量涂在较低部位，绿篱中的乔木涂胶，一定要低于绿篱的高度；三是注意清理涂胶部位的脏污，及时增添新虫胶，保持胶状物的粘虫度，以使其充分发挥作用；四是及时清理杀灭被阻止上树的若虫。

（4）喷药防治：发现已有若虫上树，应及时用 99% 矿物油乳油 100~200 倍液加有机硅助剂 3 000 倍液防治，喷药时间应在 3 月中旬之前，此时虫体小、体被蜡质层薄，抗药性差。

（5）草履蚧有很多种类的天敌，如大红瓢虫、红环瓢虫、红点唇瓢虫、鸟类等，在生产中应注意减少化学药物的使用，充分保护天敌昆虫和鸟类，增加天敌的种类和数量，控制草履蚧危害。

草履蚧 聚集危害

草履蚧 聚集危害

草履蚧 雄成虫

草履蚧 雌成虫

红环瓢虫 成虫

草履蚧 卵

草履蚧 雌成虫

草履蚧 雌成虫入土产卵

桑白盾蚧

· **学名** · *Pseudaulacaspis pentagona* (Targioni-Tozzetti)，属半翅目（Hemiptera）盾蚧科（Diaspididae），又名桑盾蚧、桑白蚧、桑介壳虫、桃介壳虫、桑蚧。

· **鉴别特征** · 成虫：雌体长 0.9~1.2 mm，淡黄至橙黄色，介壳灰白至黄褐色，近圆形，长 2~2.5 mm，略隆起，有螺旋形纹，壳点黄褐色，偏生一方；雄体长 0.6~0.7 mm，翅展 1.8 mm，橙黄至橘红色。

· **生活习性** · 一年发生 3 代，以受精雌成虫在枝条上越冬。翌春 3 月中旬开始产卵；4 月下旬第一代若虫孵化，固定在母蚧附近的枝干上，吮吸危害，并分泌白色蜡粉；6 月出现第一代成虫并开始产卵；7 月孵化第二代若虫，分散危害；第二、第三代成虫分别于 8 月和 9 月发生。

· **危害特点** · 主要以若虫和雌成虫寄生在枝干上，吸汁危害，分泌的灰白色蜡质物似一层棉絮，妨碍植株生长，使枝条枯萎，并能诱发煤污病害。

· **防治方法** ·

（1）经常修剪，保持枝叶通风透光以减少虫害发生。

（2）在植物冬眠期间喷洒 45% 石硫合剂晶体 150 倍液。

（3）在若虫初孵时可喷施 99% 矿物油乳油 100~200 倍液加有机硅助剂 3 000 倍液，严重发生区要每隔 7 天喷施 1 次，连喷 2~3 次，施药前刮擦枝干上层叠加的介壳，效果好。

（4）保护和利用天敌昆虫，如蚜小蜂、跳小蜂、瓢虫、草蛉等。

桑白盾蚧　雄介壳

桑白盾蚧　危害状

桑白盾蚧　雌介壳

桑白盾蚧　雄介壳

桑白盾蚧　桃枝被害状

桑白盾蚧　雌成虫腹面观

桑白盾蚧　雄蛹蜡茧

桑白盾蚧　雌成虫盾蚧

桑白盾蚧　雄成虫腹面观

桃树病虫防治历

防治时期	防治对象	防治措施	注意事项
休眠期（12月上旬至翌年3月上旬）	桃褐腐病、桃穿孔病、桃炭疽病、桃缩叶病、梨小食心虫、苹小卷叶蛾	选用45%石硫合剂晶体	刮老翘皮，剪除病虫枝梢，清理病叶、病果、杂草，集中烧毁或深埋
萌芽至开花期（3月中旬至4月上旬）	桃穿孔病、桃缩叶病、桃蚜	桃穿孔病，选用宁南霉素；桃缩叶病，选用60%吡醚·代森联水分散粒剂、百菌清；桃蚜，选用甲维盐·啶虫脒、苦烟	为防治蚜虫及各种病害的关键时期
新梢生长期（4月中旬至5月上旬）	桃穿孔病、桃炭疽病、桃蚜、梨小食心虫、桃潜叶蛾、桃褐腐病	桃穿孔病，选用宁南霉素；桃炭疽病、桃褐腐病，选用代森锰锌、60%吡醚·代森联水分散粒剂、百菌清；梨小食心虫、桃潜叶蛾，选用氟虫脲、除虫脲、灭幼脲等	及时摘除被害新梢，集中烧毁，消灭梨小幼虫
幼果生长发育期（5月中旬至6月上旬）	桃穿孔病、桃炭疽病、桃蛀螟、梨小食心虫、桃潜叶蛾、桃褐腐病	桃穿孔病，选用宁南霉素；桃炭疽病、桃褐腐病，选用代森锰锌、60%吡醚·代森联水分散粒剂、百菌清、宁南霉素；梨小食心虫、桃潜叶蛾，选用氟虫脲、除虫脲、灭幼脲等	这一时期是梨小食心虫第一代成虫期，是苹小卷叶蛾越冬代成虫期，喷药防治是关键；5~6月份是桃穿孔病发病高峰期
早熟品种成熟期（6月中旬至7月上旬）	桃穿孔病、梨小食心虫、桃蛀螟、桃潜叶蛾、桃蚜、桃褐腐病、橘小实蝇	桃穿孔病，选用宁南霉素；桃炭疽病、桃褐腐病，选用60%吡醚·代森联水分散粒剂、百菌清、宁南霉素；梨小食心虫、桃潜叶蛾，选用除虫脲、灭幼脲等	这一时期是梨小食心虫第二代成虫期，孵化的幼虫开始危害果实，是喷药防治的重点

（续表）

防治时期	防治对象	防治措施	注意事项
中熟品种成熟期（7月中旬至8月上旬）	桃穿孔病、桃炭疽病、梨小食心虫、桃蛀螟、桃褐腐病、橘小实蝇	桃穿孔病，选用宁南霉素；桃炭疽病、桃褐腐病，选用60%吡醚·代森联水分散粒剂、百菌清、宁南霉素；梨小食心虫、桃蛀螟，选用氟虫脲、除虫脲、灭幼脲等	这一时期是梨小食心虫第三代成虫期，是苹小卷叶蛾第一代成虫期，喷药防治是关键
晚熟品种成熟期（8月中旬至10月上旬）	桃炭疽病、桃潜叶蛾、梨小食心虫、桃蛀螟、桃褐腐病、橘小实蝇	桃炭疽病、桃褐腐病，选用代森锰锌、60%吡醚·代森联水分散粒剂、百菌清、宁南霉素；梨小食心虫、桃蛀螟、橘小实蝇、桃潜叶蛾，选用阿维·除虫脲、氟虫脲、除虫脲、灭幼脲等	
采收后至休眠期（10月中旬至12月）	桃穿孔病、桃流胶病	选用宁南霉素	

三、梨树

梨，是一种落叶乔木或灌木，极少数品种为常绿，属于蔷薇科苹果亚科。叶片多卵形，花白色，或略带黄色、粉红色，有五瓣。果实形状有圆形的，也有基部较细、尾部较粗的"梨形"。梨的果实通常用来食用，味美汁多，甜中带酸，营养丰富，含有多种维生素和纤维素，既可生食，也可蒸煮后食用，利消化，对心血管也有好处。

在我国，梨栽培面积和产量仅次于苹果。安徽、河北、山东、辽宁四省是我国梨的集中产区，栽培面积占全国一半左右，产量超过60%。上海地区梨树种植面积约2.8万亩，主要分布于浦东、奉贤、松江、金山、嘉定、宝山、崇明等区。

梨树主要病虫种类有梨锈病、梨轮纹病、梨黑星病等病害，梨小食心虫、桃蛀螟、梨木虱、梨冠网蝽等害虫。开展梨树病虫害监测，能够掌握病虫害的发生变化规律，及时有效地控制病虫灾害，为梨树的有效防治提供科学的依据。

梨树病害

梨锈病

· **病原** · 梨胶锈菌 (*Gymnosporangium haraeanum* Syd.)，属担子菌亚门 (Basidiomycotina) 胶锈菌属 (*Gymnosporangium*)。

· **症状** · 侵害叶片、新梢、果实，受害叶片正面出现橙黄色小点，后变成圆形斑，小点变成黑色。病斑扩大后正面凹下，叶背凸起，产生灰褐色毛状物是病菌锈子器，散发出黄褐色粉末，是病菌锈孢子，以后病斑变黑，病叶枯死早落。幼果病斑中央凹下，边缘产生毛状物，病果生长停滞，畸形早落。果柄、叶柄受害则病部稍膨大，也产生毛状物；新梢受害产生龟裂病斑，易折断。

· **发病规律** · 病菌在龙柏、桧柏、塔柏等植物上越冬，可存活多年。3月中旬至4月中旬病菌担孢子借风雨传播到梨树危害。梨树在4月底、5月初出现症状，5月中旬开始出现毛状物，散出的锈孢子借风雨传播到龙柏等植物，侵入后越冬成次年病菌来源。梨树四周5~10 km范围内存在龙柏等植物就有利病害发生。2月温度偏高，3~4月雨水偏多，有利病害发生，加重危害。

· **防治方法** ·

(1) 在梨园5 km范围内不种植桧柏。

(2) 加强果园栽培管理。合理施肥，及时排水，科学修剪，使果园通风透光，降低环境湿度，创造不利于病害发生的环境条件。发芽前彻底清扫落叶，集中深埋或烧毁，消灭病菌越冬场所。

(3) 药剂防治：梨树开始萌芽展叶时，喷洒波尔多液保护新叶；落花后若叶片上出现锈病时可喷洒10% 苯醚甲环唑水分散粒剂5 000~6 000倍液，或22.5%啶氧菌酯悬浮剂1 500~2 000倍液等，每次喷药间隔7~10天，连续喷雾2~3次。注意避开开花期喷药。

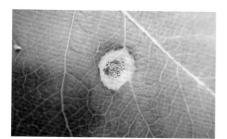

梨锈病　叶片正面危害状

梨锈病　病叶

梨锈病　叶片背面危害状

转主寄主-桧柏　冬孢子角

梨锈病　发病后期危害状

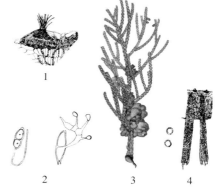

梨锈病
1.性孢子器；2.冬孢子及其萌发；3.龙柏上
的冬孢子角（部分已吸水膨胀）；4.锈子器
和锈孢子

梨锈病　病果

梨黑星病

· **病原** · 有性阶段为梨黑星菌（*Venturia nashicola* Tanak *et* Yamamota），属子囊菌亚门（Ascomycotina）黑星菌属（*Venturia*）；无性阶段为梨黑腥孢菌（*Fusicladium virecens* Bon.），属半知菌亚门（Deuteromycotina）黑星孢属（*Fusicladium*）。

· **症状** · 可危害梨树的所有绿色幼嫩组织。以叶片、果实和新梢受害为主。发病后的主要特点是病斑表面产生墨绿色至黑色霉状物。

（1）叶片染病：多数先在背面产生墨绿色至黑色星芒型霉状物，正面相对应处为边缘不明显的淡黄绿色病斑；严重时霉状物可布满叶背大部分，叶正面则呈花叶状。后期病斑变褐枯死，严重时导致早期落叶。

（2）果实染病：果实膨大期受害，多数形成圆形或近圆形黑色病斑。较早发病者，病斑凹陷、开裂，病果畸形、易早落；较晚发病者，病斑略凹陷，可产生浓密霉状物，有时病斑外围有明显的黄晕；气候干燥时病斑表面很少产生霉层，表现为"青疔"状；环境潮湿时，霉状物上有时可腐生"红粉菌"。

（3）新梢染病：从下至上逐渐产生黑色霉层，并可扩展到叶柄甚至叶片基部及叶脉上；严重时，病梢叶片逐渐变黄、变红、干枯、脱落，最后只留下一个"黑橛"。

· **发病规律** · 黑星病在田间有多次再侵染现象，流行性很强，有两个发生高峰：一是落花后至果实膨大初期；二是采收前 1~1.5 个月。前期病梢出现的多少、幼叶幼果发病率的高低是决定当年黑星病发生轻重的主要因素之一。后期果实越接近成熟受害越重，是病菌严重危害果实的时期。黑星病的发生轻重与降雨关系密切，尤其是幼果期的降雨，雨日多，病害发生重；密植果园、低洼潮湿果园往往发病较重。

· **防治方法** ·

（1）加强果园管理：落叶后至发芽前彻底清除树上、树下落叶，集中深埋或烧毁。

（2）药剂防治：梨树开始萌芽展叶时，喷洒波尔多液保护新叶；萌芽后开花前喷洒 1 次内吸治疗性药剂，杀死芽内病菌，减少病梢形成数量，药剂可选 10% 苯醚甲环唑水分散粒剂 5 000~6 000 倍液；落花后至果实膨大初期，控制幼叶、幼果发病，一般喷药 3~4 次，每次喷药间隔 7~10 天。药剂可选 10% 苯醚甲环唑水分散粒剂 5 000~6 000 倍液、50% 醚菌酯水分散粒剂 3 000~5 000 倍液、70% 代森联水分散粒剂 500~700 倍液等。

（3）果实套袋。

梨黑星病　叶片正面危害状

梨黑星病　叶片背面危害状

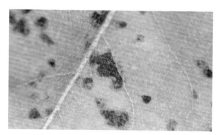

梨黑星病　叶片正面危害状

梨黑星病　叶片背面危害状

梨黑星病　果实危害状

梨黑星病　果实危害状

梨黑星病　无性孢子（镜下）

1　　　　　　　2

梨黑星病　1.分生孢子梗和分子孢子；2.子
　　　　　囊壳、子囊孢子

梨黑斑病

· **病原** · 菊池链格胞（*Alternaria kikuchiana* Tanaka），属半知菌亚门（Deuteromycotina）链格孢属（*Alternaria*）真菌。

· **症状** · 主要危害叶片，有时也可危害果实和新梢。叶片染病初为米粒大小、褐色至黑褐色斑点，后逐渐扩大，形成近圆形或不规则形病斑，中心灰白至灰褐色，边缘黑褐色，有时病斑颜色呈轮纹状。病叶焦枯、畸形、早期脱落。天气潮湿时，病斑表面产生黑色霉状物。

· **发病规律** · 病菌以菌丝体和分生孢子在病梢、病叶、病果和落于地面的病残体上越冬。翌年春季产生分生孢子后借风雨传播，从气孔、皮孔或直接侵染危害。该病潜育期短，病菌在田间可引起多次再侵染。一般 4 月下旬开始发病，嫩叶极易受害。6~7 月如遇多雨，更易流行。地势低洼、偏施化肥或肥料不足、修剪不合理、树势衰弱以及梨网蝽、蚜虫猖獗危害等不利因素均可加重该病的危害。

· **防治方法** ·

（1）加强果园管理：落叶后至萌芽前，彻底清除果园内枯枝、落叶、病僵果，集中销毁或深埋，消灭越冬病菌。合理修剪、及时中耕除草，及时排水，合理施肥。

（2）药剂防治：萌芽前，喷施 77% 硫酸铜钙可湿性粉剂 300~400 倍液，铲除树体上越冬的残余病菌。生长期，从初见病叶或雨季到来前开始喷药，每隔 10~15 天喷 1 次，需喷药 3~5 次。雨季及时喷药是该病药剂防治的关键。常用药剂有 10% 多抗霉素可湿性粉剂 1 000~1 500 倍液、10% 苯醚甲环唑水分散粒剂 1 500~2 000 倍液等。

梨黑斑病 被害果实

梨黑斑病 被害果实

梨黑斑病 被害果实

梨黑斑病 被害果实

梨黑斑病 病幼果和病叶

梨黑斑病
分生孢子梗和分生孢子

梨黑斑病 病果（示裂果）

梨轮纹病

·**病原**· 病原有两种：梨生囊壳孢（*Physalospora piricola* Nose），属子囊菌亚门（Ascomycotina）囊孢壳属（*Physalospora*）；无性阶段为轮纹大茎点菌（*Macrophoma kawatsukai* Hara.），属半知菌亚门（Deuteromycotina）大茎点霉属（*Macrophoma*）。

·**症状**· 主要危害枝干和果实，也危害叶片，造成树势衰弱，枝条枯死，果实腐烂，严重影响产量和质量。

（1）枝干染病：初期以皮孔为中心，产生水渍状褐色小斑，后扩大为近圆形或不规则的褐色疣状病斑，质地坚硬，以后病斑四周下陷，成为凹陷的圆圈。第二年产生小黑点，病健交界处产生裂缝。发病严重时，许多病斑密集在一起，围绕枝干1周后上部枝条死亡，树势极度衰退。

（2）果实染病：多在近成熟期发病。初期以皮孔为中心形成水渍状褐色圆斑，以后迅速扩大为同心轮纹状的红褐色病斑，流出茶褐色的黏液，几天后全果腐烂。后期在表皮下产生黑色小粒。

·**发病规律**· 病菌以菌丝、分生孢子器等在枝干病组织上越冬，病菌在斑内可存活多年，第二年、第三年产生大量孢子。枝干上的病斑是病菌的主要来源。病菌于3月下旬开始释放孢子，4月中下旬孢子数量上升，5月中下旬到6月中下旬是孢子释放盛期，7~8月极少释放，9~10月有少量孢子释放。果实大多在幼果期感染病菌，但不立即表现症状，直到近成熟时才显现症状。

·**防治方法**·

（1）加强果园栽培管理：增施有机肥料，合理结果量，提高树体抗病能力。发芽前刮除枝干轮纹病斑及干腐病斑的变色组织，并集中销毁，减少越冬菌源。

（2）药剂防治：从落花后7~10天开始喷药，每隔10~15天喷药1次，直到果实皮孔封闭或果实套袋后结束。常用药剂有：70%甲基托布津可湿性粉剂800~1 000倍液、10%苯醚甲环唑水分散粒剂5 000~6 000倍液等。

（3）果实套袋。

1　　　2　　　3

梨轮纹病　1.分生孢子器和
器孢子；2.子囊壳；3.侧丝、
子囊和子囊孢子

梨轮纹病　枝干被害状

梨轮纹病　叶片被害状

梨轮纹病　果实被害状

梨轮纹病　果实被害状

梨轮纹病　果实被害状

梨轮纹病　果实被害状

梨褐斑病

·**病原**·有性阶段为梨球腔菌［*Mycosphaerella sentina* (Fr.) Schrter］，属子囊菌亚门（Ascomycotina）球腔菌属（*Mycosphaerella*）；无性阶段为梨生壳针孢（*Septoria piricola* Desm.），属半知菌亚门（Deuteromycotina）壳针孢属（*Septoria*），又称白星病、斑枯病。

·**症状**·主要危害叶片，初期形成圆形或近圆形深褐色斑点，扩展后为病斑中部灰白色、边缘褐色，病斑较小。后期病斑表面可散生小黑点。受害严重叶片，其上散布数十个病斑，且常相互愈合成不规则形褐色大斑，有时病斑穿孔。严重时，病叶早期脱落，导致树势衰弱。

·**发病规律**·是一种高等真菌性病害，病菌主要以分生孢子器在病落叶上越冬。次年产生并释放分生孢子，借风雨传播到叶片上进行侵染危害。生长期可有多次再侵染。病害一般在4月中旬开始发生，5月中下旬盛发。发病严重的，在5月下旬就开始落叶，7月中下旬落叶最严重。雨水早、湿度大时发病较重，树势衰弱、排水不良、管理粗放的果园发病较多。

·**防治方法**·

（1）加强果园栽培管理。合理施肥，及时排水，科学修剪，使果园通风透光良好，降低环境湿度，创造不利于病害发生的环境条件。发芽前彻底清扫落叶，集中深埋或烧毁，消灭病菌越冬场所。

（2）药剂防治：该病一般不需单独防治。往年发病严重的个别果园，从发病初期开始喷药，每隔10~15天喷1次药，连喷2次左右即可有效控制该病的发生危害。常用药剂有70%甲基托布津可湿性粉剂800~1 000倍液、10%苯醚甲环唑水分散粒剂2 000~2 500倍液等。

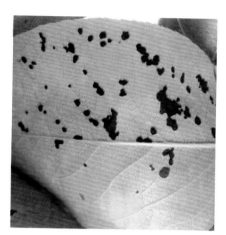

梨褐斑病　叶片正面后期被害状

梨褐斑病　叶片中期被害状

梨褐斑病　叶片背面后期被害状

梨褐斑病　叶片早期被害状

梨白粉病

· **病原** · 梨球针壳菌［*Phyllactinia pyri* (Cast.) Homma.］，属子囊菌亚门（Ascomycotina）球针壳属（*Phyllactinia*）。

· **症状** · 最初在叶背面产生白色霉点，后扩展成大小不一、近圆形白色粉状斑，是病菌菌丝和分生孢子，后期白粉层上产生黄色小点，逐渐加深至黑褐色小点，是病菌闭囊壳，白粉斑相应叶片正面黄绿色，严重时白粉布满整个叶片，导致病叶变褐枯萎、脱落。

· **发病规律** · 白粉病是一种高等真菌性病害。病原菌主要以闭囊壳在落叶上或黏附在枝干表面越冬。第二年 6~7 月闭囊壳内散出子囊孢子，通过气流或风雨传播，从叶背气孔侵染叶片危害。初侵染发病后产生的分生孢子经气流传播后进行再侵染，使病害不断扩散蔓延。白粉病多在雨季开始发生，多雨潮湿季节为发生盛期。果园郁蔽、通风透光不良、地势低洼、排水不及时、偏施氮肥等均可加重该病发生。

· **防治方法** ·

（1）加强果园栽培管理。合理施肥，及时排水，科学修剪，使果园通风透光良好，降低环境湿度，创造不利于病害发生的生态条件。发芽前彻底清扫落叶，集中深埋或烧毁，消灭病菌越冬场所。

（2）药剂防治：萌芽期，喷施 1 次 45% 石硫合剂晶体 50~80 倍液，杀灭树上越冬病菌。生长期，从病害发生初期或雨季到来前开始喷药，每隔 10 天左右喷 1 次，连喷 2~3 次，重点喷洒叶片背面。常用药剂有 10% 苯醚甲环唑水分散粒剂 2 500~3 000 倍液、250 g/L 戊唑醇水乳剂 2 000~2 500 倍液等。

梨白粉病　叶片被害状

梨白粉病　叶片被害状

梨白粉病　叶片被害状

梨白粉病　叶片被害状

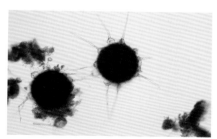

梨白粉病　病菌闭囊壳

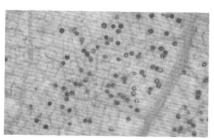

梨白粉病　病斑放大

梨炭疽病

· **病原** · 有性阶段为围小丛壳 [*Glomerella cingulata*（Stonem.）Spauld. *et* Schrenk]，属子囊菌亚门（Ascomycotina）小丛壳属（*Glomerella*）；无性阶段为胶孢炭疽菌（*Colletotrichum gloeosporioides* Penz.），属半知菌亚门（Deuteromycotina）炭疽菌属（*Colletotrichum*），又称"苦腐病"。

· **症状** · 病菌主要危害果实，也可侵害枝条，有时还可危害叶片及叶柄。果实染病多从膨大后期开始发病，初期在果面上产生褐色至黑褐色小斑点，后病斑逐渐扩大，形成淡褐色至深褐色的腐烂病斑，表面凹陷，严重时病斑可烂到果实的 1/4 以上；从发病中后期开始，病斑表面逐渐产生小黑点，小黑点上可溢出淡粉红色黏液。

· **发病规律** · 梨炭疽病是一种高等真菌性病害，病菌主要以菌丝体在病枝条上及病落叶、病僵果中越冬。第二年温湿度适宜时产生大量病菌孢子，主要通过风雨传播进行侵染危害。该病在田间多次再侵染。落花后 10 天左右病菌即可不断侵染果实，到膨大后期果实逐渐开始发病，发病后产生的病菌孢子还可不断扩散危害。该病具有潜伏侵染现象。多雨潮湿、通风透光不良、果园湿度大是导致该病发生较重的主要环境条件。

· **防治方法** ·

（1）加强果园管理。落叶后至发芽前，彻底清除果园内枯枝、落叶、病僵果，集中销毁或深埋，消灭越冬病菌。合理修剪、及时中耕除草，及时排水，合理施肥。

（2）药剂防治：萌芽期，喷施 1 次 77% 硫酸铜钙可湿性粉剂 300~400 倍液，铲除树体上越冬的残余病菌。从落花后 10 天左右开始喷药，每隔 10~15 天喷 1 次，连续喷 3 次。常用药剂有 70% 甲基托布津可湿性粉剂 800~1 000 倍液、10% 苯醚甲环唑水分散粒剂 2 000~2 500 倍液、250 g/L 戊唑醇水乳剂 2 000~2 500 倍液。

梨炭疽病　叶片被害状

梨炭疽病　被害状

梨炭疽病　叶片被害状

梨炭疽病　叶片被害状

梨炭疽病　植株被害状

梨炭疽病　分子孢子梗，分生孢子及刚毛

梨炭疽病　病叶

梨冠瘿病

· **病原** · 根癌土壤杆菌［*Agrobacterium tumefaciens* (Smith *et* Towns.) Conn.］，属根瘤菌科 (Rhizobiaceae) 土壤杆菌属 (*Agrobacterium*) 细菌，又称梨根癌病。

· **症状** · 主要危害根部，也可发生在根颈部，甚至在主干、主枝上。发病后在发病部位形成肿瘤。肿瘤多不规则，大小差异很大。初生肿瘤乳白色或略带红色，柔软，后逐渐变褐色至深褐色，木质化而坚硬，表面粗糙或凹凸不平。病树根系发育不良，地上部分生长衰弱，植株矮小，叶黄化、稀疏、早落，严重时可致全株死亡。

· **发病规律** · 参照桃根癌病（p66）。

· **防治方法** · 参照桃根癌病（p66）。

梨树根癌病 被害状

梨树根癌病 被害状

梨树根癌病 被害状

梨树虫害

草履蚧

· **学名** · *Drosicha corpulenta* Kuwana，属半翅目（Hemiptera）珠蚧科 Drosicha corpulenta，又名日本履绵蚧、草鞋蚧。

· **鉴别特征** · 参照桃树草履蚧（p82）。

· **生活习性** · 参照桃树草履蚧（p82）。

· **危害特点** · 参照桃树草履蚧（p82）。

· **防治方法** · 参照桃树草履蚧（p82）。

草履蚧　聚集危害

草履蚧　聚集危害

草履蚧　聚集危害

梨二叉蚜

· **学名** · Schizaphis piricola Matsumura，属半翅目（Hemiptera）蚜科（Aphididae），又名梨蚜。

· **鉴别特征** · 无翅孤雌胎生蚜：体长约 2 mm，绿色至黄绿色，被有白色蜡粉，背中央有 1 条翠绿色纵线，腹管长筒状，黑色，长为尾片的 2 倍，尾片舌状，近中部收缩。有翅孤雌胎生蚜：体长 1.8 mm，头胸部黑色，腹部黄绿至绿色，背中央有 1 条翠绿色纵线，触角第三节有次生感觉孔 18~27 个，前翅中脉 2 叉。若虫与无翅孤雌胎生蚜类似。

· **生活习性** · 梨二叉蚜一年发生约 20 代。以卵在芽腋、枝杈的缝隙内越冬，梨芽萌动时开始孵化。若蚜群集于露绿的芽上危害，待梨芽开绽时钻入芽内，展叶期又集中到嫩梢叶面危害，致使叶片向上纵卷成筒状或饺子状。落花后大量出现卷叶，半月左右开始出现有翅蚜，5~6 月大量迁飞到越夏寄主狗尾草和茅草上；9~10 月间，在越夏寄主上产生大量有翅蚜迁回梨树上繁殖危害，并产生性蚜。雌蚜交尾后产卵，以卵越冬。

· **危害特点** · 以成蚜、若蚜群集在梨树新梢叶片正面刺吸危害，受害叶片向正面纵向卷曲成筒状，后逐渐皱缩变脆，受害叶不能伸展，严重时容易脱落。

· **防治方法** ·

（1）冬季清园：上年秋季蚜虫数量较多的梨园，结合其他害虫防治，在萌芽期喷施 1 次 45% 石硫合剂晶体 50~70 倍液，杀灭越冬虫卵。

（2）人工防治：从梨二叉蚜危害卷叶初期开始，摘除被害卷叶，集中销毁，消灭卷叶内蚜虫，降低园内虫量。

（3）药剂防治：花序分离期至铃铛球期和落花后 10 天内是药剂防治的两个关键期，各喷药 1 次即可。药剂可选用 0.3% 苦参碱水剂 150~250 ml/ 亩等。

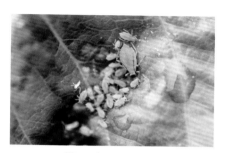

梨二叉蚜　聚集危害

瓢虫捕食蚜虫

梨二叉蚜　梨树被害状

梨二叉蚜　有翅蚜

梨二叉蚜　触角

梨木虱

· **学名** · *Psylla chinensis* Yang *et* Li，属半翅目（Hemiptera）木虱科（Psyllidae），又名中国梨木虱。

· **鉴别特征** · 成虫：分冬型和夏型。冬型成虫体型较大，长 2.8~3.2 mm，深灰色至黑褐色；夏型成虫体型较小，长 2.3~2.9 mm，黄绿色。中胸背板有 4 条红黄色或黄色的纵纹；翅透明，翅脉淡黄褐色。卵：长 0.3 mm，黄褐色，卵圆形，一端尖细并延长成长丝，另一端钝圆，下方有 1 个刺突。若虫：形似成虫，体边缘有刺突，体背褐色，有红绿相间的斑纹。

· **生活习性** · 梨木虱一年发生 4~5 代，以成虫在树皮裂缝、落叶、杂草内越冬。翌年梨芽萌动时恢复活动，萌芽期为越冬代成虫产卵盛期。产卵在短枝和芽的缝隙处等。第一代若虫发生在 4 月上旬至 6 月上旬。第一代成虫 5 月上旬出现。世代重叠。若虫多在叶片危害，分泌大量蜜状黏液，并致使叶片卷缩并产生严重的煤污现象，引起大规模落叶，影响产量和果实质量。

· **危害特点** · 以成虫和若虫刺吸嫩绿组织的汁液进行危害。受害叶片叶脉扭曲、叶面皱缩，严重时形成褐色枯斑，甚至早期脱落。若虫分泌大量黏液，常使叶片粘在一起或粘在果实上，诱发煤污病污染叶片和果实。

· **防治方法** ·

（1）早春刮树皮，清洁果园，消灭成虫越冬场所，压低虫口密度。芽萌动期，选择温暖无风的晴朗天气喷药，杀灭越冬代成虫；花铃铛球期时再喷药 1 次，集中杀灭第一代卵。

（2）应抓住落花后的第一代和第二代。终花期是防治第一代若虫的关键期，落花后 30 天左右是防治第一代成虫的关键期，落花后 1.5 个月左右是防治第二代若虫的关键期。防治药剂可选用 20% 除虫脲悬浮剂 1 200~2 000 倍液、4.3% 氯虫苯甲酰胺加 1.8% 阿维菌素水乳剂 3 000~4 000 倍液、22.4% 螺虫乙酯悬浮剂 4 000~5 000 倍液等。防治若虫时，在虫体尚未被黏液完全覆盖时喷药效果最好；若在药液中加入有机硅等助剂，可分解部分黏液，提高杀虫效果。

梨木虱　危害状

梨木虱　危害状

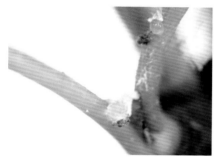

梨木虱　危害状

梨木虱　成虫

梨木虱　若虫

梨木虱　成虫

梨冠网蝽

· **学名** · *Stephanitis nashi* Esaki *et* Takeya，属半翅目（Hemiptera）网蝽科（Tingidae），又名梨网蝽。

· **鉴别特征** · 成虫：体长 3~3.5 mm，扁平，黑褐色；头部有 6 个锥状突起；前胸两侧向外呈翼片状，前胸两侧及前翅均有网格状纹，上有褐斑并具有金属光泽；静止时两翅重叠，黑褐色纹呈"X"状。卵：长椭圆形，长约 0.6 mm，一端略弯曲，初产时淡绿色，后渐变为浅黄色。若虫：初孵时白色、透明，后渐变为淡褐色；3 龄出现翅芽，外形似成虫，体两侧有刺锥状刺突起。

· **生活习性** · 梨冠网蝽一年发生 4~5 代，以成虫在枯枝落叶、树皮缝、杂草及根际土块中越冬。翌年 4 月上中旬成虫开始活动，集中到叶背取食、产卵；5 月下旬孵化。第一代成虫 6 月初出现，以后各代出现期为 7 月上旬、8 月上旬、9 月上旬，有世代重叠现象。7~8 月危害最重，成、若虫群集于叶背刺吸危害；被害叶正面出现苍白色斑点，严重时叶面失绿呈灰白色并枯萎。叶背分泌物及卵壳导致叶片变黄，诱发煤污病；严重时叶片脱落，影响植株生长。遇干旱高温天气危害严重。10 月后成虫停止取食，开始越冬。

· **危害特点** · 以成虫和若虫在叶片背面刺吸汁液危害。受害叶片正面初期产生黄白色小斑点，虫量大时斑点扩大连片，导致叶片苍白；严重时叶片变褐，容易脱落。叶片背面附有害虫分泌物和排泄物，使叶背呈现黄褐色锈斑，易引起煤污。

· **防治方法** ·

（1）冬季清园：梨树发芽前，彻底清除落叶、杂草，刮除枝干老翘皮，集中烧毁，消灭越冬成虫。萌芽期喷施 45% 石硫合剂晶体 40~60 倍液，杀灭越冬成虫。

（2）药剂防治：关键期有两个，一是越冬成虫出蛰至第一代若虫发生期，以压低春季虫口密度为主；二是夏季较重发生前喷药，以控制 7~8 月份的危害，在每一关键时期喷药 1~2 次即可。防治药剂有 3% 啶虫脒微乳剂 6 000~8 000 倍液等。喷药时以喷洒叶片背面为主。

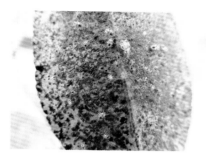

梨冠网蝽　危害状　　　　　　　　　　梨冠网蝽　危害状

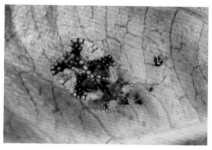

梨冠网蝽　成虫　　　　　　　　　　梨冠网蝽　成虫

梨冠网蝽　若虫　梨冠网蝽　梨叶被害状　　　　　梨冠网蝽　成虫

麻皮蝽

· **学名** · *Erthesina fullo* Thunberg，属半翅目（Hemiptera）蝽科 Pentatomidae。

· **鉴别特征** · 成虫：体长 18~24.5 mm，宽 8~11.5 mm，密布黑色点刻；背部棕褐色；前胸背板、小盾片、前翅革质部有不规则细碎黄色突起斑纹；前翅膜质部分黑色；腹面黄白色；头部稍狭长，前尖；触角 5 节，黑色丝状。卵：近鼓状，顶端具盖，白色。若虫：初龄若虫胸、腹背面有许多红、黄、黑相间的横纹；2 龄若虫腹背前面有 6 个红黄色斑点，后面中间有 1 个椭圆形褐色突起斑；老熟若虫与成虫相似，红褐色或黑褐色，触角 4 节、黑色，前胸背板中部及小盾片两侧具有 6 个淡红色斑点，腹背中部具暗色斑 3 个，其上各有淡红色臭腺孔 2 个。

· **生活习性** · 一年发生一代，以成虫在草丛、屋檐、墙缝、树皮裂缝、枯枝落叶下等隐蔽处越冬。越冬成虫于翌年 5~7 月交配产卵，卵多产于叶背，卵期 10 天。5 月中旬始见初孵若虫，7~8 月羽化为成虫，10 月开始越冬。成虫飞行力强，喜在树冠上部活动，有假死性，受惊时分泌臭液，会假死掉落地面。

· **危害特点** · 以成虫和若虫刺吸危害果实，果实整个生长期均可受害。果实受害处表面凹陷，内部组织石细胞增多，局部停止生长，果面凹凸不平，果实变硬、畸形、形成疙瘩梨，丧失商品价值。

· **防治方法** ·

（1）人工防治：梨树发芽前，彻底清除果园内枯枝落叶、杂草，消灭越冬害虫。果实套袋，防止果实受害。

（2）药剂防治：在产卵高峰期至若虫孵化盛期及时喷药。药剂可选用 20% 啶虫脒可湿性粉剂 6 000~8 000 倍液等。

麻皮蝽　危害梨果

麻皮蝽　初孵若虫

麻皮蝽　若虫

麻皮蝽　成虫

铜绿异丽金龟

· **学名** · *Anomala corpulenta* Motschulsky，属鞘翅目（Coleoptera）丽金龟科（Rutelidae），又名铜绿金龟子。

· **鉴别特征** · 成虫：体长 24~30 mm，宽 15~18 mm；背面铜绿色，有光泽，前胸背板两侧具有黄褐色细边，鞘翅铜绿色；每翅各有隆起的纵线 3 条，腹部米黄色，有光泽，臀板三角形，常有 1 个近三角形黑斑。卵：白色，初产为椭圆形，后逐渐变为球形，长 2 mm 左右。幼虫：体长约 40 mm，头部暗黄色，体乳白色，常弯曲呈 "C" 形，各体节多褶皱，腹部末端 3 节膨大，青黑色，肛门呈 "一" 字横裂，在肛门周边散生多根刚毛。蛹：椭圆形，长约 25 mm，土黄色。

· **生活习性** · 铜绿异丽金龟一年发生 1 代，以 3 龄幼虫在土中越冬。翌年 4 月下旬化蛹，6~7 月成虫羽化出土危害，到 8 月下旬终止。成虫具有较强的趋光性和假死性，成虫咬食梨、葡萄等果树和红叶李、女贞等林木的叶片补充营养。幼虫于 8 月出现，幼虫为蛴螬，是重要的地下害虫，在土中啃食多种果树、林木的根茎或根部皮层。11 月蛴螬进入越冬期。

· **危害特点** · 以成虫咬食花蕾、花器、嫩芽及叶片危害，食成孔洞、缺刻等，严重时将花蕾、花器、嫩芽吃光，影响开花、坐果及树体生长。

· **防治方法** ·

（1）灯光诱杀成虫。

（2）下午或傍晚用震落法捕杀成虫。

（3）加强管理，中耕除草、松土，捕杀幼虫。

（4）幼虫危害时，开沟、打洞浇灌或泼浇杀虫剂。药剂可用苏云金杆菌或 20% 除虫脲悬浮剂 1 200~2 000 倍液。

铜绿异丽金龟　成虫

铜绿异丽金龟　成虫

铜绿异丽金龟　成虫

铜绿异丽金龟　成虫

铜绿异丽金龟　成虫

棉褐带卷蛾

· **学名** · *Adoxophyes orana* Fischer von Roslerstamm，属鳞翅目（Lepidoptera）卷蛾科（Tortricidae），又名苹果小卷蛾、小黄卷叶蛾。

· **鉴别特征** · 成虫：体长 6~10 mm，翅展 15~20 mm，体黄褐色；前翅外缘较直，呈长方形，黄褐色或暗褐色，前翅前缘中央有斜向后缘的暗褐色带，在末端分为 2 叉，呈倒 "Y" 字形，近前缘前端也有 1 条斜向后缘的暗褐色带；后翅暗黄褐色。卵：浅黄色，椭圆形略扁平，孵化时褐色。老熟幼虫：体长 13~15 mm，黄绿至淡绿色，头小，全身细长。蛹：黄褐色，长 9~10 mm，腹部 2~7 节背面各有 2 排刺突，第一排较第二排大。

· **生活习性** · 棉褐带卷蛾一年发生 5~6 代，以老熟幼虫在枯枝叶中越冬。越冬幼虫 4 月末 5 月初化蛹，5 月上中旬羽化。成虫有趋光性，羽化后 1~2 天交尾，交尾后 2 天产卵，卵块呈鱼鳞状产在叶背。卵期 6~9 天。幼虫缀叶取食，当叶苞内叶片枯死时，转移结新苞，受惊后吐丝下垂。老熟幼虫在叶苞内化蛹。

· **危害特点** · 幼虫吐丝缀连叶片，潜居缀叶中取食危害，新叶受害严重。树上有果时，常将叶片缀贴果面上或将两果缀连在一起，在叶果间啃食果皮，将果面啃食成一个个小坑洼状虫斑，故称"舔皮虫"，多雨时常导致果实腐烂。

· **防治方法** ·

（1）利用成虫趋光性，杀虫灯诱杀成虫。

（2）药剂防治：幼虫期防治，药剂可选用 32 000 IU/mg 苏云金杆菌可湿性粉剂 200 倍液、20% 除虫脲悬浮剂 1 200~2 000 倍液、0.3% 印楝素乳油 400~600 倍液、1% 苦参碱可溶液剂 1 000~1 500 倍液。

棉褐带卷蛾　成虫

棉褐带卷蛾　成虫

棉褐带卷蛾　幼虫

棉褐带卷蛾　雄成虫

棉褐带卷蛾　雄成虫

梨小食心虫

· **学名** · *Grapholita molesta* Busck，属鳞翅目（Lepidoptera）卷蛾科（Tortricidae），又名梨小。

· **鉴别特征** · 参照桃树梨小食心虫（p70）。

· **生活习性** · 参照桃树梨小食心虫（p70）。

· **危害特点** · 参照桃树梨小食心虫（p70）。

· **防治方法** · 参照桃树梨小食心虫（p70）。

梨小食心虫　成虫

梨小食心虫　成虫

梨小食心虫　危害状

梨小食心虫　幼虫

桃蛀螟

· **学名** · *Dichocrocis punctiferalis* Guenée，属鳞翅目（Lepidoptera）螟蛾科（Pyralidae），又名桃蠹螟，桃斑螟。

· **鉴别特征** · 参照桃树虫害（p72）。

· **生活习性** · 参照桃树虫害（p72）。

· **危害特点** · 参照桃树虫害（p72）。

· **防治方法** · 参照桃树虫害（p72）。

桃蛀螟　成虫

桃蛀螟　成虫

桃蛀螟　危害状

桃蛀螟　幼虫

梨剑纹夜蛾

· **学名** · *Acronicta rumicis* Linnaeus，属鳞翅目（Lepidoptera）夜蛾科（Noctuidae），又名梨叶夜蛾。

· **鉴别特征** · 成虫：体长 14~17 mm，翅展 32~46 mm，体灰棕色、暗棕色，头、胸及前翅黑色，前翅有白色斑纹，基线、内线和外线为双曲黑线，外线、亚端线为曲折白线，后翅棕黄色，外缘色浓，缘毛白褐色。卵：半球形，初为乳白色，后为红褐色。老熟幼虫：体长约 30 mm，褐色，体疏生有黄褐色长毛的毛瘤，头部黑色，腹部背面有 1 列黑斑，第二、第八节背面有 2 个红色斑纹；亚背线有 1 列白点；气门下线白色或灰黄色，曲折；第一至第八气门之间生有 1 个近三角形斑纹；毛片枯黄色、毛红色或黑色。蛹：长 15~18 mm，黑褐色。茧：长约 20 mm，椭圆形，土色。

· **生活习性** · 梨剑纹夜蛾一年发生 3~4 代，以蛹在土中结茧越冬。翌年 5~6 月成虫羽化、交尾，卵产于叶上。6~7 月和 8~9 月是各代幼虫发生期，夏季在叶上结茧化蛹。10 月幼虫入土结茧、化蛹越冬。

· **危害特点** · 初孵幼虫啮食叶片叶肉残留表皮，稍大食叶成缺刻和孔洞。

· **防治方法** ·

（1）利用成虫趋光性，杀虫灯诱杀成虫。

（2）药剂防治：幼虫期防治，药剂可选用 32 000 IU/mg 苏云金杆菌可湿性粉剂 200 倍液、20% 除虫脲悬浮剂 1 200~2 000 倍液、0.3% 印楝素乳油 400~600 倍液、1% 苦参碱可溶液剂 1 000~1 500 倍液。

梨剑纹夜蛾　幼虫

梨纹剑夜蛾　幼虫

梨剑纹夜蛾　成虫

梨剑纹夜蛾　成虫

梨瘿蚊

· **学名** · *Dasineua pyri* Bonche，属双翅目（Diptera）瘿蚊科（Cecidomyiidae）。

· **鉴别特征** · 雌成虫：体长 1.4~1.8 mm，翅展 3.3~4.3 mm，腹末有长约 1.2 mm 的管状伪产卵器。雄成虫：体长 1.2~1.4 mm，翅展约 3.5 mm，体暗红色，头小，前翅具蓝紫色闪光，后翅退化成平衡棒，淡黄色。卵：长椭圆形，长约 0.28 mm，初产时淡橘黄色，孵化前变为橘红色。老熟幼虫：体长 1.8~2.4 mm，长纺锤形，橘红色，前胸腹面有"丫"字形黄色剑骨片。蛹：裸蛹，橘红色，长 1.6~1.8 mm，蛹外有白色胶质茧。

· **生活习性** · 梨瘿蚊一年发生 2~3 代。3 月中旬开始出现越冬代成虫，4 月上旬为发生盛期。第一代成虫 5 月上旬发生，第二代成虫 6 月上旬发生。老熟幼虫脱叶后，弹落地面或随雨水沿枝干下行，寻找适当的场所结茧化蛹，降雨潮湿有利于梨瘿蚊的发生。

· **危害特点** · 以幼虫危害芽和嫩叶，芽、叶被害后出现黄色斑点，叶面呈现凹凸不平，叶缘向正面卷曲，严重时叶片纵卷，甚至成双筒状。幼虫危害的同时不断分泌刺激性物质，使叶肉组织肿胀、畸形，不能展开，造成受害叶早期脱落。

· **防治方法** ·

（1）发芽前刮除枝干粗皮翘皮，并深翻树盘，促进越冬虫体死亡。生长期发现虫叶及时摘除，减少虫源。

（2）药剂防治：一是地面用药防治成虫羽化，二是树上喷药杀灭成虫、幼虫。地面用药在越冬成虫羽化前 1 周进行。药剂可选用 20% 除虫脲悬浮剂 1 200~2 000 倍液，或 4.3% 氯虫苯甲酰胺加 1.8% 阿维菌素水乳剂 4 000~5 000 倍液等。

梨瘿蚊　危害状

梨瘿蚊　危害状

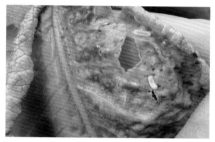

梨瘿蚊　幼虫

梨瘿蚊　幼虫

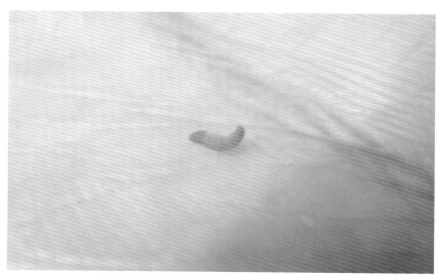

梨瘿蚊　幼虫

梨茎蜂

·**学名**·*Janus piri* Okamoto *et* Muramatsa，属膜翅目（Hymenoptera）茎蜂科（Cephidae），又名梨简脉茎蜂。

·**鉴别特征**·成虫：体长 7~10 mm，翅展 13~16 mm，细长、黑色、有光泽，翅透明，翅脉黑褐色。卵：长椭圆形，白色，半透明，略弯曲。老熟幼虫：体长 8~11 mm，体稍扁平，头部淡褐色，头胸下弯，尾端上翘，无腹足。蛹：长 7~10 mm，初化蛹时为乳白色，渐变为黑色。茧：棕黑色，膜状。

·**生活习性**·梨茎蜂一年发生 1 代。以幼虫及蛹在被害枝内越冬。翌年梨树开花期成虫逐渐羽化，谢花时成虫开始产卵危害。幼虫 5 月初开始孵化，在嫩枝内向下蛀食，7 月大部分都已蛀入二年生枝条内；幼虫老熟后头向上作茧越冬。成虫出现的早晚与当年早春的气温及梨树新梢生长期密切相关。早春温暖，气温较高，梨树开花早，新梢生长快，往往成虫出现也早；反之，则晚。

·**危害特点**·以成虫和幼虫危害梨树新梢。当新梢长至 6~7 cm 时，成虫开始危害，用锯状产卵器在嫩梢 4~5 片叶处锯伤，再将伤口下方 3~4 片叶的叶片切去，仅留叶柄。新梢被锯后萎缩下垂，干枯脱落。幼虫在残留的嫩茎髓部蛀食，虫粪填塞虫道，受害嫩茎后期成褐色枝橛，脆而易折。

·**防治方法**·

（1）在落花后半月内，及时剪除上端枯萎的虫梢，集中销毁。结合冬季修剪，剪除被害枝条，集中烧毁。

（2）成龄的果园一般不需喷药防治。幼树园需喷药。当新梢长至 5~10 cm 时，第一次喷药；梨落花后喷第二次药。常用药剂有 20% 除虫脲悬浮剂 1 200~2 000 倍液、4.3% 氯虫苯甲酰胺加 1.8% 阿维菌素水乳剂 4 000~5 000 倍液等。

梨茎蜂 危害状

梨茎蜂 危害状

梨茎蜂 危害状

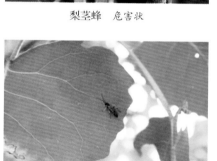

梨茎蜂 成虫

梨茎蜂 幼虫

梨树病虫防治历

物候期	时间	主要病害及防治	主要虫害及防治
休眠期	12 月至翌年 2 月	梨轮纹病、梨黑星病、梨锈病，可用波尔多液或石硫合剂喷雾	
萌芽期	3 月上旬	梨轮纹病、梨黑星病、梨锈病，可用 10% 苯醚甲环唑水分散粒剂 5 000~6 000 倍液等治疗性药剂	梨木虱、梨二叉蚜，可用 20% 除虫脲悬浮剂 1 200~2 000 倍液等药剂喷雾
始花期	3 月中旬至 4 月上旬	梨轮纹病、梨黑星病、梨锈病，可用 10% 苯醚甲环唑水分散粒剂 5 000~6 000 倍液等药剂，另加农用有机硅 3 000 倍液喷雾	梨木虱、梨二叉蚜、梨冠网蝽、梨瘿蚊，可用 20% 除虫脲悬浮剂 1 200~2 000 倍液、1.2% 苦·烟乳油 800~1 000 倍液等药剂，另加农用有机硅 3 000 倍液喷雾
盛花期	4 月上旬	梨树盛花期禁止施药	
落花 2/3	4 月下旬	梨轮纹病、梨黑星病、梨锈病，可用 10% 苯醚甲环唑水分散粒剂 5 000~6 000 倍液等药剂，另加农用有机硅 3 000 倍液喷雾	梨木虱、梨二叉蚜、梨小食心虫，可用 20% 除虫脲悬浮剂 1 200~2 000 倍液、4.3% 氯虫苯甲酰胺加 1.8% 阿维菌素水乳剂 4 000~5 000 倍液，另加农用有机硅 3 000 倍液喷雾
幼果期	4 月下旬至 6 月上旬	梨轮纹病、梨黑星病、梨锈病，可用 10% 苯醚甲环唑水分散粒剂 5 000~6 000 倍液等药剂，另加农用有机硅 3 000 倍液喷雾；5 月上旬果实套袋	梨木虱、梨小食心虫、桃蛀螟，可用 20% 除虫脲悬浮剂 1 200~2 000 倍液、4.3% 氯虫苯甲酰胺加 1.8% 阿维菌素水乳剂 4 000~5 000 倍液，另加农用有机硅 3 000 倍液喷雾；使用性引诱剂诱杀梨小食心虫、桃蛀螟成虫
膨大期	6 月中旬至 8 月上旬	梨轮纹病、梨黑星病，可用 10% 苯醚甲环唑水分散粒剂 5 000~6 000 倍液等药剂，另加农用有机硅 3 000 倍液喷雾	梨木虱、梨小食心虫、桃蛀螟，可用 20% 除虫脲悬浮剂 1 200~2 000 倍液、4.3% 氯虫苯甲酰胺加 1.8% 阿维菌素水乳剂 4 000~5 000 倍液，另加农用有机硅 3 000 倍液喷雾；使用性引诱剂诱杀梨小食心虫、桃蛀螟成虫

附：梨树病虫害监测及有关防治措施

（一）梨树病虫害监测

1. 人工调查监测

线路踏查结合标准地调查展开。根据梨树病虫害发生历期，分别在不同虫态或不同发病时期进行发生程度、危害程度监测。

3月上旬至4月上旬开展梨锈病冬孢子、担孢子监测；梨木虱成虫、若虫监测；梨冠网蝽成虫监测。

4月中旬至6月上旬开展梨锈病叶片危害情况调查；梨黑星病果实危害情况调查；梨轮纹病枝干危害情况调查；梨木虱成虫监测；梨冠网蝽若虫、成虫监测；梨小食心虫、桃蛀螟成虫监测及叶片危害情况调查。

6月中旬至9月下旬开展梨黑星病果实危害情况调查；梨轮纹病果实危害情况调查；梨小食心虫、桃蛀螟成虫监测及叶片、果实危害情况调查。

10月至翌年2月开展梨树病虫害越冬基数调查。

2. 测报灯监测

桃蛀螟等梨树害虫具有趋光性，利用这一特性开展测报灯监测。每年4月1日至11月15日，逐日记录、统计测报灯下的害虫种类和数量。每月对测报灯监测的数据进行分析，绘制害虫数量发生态势图，对未来1~2个月作出预测，指导生产防治。

3. 性信息素监测

梨小食心虫、桃蛀螟具有趋化性，可利用这一特性开展性信息素监测。根据梨小食心虫、桃蛀螟的发生历期，每年4月1日至10月31日放置梨小食心虫、桃蛀螟性信息素开展害虫监测。自放置引诱剂监测之日起逐日记录统计引诱数量。每月对监测的数据进行分析，绘制害虫数量发生态势图，对未来1~2个月作出预测，指导生产防治。

4. 孢子捕捉仪监测

在病害发生期，运用孢子捕捉仪捕捉病害孢子，开展梨锈病等病害的监测。

（二）梨树病虫害防治措施

梨树病虫害的防治需要结合梨树的物候期开展。

在梨树的休眠期（12月至翌年2月），需要冬季清园，加强果园的栽培管理。合理施肥，科学修剪，彻底清扫落叶，刮除枝干粗皮翘皮，集中深埋或烧毁，消灭病虫害越冬场所，降低菌源、虫源。

梨树萌芽期至开花前（3月上旬至4月上旬），喷洒波尔多液或石硫合剂，保护新叶，杀灭越冬虫卵；喷洒10%苯醚甲环唑水分散粒剂5 000~6 000倍液等治疗性药剂防治锈病、黑星病、轮纹病等病害；喷洒20%除虫脲悬浮剂1 200~2 000倍液等药剂防治梨木虱、梨二叉蚜、梨冠网蝽、梨瘿蚊等害虫。

梨树盛花期（4月上旬至4月中旬），禁止施药。

梨树落花期（4月下旬），可选10%苯醚甲环唑水分散粒剂5 000~6 000倍液等药剂防治锈病、黑星病、轮纹病等病害；选择20%除虫脲悬浮剂1 200~2 000倍液，或4.3%氯虫苯甲酰胺加1.8%阿维菌素水乳剂4 000~5 000倍液等药剂，防治梨小食心虫、梨木虱、梨二叉蚜等害虫。

幼果期（4月下旬至6月上旬），5月上旬可对梨果进行套袋，防病防虫。可选10%苯醚甲环唑水分散粒剂5 000~6 000倍液等药剂防治锈病、黑星病、轮纹病等病害；选择20%除虫脲悬浮剂1 200~2 000倍液，或4.3%氯虫苯甲酰胺加1.8%阿维菌素水乳剂4 000~5 000倍液等药剂，防治梨小食心虫、桃蛀螟、梨木虱等害虫。使用性引诱剂诱杀梨小食心虫、桃蛀螟成虫。

果实膨大期（6月中旬至8月上旬），可选10%苯醚甲环唑水分散粒剂5 000~6 000倍液等药剂防治黑星病、轮纹病等病害；选择20%除虫脲悬浮剂1 200~2 000倍液，或4.3%氯虫苯甲酰胺加1.8%阿维菌素水乳剂4 000~5 000倍液等药剂，防治梨小食心虫、桃蛀螟、梨木虱等害虫。使用性引诱剂诱杀梨小食心虫、桃蛀螟成虫。

四、葡萄

葡萄为葡萄科葡萄属木质藤本植物，小枝圆柱形，叶卵圆形，圆锥花序密集或疏散，果实球形或椭圆形。葡萄原产于欧洲、西亚和北非一带，是世界最古老的果树树种之一。葡萄为著名水果，生食或制葡萄干，并酿酒，酿酒后的酒脚可提酒石酸，根和藤药用能止呕。

目前，我国葡萄种植面积已达到 1 200 万亩，产量超 1 200 万 t。同时葡萄也是上海市林果种植面积增长最快的树种。自 20 世纪 80 年代"巨峰"葡萄在上海市嘉定区马陆试种成功后，便如雨后春笋般，在沪郊各区发展开来。目前上海市葡萄品种有巨峰、巨玫瑰、夏黑、醉金香、阳光玫瑰、京亚等。上海葡萄生产总面积 5 万亩左右。

葡萄主要虫害有葡萄透翅蛾、葡萄脊虎天牛、葡萄根瘤蚜、葡萄短须螨、葡萄粉蚧、葡萄天蛾、葡萄二星叶蝉、东方盔蚧、绿盲蝽；主要病害有葡萄黑痘病、葡萄炭疽病、葡萄白腐病、葡萄灰霉病、葡萄房枯病、葡萄霜霉病、葡萄白粉病、葡萄蔓割病、葡萄褐斑病、葡萄穗轴褐枯病等。

葡萄病害

葡萄黑痘病

· **病原** · 无性阶段为葡萄痂圆孢菌（*Sphaceloma ampelinum* de Bary），属半知菌亚门（Deuteromycotina）痂圆孢菌属（*Sphaceloma*）；有性阶段为葡萄痂囊腔菌 [*Elsinoe ampelina* (de Bary) Shear.]，属子囊菌亚门（Ascomycotina）痂囊腔菌属（*Elsinoe*）。

· **症状** · 病菌侵染葡萄的幼嫩绿色部分。叶片发病初期先出现针头大小褐色斑点，以后病斑扩大呈圆形或不规则形，褐色，边缘紫褐色，中部淡褐或灰白色，稍凹陷，后期病斑逐渐干枯穿孔。幼果初被害时，病斑圆形，淡褐色小斑，以后逐渐扩大呈直径 3~7 mm 的病斑，边缘暗紫褐色，中央浅褐色或灰白色，稍凹陷，呈鸟眼状，病果粒小而畸形，僵化，味酸，不能正常成熟。嫩梢、卷须、叶柄、穗轴、果柄被害时，最初显现紫褐色长椭圆形的病斑，后边缘色泽渐深，呈灰褐色，中央稍凹陷。严重时病斑相连，病梢停止生长，萎缩干枯。

· **发病规律** · 主要以菌丝体在病枝越冬，次年 4~5 月间开始侵害葡萄幼嫩组织。上海地区 4 月底 5 月初开始发病，5~6 月梅雨季节最易发生。葡萄从萌芽展叶后到果粒形成是其最易感病的阶段，只侵害幼嫩组织，枝叶老熟、果实着色后很少受到侵害。

· **防治方法** ·

（1）冬季修剪时仔细剪除病枝、僵果，清除残叶、剥除老皮，减少越冬病源。

（2）发芽前用硫酸亚铁液涂蔓或喷洒。

（3）芽鳞膨大阶段喷洒 45% 石硫合剂晶体 150 倍液。

（4）生长期药剂保护：从幼叶展开 3~4 片时，喷第一次药，间隔 10~12 天再喷第二次药。开花前和谢花 70%~80% 时各再喷 1 次，以后每隔 10~15 天喷 1 次，直至果实着色后结束。药剂可用 1∶1∶200~400 波尔多液，或 22.5% 啶氧菌酯悬浮剂 1 500~2 000 倍液，或 250 g/L 嘧菌酯悬浮剂 800~1 200 倍液，或 10% 苯醚甲环唑水分散粒剂 1 000 倍液。

（5）适当增施生物有机肥料，增强抗病力。

葡萄黑痘病　枝梢被害状

葡萄黑痘病　果实被害状

葡萄黑痘病　果实被害状

葡萄黑痘病　果实被害状

葡萄黑痘病　叶片被害状

葡萄黑痘病
分生孢子盘和分生孢子

葡萄黑痘病
菌丝块

葡萄炭疽病

· **病原** · 胶孢炭疽菌（*Colletotrichum gloeosporioides* Penz），属半知菌亚门（Deuteromycotina）炭疽菌属（*Colletotrichum*）。

· **症状** · 葡萄炭疽病是一种在葡萄开始上色或接近成熟时才表现出来的一种病，又叫晚腐病。主要侵害葡萄果实，也能侵害叶片、新梢、卷须、果梗和穗轴等部位，是葡萄的主要病害之一。果实发病，最初在果面产生针头大小的褐色圆斑，后病斑扩大并凹陷、表面产生轮纹状排列的小黑点。天气潮湿时病斑中央有绯红色黏质物。发病最适温度为 25~28℃，超过 32℃不利于孢子的产生和孢子的侵入。虽然温度对病菌发生很重要，但湿度更重要。成熟期如多雨高温，病情蔓延会很快。

· **发病规律** · 主要在一年生枝蔓表层组织及病果上以菌丝越冬，5~6 月病原菌侵入果实，潜伏至果实变色期出现症状，越近成熟发病越快。9 月如降雨多，在二次果上仍可发病。

· **防治方法** ·

（1）冬季修剪时仔细剪除病弱枝及病僵果，集中深埋或烧毁，减少病源。发芽前喷洒 45% 晶体石硫合剂 50~80 倍液。

（2）建立良好排水系统，降低湿度，提高结果位置；及时剪除过密枝蔓，及时绑蔓，改善通风透光条件，合理施肥，增施磷钾，增强植株抗病力。

（3）前期预防保护用杀菌药剂；花前、花后及近成熟期，用 0.3% 苦参碱水剂 500~800 倍液，或 10% 苯醚甲环唑水分散粒剂 1 000 倍液等防治。每隔 7~10 天喷药 1 次，需喷 2~3 次。

葡萄炭疽病　病叶

葡萄炭疽病　病叶

葡萄炭疽病　果实被害状

葡萄炭疽病　果实被害状

葡萄炭疽病　病果

葡萄炭疽病　分生孢子盘和分生孢子

葡萄白腐病

· **病原** · 无性阶段为白腐盾壳霉菌 [*Coniothyrium diplodiella* (Speg.) Sacc.]，属半知菌亚门 (Deuteromycotina) 盾壳霉属 (*Coniothyrium*)。

· **症状** · 主要危害果穗、果粒，也危害枝蔓、叶片。果穗先从穗轴和小穗轴发病，病斑水渍状褐色不规则状，后向果实蔓延，果粒从果梗开始成淡褐色软腐，扩展至全果实，成深褐色腐烂，表面密生灰白色小点，几天后整个果穗腐烂，果梗干枯皱缩，果粒脱落，或僵缩成僵果。枝蔓从损伤处出现病斑，水渍状，褐色，表面密生灰白色至深褐色小点，后期病斑皮层纵裂呈乱麻状，病斑以上枝叶枯死。叶片病斑常从叶缘向叶内扩展，近圆形，有同心轮纹，初期淡褐色，后变红褐色并干枯破裂。

· **发病规律** · 病菌以菌丝体和分生孢子器在病枝上和土壤表层的病残体中越冬。表土的病残体是第二年初侵染的主要菌源。第二年 5 月由病残体散发出的分生孢子靠雨水和气流传播，由伤口侵入，6 月上旬开始发病，以后当年新病斑上产生的病菌不断散发，引起再次侵染。高温高湿有利发病，常常每次雨后有一次发病高峰期。距地面过近的果穗易发病。管理粗放、伤口多的葡萄易发病，近成熟的果实易发病。排水不良、地势低洼、园地潮湿、通风透光不良的葡萄园发病重。

· **防治方法** ·

（1）冬季认真清除病果病枝，深埋已落入土中的病果，减少越冬病源。

（2）生长季节及时绑蔓，剪去过密枝蔓，提高结果部位，及时剪除病果病枝；必要时土表喷施杀菌剂或石灰。增施生物有机肥料，增强植株抗病力。

（3）发芽前喷施 45% 石硫合剂晶体 300~500 倍液；管理要求高或往年白腐病发病重的果园，在展叶期喷施 250 g/L 戊唑醇水乳剂 2 000~2 500 倍液，两次清园。未发病的田块，可用 60% 代森联加 10% 嘧菌酯水分散粒剂 800~900 倍液等杀菌剂预防，每隔 10 天左右喷药 1 次，需喷 2~3 次；病害发生初期，用 250 g/L 戊唑醇水乳剂 2 000~2 500 倍液，或 12.8% 吡唑嘧菌酯加 25.2% 啶酰菌胺水分散粒剂 1 500~2 500 倍液治疗；遇暴风雨或冰雹后，及时喷施 250 g/L 戊唑醇水乳剂 2 000~2 500 倍液，或 12.8% 吡唑嘧菌酯加 25.2% 啶酰菌胺水分散粒剂 1 500~2 500 倍液治疗和铲除，防止病害暴发流行。果实近成熟期，用 250 g/L 戊唑醇水乳剂 2 000~2 500 倍液，或 12.8% 吡唑嘧菌酯加 25.2% 啶酰菌胺水分散粒剂 1 500~2 500 倍液喷雾，重点喷果穗，防治果穗白腐病。

葡萄白腐病 病叶

葡萄白腐病 病叶

葡萄白腐病 病叶

葡萄白腐病 果穗被害状

葡萄白腐病
后期枝蔓症状

葡萄白腐病 早期病果症状

葡萄白腐病 分生孢子器和器孢子

葡萄灰霉病

· **病原** · 灰葡萄孢霉 (*Botrytis cinerea* Pers.)，属半知菌亚门 (Deuteromycotina) 孢盘菌属 (*Botryotinia*)。

· **症状** · 主要侵害花穗和果实，也能侵害叶片、新梢。花穗开始发病时病部呈淡褐色，很快变成暗褐色至黑褐色，变软腐烂，表面密生灰色霉层，有时全花穗腐败坏死，后期常在病部长出黑色块状菌核。果实一般在转色期开始发病，初为圆形稍凹陷的病斑，很快引起全果腐烂，长出鼠灰色的霉层，并迅速引起全穗果实腐烂。叶片发病时产生淡褐色不规则的病斑，并有不规则的轮纹。

· **发病规律** · 病菌以分生孢子及菌核在被害部越冬，1 年有 2 次发病高峰期，第一次高峰期是 5 月中旬 (开花前后)，主要危害花穗，第二次高峰期是 8 月上中旬至 9 月上旬 (果实着色至成熟期)，主要危害成熟果实。

病菌适宜于较低温度和较高的空气湿度，花期多雨湿润、果实成熟期降雨不匀、多雷暴雨及台风侵袭，均能促使灰霉病发生及发展。

· **防治方法** ·

(1) 搞好果园通风透光，降低空气湿度，及时整理枝蔓和摘心抹芽，施用磷钾肥，防止徒长。防止虫伤和其他损伤。

(2) 开花前可喷洒 1 次 1∶1∶200 波尔多液，或 400 g/L 嘧霉胺悬浮剂 1 000~1 500 倍液，或 500 g/L 异菌脲悬浮剂 750~1 000 倍液；果实着色前可喷洒 50% 嘧菌环胺水分散粒剂 625~1 000 倍液，或 12.8% 吡唑嘧菌酯加 25.2% 啶酰菌胺水分散粒剂 1 000~2 000 倍液，一般喷洒 1~2 次，每次间隔 7~10 天，以预防或减轻花、果的发病，或结合黑痘病、炭疽病等一起防治。

(3) 发病初期，及时剪除发病花穗，防止扩散蔓延。

葡萄灰霉病　果实被害状

葡萄灰霉病　果实被害状

葡萄灰霉病　果穗被害状

葡萄灰霉病　果实被害状

葡萄灰霉病　果实被害状

葡萄房枯病

·**病原**· 无性阶段为葡萄房枯大茎点霉〔*Macrophoma faocida*（Viala *et* Ravag）Cav.〕，属半知菌亚门（Deuteromycotina）大茎点霉属（*Macrophoma*）。

·**症状**· 主要危害葡萄穗轴、果柄和果粒。发生初期在果柄或果蒂部位出现淡褐色不规整的病斑，边缘有褐色至暗褐色晕圈，当病斑扩大环绕一周时，果柄干枯缢细，果粒失水干枯，表面皱缩，外皮逐渐变成黑色，并散生出很多突起的黑色小点。严重时蔓延至穗轴，致使全穗果粒皱缩干枯变成僵果，悬于树上不易脱落。

叶片被害时，初发生圆形小斑点，后逐渐扩大，中央变成灰白色，外边褐色，边缘黑色。

·**发病规律**· 病菌以分生孢子器和子囊壳在被害部越冬，翌年5~6月间，借风雨传播到葡萄上侵入发病。孢子器在23℃下经过4小时即能萌发侵入寄主。病菌发育最适温度为35℃，最低9℃，最高40℃。

·**防治方法**·

（1）秋季彻底清除病枝、病叶、病果等，注意排水，及时剪副梢，改善通风透光条件，降低湿度。

（2）增施有机肥，多施磷、钾肥，培育壮树，提高抗病能力。

（3）葡萄上架前喷洒3~5度波美度石硫合剂，葡萄落花后可喷施60%代森联加10%嘧菌酯水分散粒剂800~900倍液，或250 g/L戊唑醇水乳剂2 000~2 500倍液，每隔7天喷1次，连续喷施2次。不宜使用波尔多液，以免果实出现果锈现象。

葡萄房枯病　病穗

葡萄房枯病　病果

葡萄房枯病　分生孢子器和器孢子

葡萄霜霉病

· **病原** · 葡萄生单轴霉 [*Plasmopara viticola* (Berk. Et Curt.) Berl *et* Toni]，属鞭毛菌亚门（Flagellum）单轴霉属（*Plasmopara*）。

· **症状** · 主要危害葡萄叶片，也能侵害嫩梢、花蕾及幼果。叶片受害后，正面初生淡黄绿色油渍状不规则小斑，逐渐扩大为黄绿色至褐色多角形病斑；在病斑发展过程中，叶背面产生白色霜状霉层，病叶后期变脆，易干枯脱落。嫩梢上最初出现油浸状病斑，逐渐变为黄绿色至褐色，表面产生稀疏白色霉状物，病梢生长停滞，扭曲、严重时枯死。幼果感病后，病部褪色，变硬下陷，并产生白色霉层，随即皱缩脱落。果粒膨大期受害后，呈褐色软腐状，不久干缩脱落。果实着色后不再感染。发病最适宜温度为 10~15℃，秋季低温多雨高湿易引起病害流行。低温高湿时发病较快，高温干旱时发病停止。

· **发病规律** · 病菌以卵孢子在病组织内越冬，或随病叶遗留在土壤中越冬。次年5月卵孢子萌发产生芽卵囊和游动孢子，借风雨传播。首先侵染接近地面的叶片，上海地区一般于 5 月下旬开始发病，8~10 月为发病盛期，秋季若遇低温、多雨、高湿易引起病害流行。

· **防治方法** ·

（1）秋末冬初及时收集病叶、病果，剪除病梢，结合冬季土地深翻，深埋病残组织。生长期间要注意排水，夏季及时剪除多余枝蔓，改善通风条件。

（2）避免在低洼地建立果园，选用抗病品种。

（3）病害发生前期，施用波尔多液等药剂进行预防，每间隔 10~15 天喷 1 次，共喷施 2~3 次。初见病斑或在病害高发期，用治疗兼保护药剂进行治疗和预防：21% 松脂酸铜水乳剂 67~83 ml/ 亩、46% 氢氧化铜水分散粒剂 1 750~2 000 倍液，或 22.5% 啶氧菌酯悬浮剂 1 500~2 000 倍液，间隔 10~15 天喷 1 次，连续喷施 2~3 次。在高湿环境或降雨频繁的情况下发病或霜霉病上果，可使用 20% 嘧菌酯水分散粒剂 800~1 600 倍液治疗。药剂应交替使用。

葡萄霜霉病　叶片被害状

葡萄霜霉病　病叶背面

葡萄霜霉病　叶片背面被害状

葡萄霜霉病　幼果被害状

葡萄霜霉病　病果

葡萄霜霉病　幼果被害状

葡萄白粉病

· **病原** · 葡萄钩丝壳菌 [*Uncinula necator* (Schw.) Burr.]，属子囊菌亚门 （Ascomycotina），钩丝壳属 （*Uncinula*）。

· **症状** · 病菌入侵危害葡萄的所有绿色部分。果实受害时，果面形成灰白色粉质病斑，果实生长停滞，发育受阻，逐渐硬化变成畸形。叶片被害时，最初失绿，后叶表面形成白色粉质病斑，病斑轮廓不整齐，大小不等，叶面皱缩不平，严重时病叶卷曲枯萎。嫩梢受害时，初为灰白色小斑点，不断扩大蔓延，可使全蔓受害，随病势的发展，被害枝蔓逐渐由灰白色变成暗灰色、红褐色，终至黑色。

· **发病规律** · 以菌丝在被害组织上或芽内越冬。孢子在温度 4~7℃时即能萌发，最适温度为 25~28℃。在干旱的夏季或温暖、闷热、多云的天气容易引起病害的大发生。

· **防治方法** ·

（1）要注意及时摘心绑蔓，剪副梢，使蔓均匀分布于架面上，保持通风透光良好。冬季剪除病梢，清扫病叶、病果，集中烧毁。

（2）病重地区或易感病的品种，要注意喷药保护。一般在葡萄发芽前喷 1 次 3~5 波美度石硫合剂；发芽后喷 0.2~0.3 波美度石硫合剂。开花前至幼果期喷 2~3 次 10% 苯醚甲环唑悬浮剂 3 000 倍液，或 30% 嘧菌酯悬浮剂 1 000~1 500 倍液，或 43% 戊唑醇悬浮剂 2 500 倍液等。

葡萄白粉病　危害叶片

葡萄白粉病　危害叶片

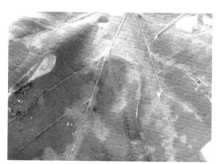

葡萄白粉病　危害叶片

葡萄白粉病　危害叶片

葡萄白粉病　危害叶片

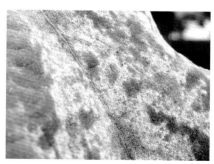

葡萄白粉病　危害叶片

葡萄蔓割病

· **病原** · 有性阶段为葡萄生小隐孢壳菌 [*Cryptosporella viticola* (Red.) Shear]，属子囊菌亚门（Ascomycotina）小隐孢壳属（*Cryptosporella*）真菌。无性阶段为葡萄拟茎点霉 [*Phomopsis viticola* (Sacc.) Sacc.]，属半知菌亚门（Deuteromycotina）拟茎点霉属（*Phomopsis*）真菌，又称葡萄蔓枯病。

· **症状** · 病菌主要危害枝蔓。病害多发生在接近地表的老蔓上，病部表面初为暗紫褐色，逐渐变为暗褐色至黑色，并在表面产生许多小黑点。在潮湿条件下，溢出白色液体。病原侵入韧皮部及木质部，到秋季，病部表层纵裂，周围瘤肿，横切病蔓，病部木质部呈暗紫色。病蔓生长衰弱，叶片较小、色淡，多在冬季枯死。严重时，春季发出黄绿色叶丛后死去，形成干枯死蔓。

· **发病规律** · 病菌以菌丝及分生孢子器在被害组织上越冬，翌年 6~7 月份开始传染，潜育期很长，侵入后 1 个多月出现症状。分生孢子器吸湿涌出红黄色孢子角，由雨水传播经伤口侵入。

· **防治方法** ·

（1）合理施肥，科学灌水，挂果适量，注意加强防寒保护。

（2）及早清除老蔓的病斑。

（3）春末夏初，喷 1~2 次波尔多液，主要喷施老蔓基部。结合其他病害的防治，对可能受侵染的枝蔓喷施药剂。

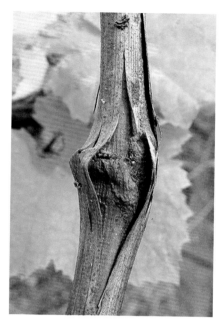

葡萄蔓枯病　危害枝条

葡萄蔓枯病　危害枝条

葡萄蔓枯病　危害枝条

葡萄褐斑病

· **病原** · 褐斑病有大褐斑和小褐斑 2 种。大褐斑病病原葡萄假尾孢菌 [*Pseudocercospora vitis* (Lev.) Speg.]，属半知菌亚门 (Deuteromycotina) 假尾孢属 (*Pseudocercospora*)；小褐斑病病原座束梗尾孢菌 [*Cercospora roseleri* (Caff.) Sace.]，属半知菌亚门 (Deuteromycotina) 尾孢菌属 (*Cercospora*)，又称斑点病、叶斑病等。

· **症状** · 病菌主要危害叶片。

大褐斑病初发时，在叶片上出现小圆形斑点，扩大后病斑直径可达 3~10 mm，病斑中央黑褐色，边缘褐色或红褐色，病斑边界清晰，有时病斑外围具黄绿色晕圈；病斑中部具黑褐色同心环纹，空气潮湿时可在叶正、反面的病斑处生有深褐色霉层。发病严重时，许多病斑融合成不规则大斑。

小褐斑病发病时，在叶片上形成多角形或不规则形病斑，深褐色，中央颜色稍浅，病斑直径 2~3 mm，后期叶背面的病斑处产生灰黑色霉层。发病严重时，许多小病斑融合成不规则大斑，叶片焦枯，呈火烧状。

褐斑病病斑引起早期落叶，果实成熟不良，浆果品质不佳，树势衰弱，冬季抗寒性差。

· **发病规律** · 病菌以孢子和菌丝在被害叶上越冬，翌年借风雨传播。一般先由植株下部叶片开始发病，逐渐向上部发展。病菌在高温多湿的环境下，繁殖迅速。因此，在多雨年份容易引起病害流行。

· **防治方法** ·

（1）适当施基肥，使树势生长健壮，提高植株抗性；既可减轻病害的发生，又可提高葡萄的产量与质量。

（2）发病初期，喷施 22.5% 啶氧菌酯悬浮剂 1 500~2 000 倍液，或 70% 丙森锌可湿性粉剂 600~800 倍液，或 50% 嘧菌酯水分散粒剂 3 000~5 000 倍液。

葡萄小褐斑病　叶片被害状

葡萄大褐斑病　叶片被害状

葡萄褐斑病　病叶

葡萄褐斑病　分生孢生梗和分生孢子

葡萄小褐斑病　叶片被害状

葡萄穗轴褐枯病

· **病原** · 葡萄生链格孢菌 (*Alternaria viticola* Brun.)，属半知菌亚门 (Deutero-mycotina) 链格孢属 (*Alternaria*)。

· **症状** · 早春发生在花序、穗轴及幼果上。花序、穗轴发病初期，病斑为淡褐色水渍状不规则小病斑，后迅速扩展变为黑褐色，使穗轴病斑以下部位变褐坏死，不久失水干枯，果粒脱落。幼果表面产生圆形或椭圆形深褐色病斑，略凹陷，湿度大时有黑色霉层。病变仅限于果粒表皮，随果粒膨大，病斑表面呈疮痂状，果粒长成后疮痂脱落，对果实生长影响不大。

· **发病规律** · 病原菌在葡萄植株表皮上和土壤中越冬，翌年借风雨传播，侵染幼嫩穗轴及幼果，发病期集中在花期前后；果粒长到黄豆粒大时，则停止侵染。葡萄开花前后气温较低，如阴雨天气较多时，有利于发病，特别是地势低洼、排水不良、管理不善、树势较弱的葡萄园，发病严重。

· **防治方法** ·

(1) 搞好果园通风透光，排涝降温。

(2) 幼芽萌发前喷3~5波美度石硫合剂，或晶体石硫合剂30倍液；开花前后喷施 10% 苯醚甲环唑水分散粒剂 1 000 倍液，或 300 g/L 醚菌·啶酰菌悬浮剂 1 000~2 000 倍液。

葡萄穗轴褐枯病　果实穗轴褐变

葡萄穗轴褐枯病　果实穗轴褐变

葡萄穗轴褐枯病　果实穗轴褐变

葡萄穗轴褐枯病　果实穗轴褐变

葡萄穗轴褐枯病　果实穗轴褐变

葡萄穗轴褐枯病　果实穗轴褐变

葡萄虫害

葡萄透翅蛾

· **学名** · *Parcmthrene regale* Bulter，属鳞翅目（Lepidoptera）透翅蛾科（Sesiidae）。

· **鉴别特征** · 成虫：体长 18~20 mm，翅展 30~38 mm，虫体蓝黑色，头、胸部两侧橙黄色，腹部第四节至第六节有 3 条橙黄色横带，第四节的横带最宽，前翅红褐色，前翅前缘和翅脉黑色，后翅膜质透明。幼虫：头部红褐色，前胸背板上有倒"八"字纹。

· **生活习性** · 1 年发生 1 代，以老熟幼虫在枝蔓蛀道内越冬，每年 5 月幼虫向枝外咬 1 个圆形的羽化孔，以薄膜封闭。幼虫在蛀道内化蛹，蛹期 5~12 天。5 月下旬成虫陆续羽化，蛹壳的一半拖出孔外。交尾后产卵于嫩梢芽腋处。每雌产卵 40~50粒，卵期约 10 天。幼虫自梢向下蛀食，10 月后蛀入一二年生枝蔓。幼虫 7~10 月危害，然后，在一二年生枝蔓中越冬。

· **危害特点** · 以初孵幼虫从嫩叶柄基部蛀入嫩梢，蛀入孔处有虫粪堆积，在烈日下被蛀嫩梢会出现暂时萎蔫，这是早期发现其危害的重要症状。幼虫蛀食后，被害部位肿大成瘤状。受害植株枝梢枯黄，果穗脱落，枝蔓折断。

· **防治方法** ·

（1）冬季剪除有虫枝，消灭枝内幼虫。

（2）5 月下旬及早发现被蛀嫩梢，剪除并杀灭梢内幼虫。

（3）葡萄花期前后各喷 1 次蛀虫清，或氯虫苯甲酰胺等内吸性农药，以消灭梢内幼虫。

葡萄透翅蛾 成虫

葡萄透翅蛾 成虫

葡萄透翅蛾 茎蔓被害状（被害处前端
失水，引起果实干缩和落叶）

葡萄透翅蛾
粗茎内的蛹

葡萄透翅蛾 茎蔓
中的幼虫

葡萄透翅蛾 卵

葡萄透翅蛾 幼虫

葡萄透翅蛾 蛹

葡萄脊虎天牛

· **学名** · *Xylotrechus pyrrhoderus* Bates，属鞘翅目（Coleoptera）天牛科（Cerambycidae），又名葡萄枝天牛、葡萄虎斑天牛、葡萄天牛。

· **鉴别特征** · 成虫：体长 8~15 mm，宽 3~4.5 mm。体大部分黑色，前胸、中胸和后胸腹板及小盾片深红色，前胸背板长球形，鞘翅围小盾片及内缘折向外缘为一条黄色绒毛的折角条斑，中部稍后有一条黄色横带，翅端平直，外缘角极尖锐，呈刺状。两鞘翅合并时，基部有"X"形黄色斑纹。

· **生活习性** · 以幼虫在蔓内越冬，每年 5~6 月间开始活动，继续在枝内危害，有时幼虫将枝横行啮切，使枝条折断。老熟幼虫于 7 月间在枝的咬折处化蛹，8 月间羽化为成虫，将卵产于新梢基部芽腋间或芽的附近。幼虫孵化后，即蛀入新梢木质部内纵向危害，虫粪充满蛀道，不排出枝外，故从外表看不到堆粪情况。

· **危害特点** · 以幼虫在枝蔓的髓部蛀食，被害部以上枝条枯萎，被害处表皮变褐色，遇风易折断。

· **防治方法** ·

（1）冬季剪除有虫枝，消灭枝内幼虫。

（2）幼虫蛀入枝蔓后，可人工钩杀幼虫。

葡萄脊虎天牛　危害状

葡萄脊虎天牛　危害状

葡萄脊虎天牛　幼虫

葡萄脊虎天牛　幼虫

葡萄脊虎天牛　幼虫

葡萄脊虎天牛　成虫

葡萄根瘤蚜

· **学名** · *Viteus vitifolii* Fitch，属半翅目（Hemiptera）根瘤蚜科（Phylloxeridae）。

· **鉴别特征** · 分为根瘤型、有翅型、有性阶段、干母及叶瘿型。体均小而软。触角 3 节。腹管退化。

根瘤型无翅孤雌蚜：体卵圆形，体长 1.2~1.5 mm，鲜黄色或污黄色，头部色较深，足和触角黑褐色，触角粗短，约为体长十分之一；体背各节有许多黑色瘤状突起，各突起上各生 1 根毛。有翅孤雌蚜：体长椭圆形，长约 0.9 mm，先淡黄色，后转橙黄色，中后胸红褐色；触角及足黑褐色；触角 3 节，第三节上有 2 个椭圆形感觉圈；前翅翅痣很大，只有 3 根斜脉，后翅无斜脉。卵：长椭圆形，初淡黄色，稍有光泽，后变暗黄色。初孵若虫：椭圆形，淡黄色，眼红色，以后体色略深，呈卵圆形。

叶瘿型成虫：体长 0.9~1.0 mm，黄色。卵：似根瘤型，但较明亮。初孵若虫：与根瘤型相似，但体色较浅。

有翅型成虫：体长约 0.9 mm，淡黄至橙黄色，触角及足黑褐色，翅无色透明。卵：与根瘤型相似。初孵若虫：似根瘤型，以后若虫体较根瘤型略长。

有性阶段雌成虫：体长 0.3~0.5 mm。雄成虫：体长约 0.3 mm，黄褐色，无翅，无口器。

· **生活习性** · 主要以 1 龄幼虫在二三年生根部裂缝内越冬，当地温上升到 13℃ 左右，葡萄根系开始萌发，成蚜产卵，6 月下旬至 7 月上旬种群数量达到最高，蚜虫大量迁移到土壤表层茎基部须根危害。入夏后移至土壤表层 15 cm 以下危害。8 月果实采收后，到 10 月上中旬蚜虫种群数量达第二个高峰。传播和危害均以根瘤型为主。

· **危害特点** · 主要以成虫、若虫刺吸葡萄根和叶的汁液。叶片被害，叶背面出现许多粒状虫瘿。须根被害后出现比米粒稍大的菱形瘤状结，主根则出现较大瘤状突起。

· **防治方法** ·

（1）严格执行检疫措施，严禁从疫区调运苗木、插条和毡木。凡从外地、国外引进的品种需经检疫部门检疫。

（2）选择未发生过根瘤蚜的砂地土作苗圃，繁殖无虫健康葡萄苗。

（3）从可疑地区调运葡萄苗木、插条、毡木时，必须进行药剂消毒或熏蒸。

（4）已发生根瘤蚜的葡萄园，可在 5 月上中旬用抗蚜威 2 000~3 000 倍液灌根。

葡萄根瘤蚜　聚集危害

葡萄根瘤蚜　若虫

葡萄根瘤蚜　叶片虫瘿

葡萄根瘤蚜　危害症状

葡萄短须螨

· **学名** · *Brevipalpus lewisi* McGregor，属蜱螨目（Arachnoidea）细须螨科（Tenuipalpidae），又名葡萄红蜘蛛、刘氏短须螨。

· **鉴别特征** · 雌成螨：体微小，长宽 0.32 mm × 0.11 mm，体赤褐色，眼点红色，腹背中央红色，体背中央呈纵向隆起，体后部末端上下扁平；背面体壁有网状花纹，背面刚毛呈披针状；4 对足皆粗短多皱纹，刚毛数量少，跗节有小棍状毛 1 根。卵：大小为 0.04 mm × 0.03 mm，卵圆形，鲜红色，有光泽。若虫：大小为（0.13~0.15）mm ×（0.06~0.08）mm，体鲜红色，有足 3 对，白色；体两侧前后足各有 2 根叶片状的刚毛；腹部末端周缘有 8 条刚毛，其中第三对为长刚毛，针状，其余为叶片状；后期体淡红色或灰白色，有足 4 对；体后部上下较扁平，末端周缘刚毛 8 条全为叶片状。

· **生活习性** · 以雌成螨在老树皮裂缝中、叶腋基部及松散的芽鳞及绒毛内群集越冬。越冬雌螨在 4 月中下旬出蛰，危害刚展叶的嫩芽，半月左右开始产卵。卵散产。全年以若虫和成虫危害嫩芽基部、叶柄、叶片、穗柄、果梗、果实和副梢。7~8 月份发生数量最多，10 月下旬逐渐转移到叶柄基部和叶腋间，11 月下旬进入隐蔽场所越冬。

· **危害特点** · 新梢基部受害时，表皮产生褐色颗粒状突起。叶柄被害状与新梢相同。叶片被害，叶脉两侧呈褐色锈斑。果梗、果穗被害后由褐色变成黑色，脆而易落。果粒前期受害呈浅褐色锈斑，果面粗糙硬化。

· **防治方法** ·

（1）秋后彻底清扫果园，收集被害叶烧毁或深埋。在葡萄生长初期，发现有被害叶时，应立即摘掉烧毁，以免继续蔓延。

（2）早春葡萄芽膨大吐绒时，喷施 45% 石硫合剂晶体 30 倍液，以杀死潜伏芽内的瘿螨。发生严重时，可喷施 20% 丁氟螨酯悬浮剂 1 500~2 500 倍液，或 110 g/L 乙螨唑悬浮剂 5 000~7 500 倍液。

葡萄短须螨　聚集危害

葡萄短须螨　聚集危害

葡萄短须螨　聚集危害

葡萄短须螨　成虫

葡萄短须螨　电镜下成虫

葡萄短须螨　成虫

葡萄粉蚧

· **学名** · *Pseudococcus maritimus* Ehrh，属半翅目（Hemiptera）粉蚧科（Pseudococcidae）。

· **鉴别特征** · 雌成虫：体长 4.5~4.8 mm，宽 2.5~2.8 mm，长椭圆形，淡紫色，覆白蜡粉，触角 8 节。雄成虫：体长 1~1.2 mm，灰黄色，翅透明，有紫色光泽，触角 10 节，各足胫节末端有 2 个刺，腹末有一对较长的针状刚毛。卵：长 0.32 mm，宽 0.17 mm，椭圆形，淡黄色。初孵若虫：淡黄色，体长 0.5 mm，触角 6 节，上面有很多刚毛；体缘有 17 对乳头状突起，腹末有 1 对较长的针状刚毛；蜕皮后，虫体逐渐增大，体上分泌出白色蜡粉，并逐渐加厚；体缘的乳头状突起逐渐形成白色蜡毛。

· **生活习性** · 以包在棉絮状卵囊内的卵在被害枝老蔓节上和主蔓近根部的老皮下越冬，据上海地区观察，早春葡萄发芽时越冬卵孵化为若虫，在近地面的细根和萌蘖枝的幼嫩部分危害，被害处产生许多小瘤状突起，后在叶腋、芽的周围及果穗上危害，并分泌白色蜡粉和透明黏液。5 月下旬至 6 月上旬、7 月上旬、8 月下旬至 9 月上旬为若虫期。

· **危害特点** · 以成虫和若虫在老蔓的翘皮下及近地面的细根上刺吸危害，使被害处形成大小不等的丘状突起。果粒被害后，变畸形、果蒂膨大。果梗、穗轴被害后，表面粗糙不平，并分泌一层黏质物。

· **防治方法** ·

（1）合理修剪，防止枝叶过密，不给粉蚧造成适宜的生长环境。

（2）秋季修剪时，清除枯枝落叶并剥除老皮，刷除越冬卵块，集中烧毁。在发芽前喷布或刷 5 波美度石硫合剂，效果较好。

（3）春季发芽前，全园喷施 1 次 3~5 波美度石硫合剂，或 45% 石硫合剂晶体 60~80 倍液，并注意喷洒树下土壤表面，消灭越冬虫卵。生长期药剂防治应抓住各代若虫的孵化盛期，可选用 22% 氟啶虫胺腈悬浮剂 4 500~6 000 倍液喷洒，每次喷洒间隔 14 天，连续喷洒 2 次。

葡萄粉蚧　雌成虫

葡萄粉蚧　雌成虫

葡萄粉蚧　聚集危害

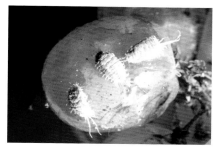

葡萄粉蚧　雌成虫

葡萄粉蚧　聚集

葡萄粉蚧　聚集危害

葡萄天蛾

· **学名** · *Ampelophaga rubiginosa* Bremer *et* Grey，属鳞翅目（Lepidoptera）天蛾科（Sphingidae）。

· **鉴别特征** · 成虫：体长 45 mm 左右，翅展 85~100 mm；虫体和翅茶褐色，体背从胸部至腹部末端有一条红褐色的纵线；前翅有 4 条波纹状褐色横线，中线宽，顶角有深褐色三角形大斑。卵：近球形，深绿色。幼虫：体长约 80 mm，绿色，体表有横纹和黄色颗粒。

· **生活习性** · 1 年发生 2 代，以蛹在土中越冬，翌年 5、6 月成虫陆续羽化；成虫昼伏夜出，有趋光性。卵散产于枝蔓和叶背，每雌产卵 400~500 粒。卵期约 1 周。6 月幼虫孵化，夜间活动；9 月下旬起第二代幼虫陆续入土化蛹越冬。

· **危害特点** · 幼虫危害叶片。低龄幼虫将叶片食成缺刻或孔洞，稍大即将叶片吃光，残留部分叶柄。

· **防治方法** ·

（1）灯光诱杀成虫。

（2）震落捕杀低龄幼虫。根据树下的虫粪位置寻找、捕杀大龄幼虫；冬季翻土以消灭越冬虫蛹。

（3）虫口密度过高时可喷洒 25% 灭幼脲悬浮剂 1 500~2 000 倍液，也可使用浓度为 32 000 IU/mg 苏云金杆菌可湿性粉剂 150~200 倍液等。

（4）保护利用天敌，如小茧蜂；幼虫期释放小茧蜂。

葡萄天蛾　成虫

葡萄天蛾　成虫

葡萄天蛾　蛹

葡萄天蛾　幼虫

葡萄天蛾　幼虫

葡萄二星叶蝉

· **学名** · *Erythroneura apicalis* Nawa，属半翅目（Hemiptera）叶蝉科（Cicadellidae），又名葡萄斑叶蝉。

· **鉴别特征** · 成虫：体长 3.7 mm，黄白色或红褐色，头顶前缘有 2 个明显的圆形黑色斑点；前胸背板前缘还有 3 个小黑点，后面小盾板上有 2 个较大的三角形黑斑，翅半透明，上有淡黄色及深浅相间的花斑，翅端部呈淡黑褐色。卵：长圆形稍弯曲，黄白色，长约 0.5 mm。若虫：初孵时体扁平，白色，后变黄白或红褐色。

· **生活习性** · 以成虫在葡萄园附近的草丛、石缝中越冬，葡萄展叶、花穗出现前后危害叶片，将卵产于葡萄叶片背面叶脉的表皮下。6 月上中旬、8 月中旬和 9~10 月间为成虫发生盛期。在葡萄整个生长季节均受其害。

· **危害特点** · 以若虫和成虫聚集在叶背吸食汁液危害，并在被害处表面分泌一层黏性物质，招致霉污病发生，污染叶片和果穗。被害叶片开始出现白色小点，严重时叶片苍白或焦枯，影响枝条、果实成熟和花芽分化。

· **防治方法** ·

（1）在葡萄生长时期，使葡萄枝叶分布均匀、通风透光良好。秋后清除葡萄园的落叶、枯草，消灭其越冬场所，减少翌年越冬基数。

（2）第一代若虫盛发期是药剂防治的有利时期，可喷施 3% 啶虫脒微乳剂 2 000~2 500 倍液，或 240 g/L 虫螨腈悬浮剂 1 250~2 500 倍液。

葡萄二星叶蝉　若虫

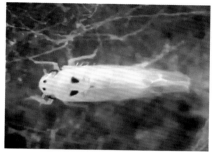

葡萄二星叶蝉　成虫

葡萄二星叶蝉　成虫

葡萄二星叶蝉　葡萄叶被害状

东方盔蚧

·**学名**· *Parthenolecanium corni* Bouche，属半翅目（Hemiptera）蜡蚧科（Coccidae），又名扁平球坚蚧、水木坚蚧。

·**鉴别特征**· 雌成虫：体长 6~6.3 mm，宽 4.5~5.3 mm，卵圆或近圆形，黄褐色或暗棕色；椭圆形个体从前向后斜，圆形个体急斜；死体暗褐色，背面有光亮皱脊，中部有纵隆脊，两侧有成列大凹点，外侧又有多数凹点，并越向边缘越小，构成放射状隆线，腹部末端有臀裂缝。卵：椭圆形，长 0.2~0.25 mm，宽 0.1~0.15 mm，初白，半透明；后淡黄，孵化前粉红，微覆白蜡粉。若虫：1 龄扁椭圆形，长 0.3 mm，淡黄色，体背中央具 1 条灰白纵线，腹末生 1 对白长尾毛，为体长的 1/3~1/2，眼黑色，触角、足发达；2 龄扁椭圆形，长 2 mm，外有极薄蜡壳，越冬期体缘的锥形刺毛增至 108 条，触角和足均存在；3 龄雌若虫渐形成柔软光面灰黄的介壳，沿体纵轴隆起较高，黄褐色，侧缘淡灰黑色，最后体缘出现皱褶与雌成虫相似。

·**生活习性**· 以若虫在树皮裂缝、叶痕、老皮下越冬，每年 3 月中下旬先后爬到枝条上寻找适宜场所固着危害。4 月上旬虫体开始膨大，4 月末雌虫体背膨大并硬化。5 月下旬至 6 月上旬为若虫孵化盛期，爬到叶片背面固着危害；第二代若虫孵化盛期在 8 月中旬；10 月间再迁回树体越冬。

·**危害特点**· 以若虫和雌成虫刺吸寄主枝、叶、果实的汁液，影响光合作用，削弱树势，严重时枝条干枯或全株枯死。

·**防治方法**·

（1）注意不要采带虫接穗，苗木和接穗出圃要及时采取处理措施。

（2）少用或避免使用广谱型农药，保护和利用天敌。

（3）冬季和早春，喷 3~5 波美度石硫合剂，消灭越冬若虫。抓住两个防治关键，一是 4 月上中旬，虫体开始膨大时，喷 0.5 波美度石硫合剂；二是 5 月下旬至 6 月上旬，卵孵化盛期可喷 30% 松脂酸钠水乳剂 150~200 倍液。

东方盔蚧　群集危害

东方盔蚧　群集危害

东方盔蚧　介壳

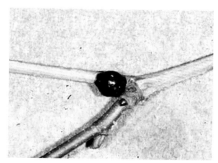

东方盔蚧　介壳

绿盲蝽

- **学名** · *Lygus lucorum* Meyer-Dur，属半翅目（Hemiptera）盲蝽科（Miridae）。

- **鉴别特征** · 成虫：体长约 5 mm，宽约 2.5 mm，黄绿或浅绿色；头部略呈三角形，黄褐色，前胸背板绿色，前缘有脊棱，足绿色，胫节刺黑褐色，跗节、爪均黑色，前翅膜片半透明暗灰色。卵：长口袋形，长约 1 mm，黄绿色。老熟若虫：体绿色，密被黑色细毛，长约 3 mm。

- **生活习性** · 1 年发生 3~7 代，以卵在葡萄伤口组织内或以成虫在杂草丛中越冬，翌年春季当平均气温达 15℃以上时越冬卵孵化。4 月中为孵化盛期。5 月上中旬成虫羽化，成虫寿命最长可达 50 余天。产卵期长达 30~40 天，发生世代重叠现象，成虫产卵于寄主嫩茎皮层组织内，每雌产卵数 10 粒至 300 多粒，卵期 6~11 天，成、若虫白天多潜伏在隐蔽处，夜间活动吮吸寄主嫩叶、嫩芽、花蕾。喜多雨潮湿，6~8 月雨量偏多，则危害加重，温室大棚内发生严重，10 月中下旬开始产卵越冬。

- **危害特点** · 以成虫和若虫刺吸葡萄幼嫩器官的汁液。被害幼叶最初出现细小黑褐色坏死斑点，严重时叶片扭曲皱缩；花蕾被害产生小黑斑；刺吸果实汁液，幼果产生黑色斑点，果面坏死斑变大；新梢生长点被害呈黑褐色坏死斑。

- **防治方法** ·

（1）结合果园冬季清园，春前清除杂草。果树修剪后，应清理剪下的枝梢。

（2）多雨季节注意开沟排水、中耕除草，降低园内湿度。

（3）加强果园管理，改善架面通风透光条件。

（4）对幼树及偏旺树，避免冬剪过重；多施磷钾肥料，控制用氮量，防止葡萄徒长。

（5）发生危害时，可喷 3% 啶虫脒微乳剂 2 000~2 500 倍液，或 240 g/L 虫螨腈悬浮剂 1 250~2 500 倍液等。

绿盲蝽　成虫

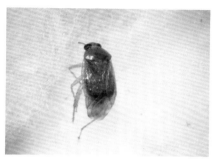

绿盲蝽　成虫

绿盲蝽　危害叶片

绿盲蝽　危害叶片

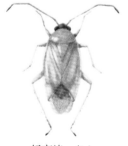

绿盲蝽　成虫　　　　　绿盲蝽　卵

葡萄病虫防治历

防治时期	防治对象	防治措施	注意事项
休眠期	葡萄黑痘病、葡萄灰霉病、葡萄霜霉病、葡萄白腐病、葡萄炭疽病、葡萄褐斑病	(1) 及时收集病叶、病果，剪除病梢； (2) 结合冬季清园，深埋病残组织； (3) 喷施石硫合剂和硫铵	
展叶前（四月中旬）	葡萄白粉病、葡萄黑痘病	选用60%吡醚·代森联水分散粒剂、百菌清、波尔多液	大棚高湿高温时准确使用10%苯醚甲环唑水分散粒剂浓度，防止高浓度药害
开花前（5月上旬）	葡萄黑痘病、葡萄灰霉病、葡萄霜霉病、葡萄白腐病、葡萄炭疽病、葡萄褐斑病、葡萄透翅蛾	选用60%吡醚·代森联水分散粒剂、百菌清等；葡萄透翅蛾选用甲维盐·啶虫脒	大棚高湿高温时准确使用10%苯醚甲环唑水分散粒剂浓度，防止高浓度药害
谢花后（6月上旬）	葡萄白腐病、葡萄黑痘病、葡萄灰霉病、葡萄霜霉病	选用60%吡醚·代森联水分散粒剂、百菌清	
幼果膨大期（6月下旬）	葡萄炭疽病、葡萄白腐病、葡萄霜霉病	选用60%吡醚·代森联水分散粒剂、百菌清	套袋后根据叶片发生程度尽少用药
果实硬核至着色期（7月中下旬）	葡萄炭疽病、葡萄白腐病、葡萄白粉病	葡萄炭疽病、葡萄白腐病、葡萄白粉病选用60%吡醚·代森联水分散粒剂、百菌清	
果实着色期（7月中下旬）	葡萄炭疽病、葡萄白腐病、葡萄黑痘病、葡萄霜霉病、葡萄白粉病	葡萄炭疽病、葡萄白腐病、葡萄黑痘病、葡萄霜霉病、葡萄白粉病选用60%吡醚·代森联水分散粒剂、百菌清	
果实采收后	葡萄白粉病、葡萄霜霉病、葡萄褐斑病	选用60%吡醚·代森联水分散粒剂、百菌清、波尔多液	

五、杨梅

杨梅（*Myrica rubra*），属木兰纲杨梅科杨梅属，小乔木或灌木植物，原产于浙江省慈溪和余姚市，现在我国华东各地和湖南、广东、广西、贵州等地区均有分布，是我国的一种特产水果。世界杨梅 90% 以上集中在中国。日本、越南、印度、泰国和欧美等国有零星栽培。

2016 年，中国杨梅种植面积达 23.7 万 hm^2，产量 83 万 t 左右。其中，浙江是中国杨梅的主产地。杨梅产量和栽培面积前 10 的主产县，浙江分别包揽 6 席、7 席，栽种面积更占到中国杨梅栽种面积的 60% 以上。

杨梅果实色泽鲜艳、汁液丰富、营养价值高、酸甜爽口，除鲜食外，还可用白酒或糖浸渍作药用，具有消食止呕、生津止渴、治痢疾、利尿等功效，具有很高的经济价值。杨梅是常绿阔叶树，适应性强，对土壤的要求不高，是园林绿化结合生产的优良树种。

目前，杨梅主要病害有杨梅癌肿病、杨梅褐斑病、杨梅枝腐病、杨梅赤衣病、杨梅锈病、杨梅炭疽病、杨梅白腐病；虫害主要有杨梅小黄卷叶蛾、柏牡蛎蚧、星天牛、褐天牛、梳扁粉虱、蓑蛾等。监测的方法主要包括人工调查监测、测报灯监测、昆虫信息素监测等。

杨梅病害

杨梅癌肿病

· **病原** · 丁香假单胞萨氏亚种杨梅致病变种（*Pseudomonas syringae* pv.myricae），属变形细菌门（Proteobacteria）假单胞菌属（*Pseudomonas*）细菌，又称杨梅溃疡病，俗称"杨梅疮"。

· **症状** · 发病初期在病枝上产生乳白色小突起，表面光滑，后逐渐增大形成球形肿瘤，表面凹凸不平，木栓变成褐色或黑褐色。肿瘤小型如樱桃大小，大的直径可达 10 cm 以上。发病枝条上的肿瘤少则 1~3 个，多则达 7~9 个，或更多，一般在枝节部发生较多。因营养物质运输受阻而导致树势早衰，严重时还会引起全株死亡。

· **发病规律** · 病原主要在发病植株树枝上，或落于土壤中的植物枝条肿瘤内越冬。春季是杨梅癌肿病发病初期，病菌在病瘤表面流出菌脓后，借助雨水、空气、水滴飞溅、昆虫等方法传播，农事操作的工具也可传播该病。病菌主要从伤口、叶痕处侵入致病，此外，嫁接也是传病的重要途径之一。染病杨梅一般于 4 月下旬开始发病，5 月中下旬肿瘤出现。该病在温暖多雨、树龄老化、树势衰弱、伤口较多的果园发病偏重，幼树上发病较少，特别是新园区不见病害。

· **防治方法** ·

（1）保护树体，防止受伤。由于病菌主要从伤口侵入，因此在果实采摘时，要尽量避免损伤树体。在风力较大的地区栽植杨梅，最好设立防风支架，防止大风造成杨梅树伤口而增大感染概率。如果产生伤口，要及时涂上波尔多液等保护剂。有条件的地方，可以在果园人工建造防风林屏障，对减轻发病有利。

（2）新梢抽生前，及时剪除并烧毁发病枝条。冬季或春初树体发芽前，进行肿瘤剪除，并用抗菌剂大蒜素或硫酸铜 100 倍液消毒处理伤口，再外涂伤口保护剂。

（3）4 月下旬至 5 月上旬开始喷药，即春梢抽发时，全面喷 1 次 1:2:200 波尔多液，或用 14% 络氨铜水剂 250~400 倍液，或 30% 琥胶肥酸铜悬浮液 400~500 倍液，交替用药，防止产生抗药性。一般 7~10 天喷 1 次，连喷 2~3 次。如遇风灾，造成树体大量伤口，增加感染机会，应在风灾后及时喷施 1 次波尔多液保护。

杨梅癌肿病　植株被害状

杨梅癌肿病　被害枝干

杨梅癌肿病　被害枝干

杨梅癌肿病　病枝上肿瘤

杨梅癌肿病　病枝上肿瘤

杨梅褐斑病

· **病原** · 杨梅球腔菌（*Mycosphacrcalla myricac* Saw.），属子囊菌亚门（Ascomycotina）座囊菌科（Dothideaceae）。

· **症状** · 主要危害杨梅叶片。病菌侵入叶片后，初期出现针头大小的紫红色小点，后逐渐扩大呈近圆形不规则病斑，直径一般为4~8 mm。病斑中央红褐色，边缘褐色或灰褐色，后期病斑中央转变成浅红褐色或灰白色，其上密生灰黑色的细小粒点，病斑逐渐联结成斑块，致使病叶干枯脱落。

· **发病规律** · 以子囊果在落叶或树上的病叶中过冬。浙江地区4月底至5月初产生子囊孢子，5月中旬后子囊孢子成熟，遇雨水或空气潮湿，借助风、雨、水传播蔓延。孢子从叶片的气孔、伤口侵入，孢子萌发侵入叶片后并不马上表现症状，潜伏期3~4个月，一般至当年8~9月才开始在叶面上出现新病斑，10月病斑增多并开始落叶，严重时至第二年的落叶率在70%~80%。落叶后不久，引起花芽和小枝枯死。5~6月雨水多，湿度大，该病发病程度重；反之，则轻。土壤瘠薄、有机质含量少、树势生长衰弱、易发病，排水不良、黏重土壤、通风透光条件差的杨梅园发病重。山脚处杨梅树的发病比山腰或山顶重。

· **防治方法** ·

（1）冬季至早春萌芽前要结合修剪将病虫枝、干枯枝连同园内落叶一并加以集中烧毁或深埋，同时要对树冠喷1次3~5波美度石硫合剂，减少病害传播。喷施石硫合剂，可在药液中加入5~10 mg/L 2, 4-D，以减少不正常落叶。

（2）园内土壤要注意深翻改土，增施有机肥和钾肥，并及时搞好排涝抗旱工作，以增强树势，提高植株抗病能力。

（3）5~7月发病初期要注意喷药保护，成年结果树多在采果前20~30天、采果后及时喷药，以保护叶片不受病菌侵害。药剂可选用硫酸铜：生石灰：水 = 1：2：200的波尔多液，或33.5%喹啉铜悬浮剂1 000~2 000倍液、250 g/L嘧菌酯悬浮剂800~1 000倍液等高效低毒杀菌剂。喷药时要仔细，树冠枝干、叶背、叶面均要喷到喷匀。

（4）10~11月发现褐斑病引起落叶时，要结合根外追肥，对树冠喷1~2次70%甲基托布津800~1 000倍液加2, 4-D 10~20 mg/L。

杨梅褐斑病　病叶　　　　　　　　杨梅褐斑病　病叶

杨梅褐斑病　病叶　　　　　　　　杨梅褐斑病　病叶

杨梅褐斑病　病叶　　　　　　　　杨梅褐斑病　病叶

杨梅枝腐病

· **病原** · 病菌有性阶段为冠黑腐皮壳 [*Valsa coronatra* (Hoffm)) Fr.]，属子囊菌亚门（Ascomycotina）黑腐皮壳属（*Valsa*），无性阶段为核果壳囊孢菌（*Cytospora leucostoma* Sacc.）属半知菌亚门（Deuteromycotina）壳囊孢属（*Physalospora*）真菌。

· **症状** · 病菌主要危害杨梅枝干的皮层，特别是在老树的枝干上发病较多，致使枝干腐烂，树体早衰。枝干病斑初期呈红褐色，稍隆起，皮层组织松软，用手指按时即下陷，其后在病枝上产生许多密集细小的黑色小粒点。

· **发病规律** · 该病菌在病残体上越冬，病菌从枝干伤口、裂缝或新梢与基枝的节间侵入，并从此处开始发病，逐渐蔓延整个枝梢，直至二三年生枝序都发病枯萎。雨天潮湿时，枯枝上的病斑吸水，分生孢子从孔口溢出，借助风雨扩散，进行再侵染。发病程度与雨量成正比关系，雨水多、果园潮湿、管理粗放，树势较弱则发病较严重。

· **防治方法** ·

（1）深翻改土，增施有机肥和钾肥，注意氮、磷、钾的合理搭配与微肥的应用，科学修剪，改善树体通透性等，促使树势健壮，减少病害发生。

（2）清除病树及时剪除病梢，将病枝、病叶、死树集中烧毁，以减少病菌侵染源。

（3）为防新梢发病，在春梢抽生初期至 6 月上旬果实成熟前，每隔 7~10 天喷 1 次药，连喷 2~3 次杀菌剂，可选 70% 甲基托布津可湿性粉剂 800~1 000 倍液，或 50% 多菌灵可湿性粉剂 500~800 倍液，交替使用。

杨梅枝腐病　病枝

杨梅枝腐病　病枝

杨梅枝腐病　枝干病斑

杨梅枝腐病　病斑

杨梅赤衣病

· **病原** · 鲑色伏革菌（*Corticium saimonicolor* Berk），属担子菌门（Basidiomycotina）伏革菌属（*Corticium*）。

· **症状** · 病菌主要危害杨梅枝干，尤以主枝及侧枝基部发病较多，上部枝条发病较少，老树发病严重。病初，枝干的阴面树皮上见到很细的白色丝网，以后出现橘红色粉末，逐渐扩展到全枝，形成一大片粉红色或橙黄色的霉层。受害枝条长势弱，叶片小而黄，树势衰弱，果形变小味酸。

· **发病规律** · 病原菌菌丝在病组织中越冬，春季气温回升时病原菌菌丝向四周扩展，担孢子随水流传播，从伤口或皮孔侵入。浙江等地始病期一般为3月中旬；高峰期，春季为4~6月，秋季为9~10月。4月下旬开始形成粉红色子实层，5月上中旬产生担孢子，并持续至11月；11月后病菌在树体内休眠。该病害发生与降水有密切关系，多雨有利于病菌孢子的形成、传播、萌发和入侵。此外，园地土壤黏重、园间积水，或栽培管理粗放，均会使发病加重。

· **防治方法** ·

（1）杨梅发展新区，不从病区引种杨梅苗木和接穗。

（2）清除果园杂木，做好排水防涝，加强整枝修剪，促进树体通风透光，增施有机肥料和钾肥，增强树势，提高树体抗病能力。

（3）冬季做好整枝修剪工作。在剪除枯枝、病枝、清理果园枯枝、落叶的基础上，树冠、地面喷施3~5° Be石硫合剂，或在2月下旬至3月初（杨梅开花前），树干喷10倍松脂碱合剂（松香碱在花期禁止喷施，否则会造成大量落花），可兼治树干上的地衣苔藓。

（4）如休眠期错过防治、生长季节赤衣病发生严重的，可选择80%乙蒜素乳油800~1 000倍液进行喷施，有较好的防效。防治赤衣病的关键是早发现、早防治，如果发病前期不重视，病害蔓延到树冠上部的小枝，就会引起树势严重衰退，甚至死亡。

杨梅赤衣病　被害状

杨梅赤衣病　被害状

杨梅赤衣病　植株被害状

杨梅锈病

· **病原** · 牧野裸孢锈菌 (*Caeoma makinoi* Kusano)，属担子菌门 (Basidiomycotina) 裸孢锈菌属 (*Caeoma*)。

· **症状** · 锈病主要危害幼芽、叶和花，大树龄杨梅树发病率较高。冬末春初，在杨梅花期内，病菌陆续侵入危害。3月中旬至4月上旬为发病高峰。受害杨梅开花提早，花量减少；发病植株当年发新芽着生橙黄色斑点，破裂后从中散发橙黄色粉末。花器被害时，还原成叶形，多呈肥厚的肉质片，上生橙黄色病斑。发病叶不久腐烂掉落，造成大部分枝梢秃头。患病树结果少、结小果，而且前期大量落花，中后期大量落果。

· **发病规律** · 病菌以菌丝在枝梢上的被害部位，特别是隆突部潜伏越冬。次年春初由菌丝直接侵入幼芽等危害，并以夏孢子进行广泛传染。3月下旬至4月中旬为发病高峰期。病害多发于老树。

· **防治方法** ·

（1）采果后，截锯主干基部大杈处，掘断些浮根群，施草木灰等，促使隐芽萌发新枝。

（2）于芽前的2~3月和采果后的7~8月，株施人畜肥或土杂肥40~50 kg。

（3）杨梅萌芽期喷4度石硫合剂，或1:1:100或1:1:140的波尔多液；结果期可用70%甲基托布津700~800倍液喷洒。

杨梅锈病　病叶

杨梅炭疽病

· **病原** · 病原菌有性阶段为梅小丛壳 [*Glomerella mume* (Hori) Hemmi]，属子囊菌亚门（Ascomycotina）小丛壳属（*Glomerella*）；无性阶段为半知菌亚门（Deuteromycotina）炭疽菌（*Colletotrichum* spp.）。

· **症状** · 病菌主要危害杨梅春梢的枝梢和嫩叶。感病植株多在叶片边缘产生半圆形病斑，后逐渐扩大，病斑呈褐色或黑褐色，有些病斑呈灰白色，直径 6~8 mm，病健部有黄褐色晕圈，上有黑色小粒点，后病斑干燥脱落，严重时整叶枯死脱落。嫩梢被害，则布满点点病斑，逐渐变成秃枝。病菌也能侵染果实，使果实腐烂、脱落。

· **发病规律** · 病菌以分生孢子和菌丝体在发病树木的嫩梢上越冬，一般 4 月底 5 月上旬开始发病，8 月上中旬达到发病高峰期。病菌借雨水传播蔓延，一般 5 月上旬雨水多，病害重。

· **防治方法**

（1）增强树体抗病性，每年在抽梢前和采果后施用草木灰或有机肥，并对成年树根系培土。

（2）在 4 月和 9 月，将感病树体的光秃梢和枯枝除去，抹去无用萌蘖，增强通风透光。

（3）采果后和萌芽前各喷施 1 次 1：140~1：160 的波尔多液，结果初期对树体喷洒 68% 精甲霜·锰锌水分散粒剂600~800 倍液。

（4）杀虫结合，配合杀灭蚊蝇、白蚂蚁、金龟子和蚜虫等。

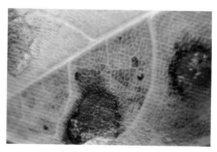

杨梅炭疽病　被害状

杨梅炭疽病　病叶

杨梅白腐病

· **病原** · 病原青霉菌属（*Penicillium* sp.）、绿色木霉菌（*Trichoderma viride* Pers. Ex Fr.）为主，分别属子囊菌亚门（Ascomycotina）青霉菌属（*Penicillium*）以及绿色木霉属（*Trichoderma*），又称杨梅白腐烂、烂杨梅。

· **症状** · 病菌主要危害杨梅果实。一般在杨梅采摘的中、后期发病。在果实表面产生许多白色霉状物，开始仅少数肉柱萎蔫，似果实局部软化；继而白点面积逐渐增大，蔓延至半个果实甚至全果，一般不到 2 天，这种带白点的杨梅果实即会脱落。

· **发病规律** · 病菌在腐烂果或土中越冬，靠暴雨冲击将病菌飞溅到树冠近地面的果实上，再经雨水冲击，致使整个树冠被侵染。杨梅成熟期雨水越多，杨梅成熟度越高，果实软腐，病菌滋生，往往发病较重。

· **防治方法** ·

（1）利用薄膜避雨设施栽培或喷洒营养液，提高果实硬度，增强抗病力。

（2）在杨梅果实转色期，可喷施 10% 抑霉唑水乳剂 500~700 倍液，或 250 g/L 嘧菌酯悬浮剂 3 333~5 000 倍液，或 250 g/L 吡唑嘧菌酯乳油 1 000~2 000 倍液，间隔 15 天轮换使用，以减少杨梅白腐病病菌耐药性的产生。

杨梅白腐病　病果

杨梅白腐病　病果

杨梅虫害

杨梅小黄卷叶蛾

· 学名 · *Adoxophyes orang* (Fischer v. Roslerstamm)，属鳞翅目（Lepidoptera）卷蛾科（Tortricidae）。

· 鉴别特征 · 成虫：体长 6~8 mm，翅展 15~20 mm，黄褐色；前翅略成长方形，在翅基部、翅中部及翅尖有深褐色斑纹 3 条，翅角上有 "V" 形褐斑；后翅淡黄色。卵：长 0.7 mm，数十粒鱼鳞状排列成扁平椭圆形卵块，其上覆有胶质薄膜。幼虫：体长 13~18 mm，宽 2.5 mm，黄绿色，头部棕褐色，前胸破皮板褐色，后缘深黑褐色，硬皮板下方两侧各有 2 个椭圆形褐斑，体毛短，绿色。蛹：长 7~9 mm，宽 3 mm，黄褐色，腹部 2~8 节，背面近后缘有短刺 1 列，末端有钩状刺 8 根。

· 生活习性 · 以老熟幼虫在卷叶苞内或枯枝落叶中越冬。越冬幼虫翌年 4 月上旬化蛹，下旬羽化成虫；成虫白天潜伏在杨梅丛中，夜间活跃，有趋光性，常把卵块产在叶面或叶背，每雌可产卵百余粒。初孵幼虫活泼，爬行或吐丝借风分散到新梢或展开的嫩叶上，吐丝缀结叶片成苞，躲在苞中取食叶肉，仅留 1 层表皮，呈枯黄色。

· 危害特点 · 幼虫危害嫩叶，卷缩成虫苞，严重时新梢一片焦枯。嫩梢生长受抑或花蕾、幼果期受害，导致落蕾、落幼果。在浙西 1 年发生 5 代。除 1 代发生较整齐外，以后各代有不同程度的世代重叠。一般 5~9 月均为幼虫危害期，尤其春梢、果实期 5~6 月以第一二代发生危害最重，第四代危害次之。以幼虫爬至杨梅树嫩顶、枝梢上危害，大部分匿居在梢尖缝处，有的在嫩叶端吐丝卷叶，咀食叶肉。

· 防治方法 ·

（1）卷叶蛾发生严重的园子，及时人工摘除或剪切新虫苞、卵块，并烧毁或深埋。

（2）在果树面积较大的地方，于 5~10 月架设黑光灯、频振式杀虫灯等诱杀成虫。

（3）卵期饲放赤眼蜂，每代放蜂 3~4 次，隔 5~7 天放 1 次，每亩放蜂量 2.5 万头。

（4）狠抓 5~6 月份以第一二代为主害代幼虫的防治，压低虫源基数。防治可选用 0.5% 苦参碱水分散粒剂 1 000 倍液，或 20% 氯虫苯甲酰胺 5 000 倍液，或 10% 氟苯虫酰胺·阿维菌素 2 000~2 500 倍液。

杨梅小黄卷叶蛾　危害状

杨梅小黄卷叶蛾　危害状

杨梅小黄卷叶蛾　幼虫

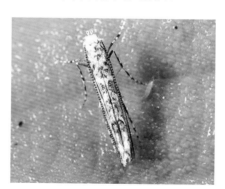

杨梅小黄卷叶蛾　成虫

柏牡蛎蚧

· **学名** · *Lepidosaphes cupressi* Borchsenius，属半翅目（Hemiptera）盾蚧科（Diaspididae）。

· **鉴别特征** · 雌成虫：介壳长形或弯曲为逗点形，前端较尖，后端宽圆，呈棕褐色。雄成虫：呈长筒形，介壳棕褐色。卵：初产卵呈乳白色半透明状，椭圆形，藏在雌成虫介壳内，当若虫孵化后，卵壳大部分留存在雌成虫介壳后端空间处。若虫：初孵若虫呈半透明，椭圆形，个体小，后变乳白色，行动迅速，先在雌成虫介壳下出来活动；当气候变化时，则又能回到母体下，固着于树体，吸取树体汁液，分泌出蜡质，有白色丝状物包裹着。

· **生活习性** · 在浙江省一年发生2代，以受精雌成虫在枝条、叶片上越冬。越冬的雌成虫在4月中旬开始，产第一代卵，5月中旬若虫孵化开始，5月下旬至6月上旬为孵化高峰期，7月上旬结束。即于7月上中旬就有枯枝出现。6月上旬又始见雄成虫，7月上旬达到高峰，与雌成虫交配后，于7月中下旬雌成虫开始产卵，并开始孵化，8月上旬为孵化盛期，直至10月上旬或中旬结束。雄蛹初见期为10月中旬，隔4~6天后初见雄成虫，并进行交尾，以受精雌成虫越冬。

· **危害特点** · 雌成虫主要危害1~3年生的杨梅枝梢，群集危害；雄成虫主要固定在叶片的中脉两侧。此虫从树冠中、下部的枝叶开始向上蔓延扩展；山坡地危害以西坡与北坡发生较多；郁闭园发生多，散生树发生少；与其他果树混栽园发生较轻，连片杨梅园发生重。

· **防治方法** ·

（1）受柏牡蛎蚧危害的杨梅树，应加强肥料管理，最好使用猪、羊厩灰，促进树体健康生长。

（2）结合修剪，剪除虫枝，减少虫口数量。

（3）第一代若虫发生高峰期是用药防治的关键时间。喷洒1次30%松脂酸钠水乳剂300倍液，或99%矿物油乳油100~200倍液，可获得很好的防治效果。

柏牡蛎蚧　危害状

柏牡蛎蚧　危害状

柏牡蛎蚧　危害状

星天牛

· **学名** · *Anoplophora chinensis*（Förster），属鞘翅目（Coleoptera）天牛科（Cerambycidae）。

· **鉴别特征** · 成虫：黑色，有光泽；长 19~44 mm，宽 6~13.5 mm；前胸背面中瘤明显，两侧具尖锐粗大的侧刺突；鞘翅基部密布黑色小颗粒突起，每翅具大小不同的小白斑 15~20 个，排成 5 横行，斑点排列有时很不整齐。卵：长椭圆形，长 5~6 mm，乳白色，孵化前为黄褐色。幼虫：老熟幼虫体长 38~60 mm，淡黄白色，体圆筒形，略扁，前胸背板有 1 块黄褐色 "凸" 形硬皮板，其前方左右各有一黄褐色形似飞鸟形斑纹。蛹：纺锤形，长约 30 mm，黄白色，老熟时呈褐色。

· **生活习性** · 上海 1 年发生 1 代，以老熟幼虫在树干或主根的蛀道内越冬，翌年 3 月恢复活动危害。4 月开始化蛹，蛹期 20 天左右。5 月成虫开始羽化，6 月为羽化高峰，8 月下旬仍可见成虫。羽化后啃食嫩枝皮、叶片作为补充营养，可造成枝叶枯萎，10 天后才交尾，交尾后 3~4 天产卵，产卵刻槽为 "T" 形或 "人" 形，每雌一般产卵 20~30 粒，高的可达 70 多粒。卵多产于树干基部 10 cm 以内，5 月下旬至 6 月中旬为产卵盛期。卵期 9~15 天。6 月上旬可见初孵幼虫，共 6 龄。初孵幼虫先在皮层内盘旋蛀食，危害部位有细木屑和酱油状液体渗出，8 月下旬幼虫蛀入木质部。蛀至木质部 2~3 mm 深度后，蛀成向上或向下的虫道不断危害，并向树体外排泄木屑状粪便。9 月下旬后，绝大部分幼虫转头向下，并渐向根部蛀食。整个幼虫期长达 10 个月，蛀道长达 50~60 cm，有的虫体在树体表层盘旋蛀食，造成韧皮部坏死，可使树木当年枯萎死亡或风折；11 月左右越冬。

· **防治方法** ·

（1）成虫期（5~6 月）人工捕杀成虫。

（2）对主干涂白，防止成虫产卵。

（3）发现主干基部的刻槽，可用锤击或刮除的方法杀死卵及低龄幼虫。

（4）可在成虫羽化期喷洒绿色威雷 150 倍液触杀成虫。

（5）幼虫孵化后仍在皮层内蛀食（6~7 月），可利用 "细木屑" 和 "酱油状液体流出" 等特征在危害部人工挖除、钩杀皮层内的幼虫。

星天牛　排泄物

星天牛　羽化孔

星天牛　取食刻槽

星天牛　幼虫

星天牛　蛹

星天牛　雌成虫

星天牛　雄成虫

褐天牛

· **学名** · *Nadezhdiella cantori* Hope，属鞘翅目（Coleoptera）天牛科（Cerambycidae）。

· **鉴别特征** · 成虫：体长 26~51 mm，黑褐色或黑色，有光泽，体表长有灰黄色绒毛，头、胸、背面稍带黄褐色；雄成虫触角超过体长的 1/2~2/3，雌成虫触角较身体略短。卵：圆形，长约 8 mm，初产时呈乳白色，后变为黄褐色，卵壳上有网状花纹。老熟幼虫：体长 46~50 mm，乳白色。蛹：乳白色或淡黄色，翅芽端部可达腹部第三节末端。

· **生活习性** · 褐天牛在浙江省 2 年发生 1 代，以幼虫或成虫在枝干内越冬，幼虫期长达 15~20 个月。7 月上旬前孵化的幼虫，于翌年 8 月上旬到 10 月上旬化蛹，10 月上旬至 11 月上旬羽化为成虫，并在蛹室中潜伏越冬；8 月以后孵化的幼虫需经历 2 个冬季，到第三年的 5~6 月化蛹，8 月以后成虫外出活动，越冬虫态有成虫、2 年生幼虫和当年生幼虫。

· **防治方法** ·

（1）剪除杨梅树上的病虫枝，保持树干光滑，4~8 月清除树根基部杂草，杜绝天牛成虫钻入危害。在天牛成虫钻出羽化孔时，人工捕捉成虫，一般在 5~6 月晴天中午及午后或傍晚进行，此时成虫多栖息枝端，在树枝上交尾。利用天牛成虫体型较大、行动迟缓、受震后假死坠地的特性，直接摇树，待成虫假死坠地后捕杀。4~8 月发现树干基部有幼虫蛀食排出木屑，可用细钢丝钩杀幼虫，或在蛀入孔塞入药棉杀灭幼虫。

（2）清除果园周围杂草、残枝落叶，及时中耕除草，破坏杨梅天牛的栖息与产卵场所。加强栽培管理，树干根茎部定期培上厚土，以提高天牛的产卵部位，便于清除卵粒。在冬春季涂白枝干，堵塞树干上洞孔，以减少杨梅天牛产卵。

（3）在果园边缘、山顶、林道旁设置诱捕器，或悬挂频振式杀虫灯、黑光灯等，诱杀天牛成虫。

（4）充分利用天敌昆虫、食虫螨类、食虫鸟类等防控杨梅天牛，亦可应用肿腿蜂、病原线虫等进行生物防治。

褐天牛　成虫

褐天牛　成虫

褐天牛　成虫

褐天牛　成虫

梳扁粉虱

· **学名** · *Aleuroplatus pectiniferus* Quaintance & Baker，属半翅目（Hemiptera）扁粉虱属（*Aleuroplatus*），又称胶扁粉虱、黑胶粉虱。

· **鉴别特征** · 雌成虫：长 2 mm，头胸部暗灰色，腹部橘红色，腹末开口呈钝端，有短柄附于叶背面，前翅暗灰色，有 6 块淡黄色斑，后翅亦有淡色斑。雄成虫：略小于雌成虫，交配辅器钳状，突出于腹部末端，配器楔形。卵：黄褐色，香蕉形，略弯曲，竖立，卵壳表面光滑，长约 0.2 mm，有卵柄，附于叶背上。幼虫：初孵时体长 0.25 mm 左右，粉红或浅黄色，后逐渐变成红棕色；2 龄幼虫长梨圆形，前端略尖，后端平截而向内略凹入，背部漆黑革质，腹面灰白膜质，背面中部有脊状隆起。胸气门陷处各有一簇白色蜡毛，臀部也有一团蜡毛，体缘腺成栉齿状突出；2 龄后的幼虫失去胸足与触角，呈扁椭圆形，介壳状，黑色，臀部有一簇白色蜡毛。蛹：长约 1mm，为裸蛹，初蛹淡黄色，半透明；后渐变为橙黄色，复眼黑色，翅芽灰色，伪蛹壳黑色，卵圆形，前端尖小，后端锐圆，在胸气管褶处稍收缩，整个蛹壳深埋于胶质下。

· **生活习性** · 在浙江 1 年发生 1 代，以 2 龄幼虫于黑色蛹壳下在叶背越冬。次年 3 月下旬化蛹，4 月上旬开始羽化，4 月中旬为羽化盛期。成虫有多次交尾现象，交尾后即可产卵，卵大多产于新梢叶背边缘。每次雌成虫产卵量 21~40 粒。成虫产卵后转移到新梢嫩叶上栖息，善飞翔，群集性。卵期 2 个月，幼虫在 6 月上中旬出现，善于爬行，幼虫群集在叶片背面吸取汁液，严重时每叶近百头，分泌大量蜜露等排泄物，从而诱发煤污病，影响光合作用，导致枝枯叶落，树势衰退。7 月中下旬普遍蜕皮后进入 2 龄幼虫，虫体背腹扁平，形成黑色介壳，并分泌无色透明的黏胶固定着虫体，2 龄幼虫以后就在介壳下发育至 3 龄，直到化蛹为止不再迁移位置。

· **防治方法** ·

（1）剪掉衰弱和密生枝条，增加树体通风透光，降低虫口密度。

（2）喷洒生物益菌座壳孢菌，对水喷洒树冠或与其他杀虫剂混用。

（3）用背负式喷雾器，在叶背、叶面、树干喷施 99% 矿物油乳油 100~200 倍液。

梳扁粉虱　危害状

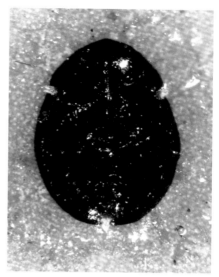

梳扁粉虱　虫体

梳扁粉虱　危害状

蓑 蛾

·**学名**· 主要发生大窠蓑蛾（*Clania variegate* Snellen）、白囊蓑蛾（*Chalioides kondonis* Matsumura）、茶蓑蛾（*Clania minuscula* Butler），均属鳞翅目（Lepidoptera）蓑蛾科（Psychidae）。

·**鉴别特征**· 初孵幼虫：头黑色，后变黄褐至黑褐色，体肥大，胸足发达，腹足短小；初孵幼虫先吐丝营造护囊，后负囊行走与危害，护囊随幼虫长大而加大。大窠蓑蛾护囊：长约 60 mm，灰黄褐色，护囊外常包 1~2 张枯叶，护囊丝质较疏松。白囊蓑蛾：护囊长 30~40 mm，细长纺锤形，灰白色，护囊不附任何残叶与枝梗，全用丝缀成，丝质较致密，常挂于叶背面。茶蓑蛾：护囊外缀有排列整齐小枝梗。

·**生活习性**· 大窠蓑蛾在浙江省 1 年发生 1 代，以老熟幼虫封囊越冬，翌年 3 月下旬至 4 月上中旬开始化蛹，5 月中下旬成虫羽化；羽化后雌虫仍在囊内，雄虫从护囊末端飞出，与囊内雌虫交配产卵；5 月下旬幼虫孵化爬出护囊分散活动，并咬碎叶片连缀在一起筑新护囊，7~9 月危害最严重，11 月开始越冬。

白囊蓑蛾在浙江省 1 年发生 1 代，以低龄幼虫越冬。于 6 月中旬至 7 月上旬化蛹，7 月中下旬出现幼虫，低龄幼虫仅食叶肉，高龄幼虫吞食叶片，剩留叶脉。10 月上中旬停食并开始越冬；7 月中旬至 8 月中旬发生最多。

茶蓑蛾在浙江省 1 年发生 1~2 代，以幼虫越冬。于 3 月开始取食，6~8 月发生第一代幼虫。卵产于袋内，孵化出的幼虫从护囊排泄孔钻出，爬到枝叶上或吐丝下垂，被风吹散迁移。头胸露于袋外，护囊挂于腹部取食。

·**危害特点**· 以幼虫取食杨梅新梢叶片和嫩枝皮，致使小枝枯死，甚至全树枯死，严重影响杨梅的开花结果及树体的生长。

·**防治方法**·

（1）结合春梢、夏梢的整形修剪和冬季清园，剪除虫袋，并集中销毁。

（2）蓑蛾类害虫具有强烈的趋光性，在夜晚 8~9 时，悬挂黑光灯、频振式杀虫灯等诱杀成虫，可降低害虫的发生基数。

（3）幼虫和蛹期，多种寄生和捕食性天敌，如鸟类、寄生蜂及致病微生物，可加以保护和利用。用 32 000 IU/mg 苏云金杆菌可湿性粉剂 200 倍液喷洒，或用核型多角体病毒制剂喷雾。幼虫初孵期喷洒 35% 氯虫苯甲酰胺水分散粒剂 17 500~25 000 倍液，注意要求喷湿护囊。

蓑蛾　整株被害状

蓑蛾　取食

蓑蛾　蓑囊

大窠蓑蛾　蓑囊

大蓑蛾　雄成虫

蓑蛾　幼虫

白囊蓑蛾　护囊

小蓑蛾　护囊

杨梅病虫防治历

物候期	主要病虫害	防治措施	
休眠期（12 月至翌年 1 月）	以抗雪害为重点，警惕低温大冻。主要病虫害为蓑蛾	（1）下雪天要及时摇雪或用竹竿打落积雪，防止枝叶积雪，拉开枝杈，避免损伤或压断枝条； （2）人工摘除蓑蛾类虫囊。冬季及时清园，剪去病虫枝、枯枝、衰弱枝，清扫落叶，并及时烧毁，以消灭越冬病虫； （3）继续做好开园种植准备工作。挖好定植穴，施足基肥	
花芽萌发期（2 月）	杨梅癌肿病、杨梅褐斑病、杨梅枝腐病、杨梅赤衣病、杨梅锈病、蓑蛾、蚧虫	（1）及时清园：剪去肿瘤、病虫枝、衰弱枝，清扫落叶并及时烧毁，剪后伤口可用抗菌剂 402 或硫酸铜 100 倍液消毒处理伤口，再外涂伤口保护剂； （2）在花芽萌发期，及时施好芽前肥	
开花期，春梢萌发期（3 月）	杨梅枝腐病、杨梅赤衣病、杨梅锈病、蓑蛾、蚧虫	每隔 7~10 天喷 1 次，连喷 2~3 次杀菌剂，以 70% 甲基硫菌灵可湿性粉剂 800~1 000 倍液、50% 多菌灵可湿性粉剂 500~800 倍液或 50% 嘧菌酯水分散粒剂 1 667~2 500 倍液，交替使用	人工摘除蓑蛾类虫囊、剪去带虫枝
春梢抽发生长期，生理落果期（4～5 月）	杨梅癌肿病、杨梅褐斑病、杨梅枝腐病、杨梅赤衣病、杨梅锈病、杨梅炭疽病、卷叶蛾、梳扁粉虱、天牛	用（1：140）~（1：160）的波尔多液，对树体喷洒；盛果期配施 1 次 50% 嘧菌酯水分散粒剂 1 667~2 500 倍液	卷叶蛾，可架设黑光灯、频振式杀虫灯等诱杀成虫；狠抓 5~6 月份以第一二代为主害代幼虫的防治，压低虫源基数。防治应选用高效、低毒、低残留的无公害环保型药剂喷施。可选用 0.5% 苦参碱水分散粒剂 220~660 倍液，或 35% 氯虫苯甲酰胺水分散粒剂 7 000~10 000 倍液防治

（续表）

物候期	主要病虫害	防治措施	
夏梢抽发生长期，果实成熟期（6~7月）	杨梅褐斑病、杨梅白腐病、卷叶蛾、柏牡蛎蚧、天牛、梳扁粉虱、蓑蛾	杨梅褐斑病，药剂可选用硫酸铜：生石灰：水＝1：2：200的波尔多液，或70%甲基硫菌灵（50%多菌灵）800~1 000倍液、50%嘧菌酯水分散粒剂1 667~2 500倍液等高效低毒杀菌剂； 白腐病，在杨梅果实转色期，可轮换使用喷施36%喹啉铜·戊唑醇悬浮剂1 000倍液、430 g/L戊唑醇悬浮剂2 800倍液及450 g/L咪鲜胺水乳剂2 000倍液	柏牡蛎蚧，第一代若虫发生高峰期喷施1次25%噻嗪酮可湿性粉剂2 000倍液加99%矿物油乳油100~200倍液，可获得很好的防治效果。幼虫可利用"细木屑"和"酱油状液体流出"等特征在危害部人工挖除、钩杀皮层内的幼虫。 蓑蛾，灯光诱杀，利用四斑尼尔寄蝇、核型多角体病毒、白僵菌等进行生物防治
秋梢萌发生长期，花芽分化期（8~9月）	杨梅炭疽病、杨梅褐斑病、卷叶蛾、柏牡蛎蚧、蓑蛾	杨梅炭疽病，在采果后和萌芽前各喷施1次（1：140）~（1：160）的波尔多液，结果初期对树体喷洒250 g/L嘧菌酯悬浮剂800倍液，盛果期配施1次50%嘧菌酯水分散粒剂1 667~2 500倍液	摘除蓑蛾护囊；药剂防治粉虱及蚧虫
花芽分化期（10~11月）	蓑蛾	剪去病虫枝、枯枝、衰弱枝，清扫落叶，并及时烧毁，以消灭越冬病虫	继续防治蓑蛾

六、苹果

    苹果病虫害发生种类多、持续时间长、危害严重、防治难度大，直接影响苹果产量和质量。当前常见主要病害有腐烂病、轮纹病、干腐病、炭疽病、霉心病、褐斑病、斑点病、白粉病、锈病等，常见主要害虫有苹果黄蚜、瘤蚜、绵蚜、山楂叶螨、全爪螨、二斑叶螨、康氏粉蚧、绿盲蝽、桃小食心虫、梨小食心虫、苹果小卷叶蛾、顶梢卷叶蛾、平毛金龟甲、桑天牛等。

    苹果腐烂病在管理粗放的果园发生严重，造成枝干枯死或整株死亡。苹果轮纹病在当前主推的矮化密植园普遍发生较重，不但影响树势，还是导致果实烂果的重要原因。近几年春季干旱，苹果园干腐病有加重趋势，嫁接口以上部位，甚至枝干出现干枯死亡。苹果锈病每年4~6月份发生较重，与其冬孢子在绿化柏树上越冬量大有关。苹果炭疽病7~8月份发生，不仅危害果实，也造成叶片严重干枯。套袋苹果果实黑点病、红点病发生比较普遍，主要是弱寄生菌在果实表面出现腐生组织造成的，长期高温多雨环境下更容易发病。苹果黄蚜每年春季普遍发生，需要及时喷药防治；有些果园夏秋季节发生也较重。苹果绵蚜因危害部位隐蔽难防治，目前已经普遍发生，危害日趋严重。害螨、食心虫、卷叶虫等在局部地区或果园有一定程度发生。绿盲蝽、茶翅蝽、黄斑蝽等在苹果落花后至套袋前危害幼果较重，是造成畸形果的重要原因。

　　当前防治苹果病虫害主要是根据病虫害发生流行规律和苹果生长管理要求，采取综合防治措施。重点加强苹果休眠期、发芽后至套袋前阶段的防治。现在主要还是依靠药剂进行防治，大量使用农药防治也产生一些问题，如病虫害抗性增强、杀伤自然天敌、影响果品质量及果园环境等。科学合理防控苹果病虫害越来越受到重视，如病虫发生流行监测预警、精准施药、果园生草繁育自然天敌、使用选择性药剂、物理机械防控技术等都有了比较快的发展，对提高防控效果、果品质量及果园生态环境都有了很大的促进作用。

苹果病害

苹果腐烂病

· **病原** · 苹果黑腐皮壳菌（*Valsa mali* Miyabe *et* Yamada），属子囊菌亚门（Ascomycotina）腐皮壳属（*Diaporthe*）。无性阶段为苹果干腐烂壳蕉孢菌（*Cytospora mandshurica* Miura），属半知菌亚门（Deuteromycotina）囊孢壳属（*Physalospora*）。

· **症状** · 主要在苹果树的主干和大枝分杈部位发病，一般表现为主干受害皮层腐烂坏死，具体为两种，即溃疡性和枝枯型。溃疡型：发病初期，病部呈现红褐色，稍微隆起，出现水渍状或组织松软，内部组织变成暗红褐色，使用手指按压下陷。一般的病部流出黄褐色的液体，病皮易破裂。病部因失水而逐渐收缩下陷，产生明显的小黑点。最终致上部枝条枯死。枝枯型：发病于比较弱势的枝条以及干桩等部位，随着病部的逐渐扩大，形状出现变化，病斑环绕一周后，树木枯死，后出现黑色小点。

· **发病规律** · 主要以菌丝体、分生孢子器及子囊壳在病枝干、果园及其周围堆放的病残体上越冬。春天遇雨时，大量分生孢子和子囊孢子通过雨水飞溅和昆虫活动传播，从伤口（冻伤、剪锯伤、环剥伤、虫伤等）、叶痕、果柄痕和皮孔侵入。当树体或局部组织衰弱、抗病力低下时，病菌迅速生长，产生毒素，并向四周扩展蔓延，导致皮层组织腐烂。当侵染点组织健康、树势强壮时，病菌则停止扩展，处于潜伏状态。

· **防治方法** ·

（1）11 月进行树干涂白，常用配制方为生石灰 10 kg、石硫合剂原液 1 kg、盐 1 kg、动物油 0.5 kg、水 30 kg。

（2）入冬前进行病斑治疗，检查表面溃疡，将病部树皮表层组织及周围少量健康组织刮除，以防入冬后向深层蔓延。每次刮治后，伤口涂抹腐必清乳剂 3 倍液，或 5% 菌毒清 50 倍液等，或 45% 石硫合剂晶体 150 倍液，杀死残留在病部的病菌。

（3）春季发芽前进行药剂铲除，刮掉粗皮，清除病残枝干、残桩。全树喷 45% 石硫合剂晶体，再对树体易发病部位涂抹 70% 甲基硫菌灵可湿性粉剂 150 倍液。

（4）6 月下旬和 11 月上旬用 5% 菌毒清 500 倍液喷洒，或用甲基硫菌灵涂刷主干、主枝等，防止表层产生溃疡和晚秋出现新的坏死病痕，施药前先刮除病疤及表层溃疡斑和粗皮下干斑。

苹果腐烂病　子囊壳、子囊，子囊孢子和拟侧丝

苹果腐烂病　病枝干

苹果腐烂病　溃疡型病枝干

苹果干腐病　病枝干

苹果轮纹病

· **病原** · 葡萄座腔菌（*Botryosphaeria dothidea*）和粗皮葡萄座腔菌（*B. kuwatsukai*），均属子囊菌亚门（Ascomycotina）葡萄座腔菌属（*Botryosphaeria*），又称粗皮病。

· **症状** · 主要侵染枝干和果实。先是侵染枝干，随后通过降雨侵染果实。危害枝干：病菌从皮孔中心侵入，形成扁圆形或椭圆形、红褐色小病斑，质地紧硬，边缘龟裂，与正常组织形成一道环沟。翌年龟裂加深，病变组织翘起，病斑连在一起，表皮粗糙。侵染果实：一般从幼果开始，多在近成熟期和贮藏期发病，以皮孔为中心，生成水浸状小斑点，后形成同心轮纹状，向四周扩大，病部呈现褐色或淡褐色，并有茶褐色黏液溢出。如条件适宜，病斑发展快，病果不凹陷，不变形，有酸臭味。

· **发病规律** · 以菌丝体、子座在被害枝干、死枝及散落在果园中的树枝上越冬。春季温度回升后，越冬菌丝体扩展危害，通过风雨传播，侵染枝干、果实或叶片。当气温20℃以上，相对湿度75%以上，或连续降雨3~4天，病原开始在果园内传播、侵染。雨量大，降雨日数多，病菌孢子释放量多，寄主感染概率增加，病害发生严重；干旱易导致树势衰弱，诱发枝干严重发病。果实自坐果后至成熟期（4月底至9月）均能感染轮纹病，尤以5~7月为病菌集中侵入时期。随着果实长大和表皮木栓化，果实染病率不断下降。近成熟的果实抗侵入能力较强，抗扩展能力较弱。

· **防治方法** ·

（1）培育、选用无病苗木，发现病苗应立即拔除，并及时喷药保护。

（2）冬季结合修剪，剪除病虫枝，发芽前带出园外烧毁。发芽前喷5波美度石硫合剂。

（3）开春刮除主干和主枝上病斑，并涂杀菌剂。

（4）在落花后7~10天，每隔10~15天喷1次，共喷2~3次。可选用药剂有1:2(~3):200波尔多液、70%甲基硫菌灵可湿性粉剂800倍液，或10%苯醚甲环唑水分散粒剂1 500倍液等。

苹果轮纹病　果实被害状

苹果轮纹病　果实被害状

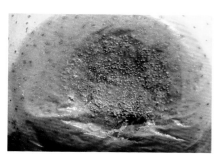

苹果轮纹病　果实被害状（后期）

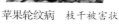

苹果轮纹病　果实被害状

苹果轮纹病　枝干被害状

苹果褐斑病

· **病原** · 有性阶段为苹果双壳菌（*Diplocarpon mali* Harada *et* Sawamura），属子囊菌门双壳属（*Diplocarpon*）真菌；无性阶段为苹果盘二孢 [*Marssonina coronaria* (Ell. *et* Davis) Davis]，属半知菌亚门（Deuteromycotina）盘二孢属（*Marssonina*）真菌。

· **症状** · 主要危害叶片，也侵染果实。叶片上症状有 3 种类型。

（1）同心轮纹型：发病初期在叶片正面形成黄褐色小点，近圆形，后期病斑表面产生同心轮纹状排列的小黑点。

（2）针芒型：病斑呈放射状（针芒状）向外扩展。病斑小，数量较多，常遍布叶片。

（3）混合型：病斑较大，近圆形，其外缘呈针芒状，后期病斑中部灰白色，外缘绿色，其上散生许多小黑点。

· **发病规律** · 以分生孢子盘、子囊盘或未受精的菌丝团在落叶和病梢中越冬。春季温度回升、多雨时，产生子囊孢子或分生孢子，通过风雨传播。附着胞和侵染丝直接从叶面或叶背侵入，树冠下部和内膛叶片最先发病，逐渐向上及外围蔓延。在苹果生长季节，病菌可产生分生孢子进行再侵染。潮湿是落叶上病菌形成子囊盘的必要条件。弱树、弱枝发病重，壮树发病轻。管理粗放果园病害发生早而重。

· **防治方法** ·

（1）搞好清园：秋末清除园内落叶，集中烧毁。冬前深翻果园，促进病残体分解。早春苹果发芽前，在树体及其地面喷布 45% 石硫合剂晶体。

（2）加强栽培管理：提高树体抗病力，土壤肥力较差的果园，要增施肥料。合理修剪，注意改善树冠内的通风透光。

（3）喷药保护：药剂防治重点应在前期，一般在落花后 10 天左右即开始喷第一次药，每隔 10~15 天左右喷 1 次药，连续喷施 4~5 次。常用药剂有 10% 多抗霉素 1 200 倍液、80% 戊唑醇可湿性粉剂 3 000 倍液、70% 代森联干悬浮剂 1 000 倍液等。

苹果褐斑病　叶片被害状

苹果褐斑病　叶片被害状

苹果褐斑病　叶片被害状

苹果褐斑病　果实被害状

苹果斑点病

· **病原** · 链格孢苹果专化型（*Alternaria alternaria* f.sp. mali），属半知菌亚门（Deuteromycotina）链格孢属（*Alternaria*）真菌。

· **症状** · 果面出现黑红斑点，红斑点比例占 80% 以上，但不烂果。果顶周围斑点最多，果梗周围几乎不见。红斑中有一些斑点，初发为小黑斑，后发软裂口或软化烂果。

· **发病规律** · 以菌丝体在病落叶、病枝等病残体和秋梢顶芽上越冬。4、5 月降雨时，越冬病菌可产生大量分生孢子，通过风雨传播，从伤口或表皮直接侵入幼叶、新梢和果实等组织。降雨早、雨日多、雨量大，发病早、发病期长、发病重。树势衰弱，发病重。

· **防治方法** ·

（1）加强栽培管理，增强树势，提高树体抗病力。秋冬季节清除园内残枝落叶、病虫果集中处理以减少菌源量；增施腐熟农家肥；改良土壤，不偏施氮肥；合理修剪，改善果园通风透光条件，保证枝枝见光，同时，提高土壤通气性；7~9 月份多雨季节温度高，湿度大，应防止果园积水，要及时排水。

（2）药剂防治：谢花后套袋前新梢生长期，全园喷施 1~2 次 80% 代森锰锌可湿性粉剂 800 倍液。果实膨大期全园喷施 43% 戊唑醇悬浮剂 3 000 倍液，或 10% 苯醚甲环唑水分散粒剂 1 500 倍液，或 40% 氟硅唑可湿性粉剂 4 000 倍液。果实着色至成熟期，除袋后及时给树上补喷 1 次 5% 吡唑醚菌酯 +55% 代森联水分散粒剂，进一步杀灭病菌。

苹果斑点病　病果

苹果斑点病　病果

苹果斑点病　病果

苹果斑点病　病果

苹果斑点病　病果

苹果斑点病　病果

苹果炭疽病

· **病原** · 有性阶段为炭疽病菌 [*Glomerella cingulate* (Stonem.) Spauld. *et* Schrenk] 属子囊菌亚门（Ascomycotina）小丛壳属（*Glomerella*）；无性阶段为胶孢炭疽菌（*Colletotrichum gloeosporioides* Penz. *et* Sacc.），属半知菌亚门（Deuteromycotina）炭疽菌属（*Colletotrichum*）。

· **症状** · 主要危害苹果树果实，也可侵染枝条、果台及衰弱枝等。果实发病初期，果面可见针头大小淡褐色小斑点，病斑呈圆形且边缘清晰，外有红色晕圈；后病斑逐渐扩大呈褐色或深褐色，表面略凹陷或扁平，圆形或近圆形，表面凹陷，果肉腐烂。腐烂组织向果心呈圆锥状，变褐，具苦味，与健果肉界限明显。病斑在果实上数目不定，几个至数十个，病斑可融合，条件合适时，病斑可扩展到果面的 1/3~1/2，严重时病斑相连导致全果腐烂。果实腐烂失水后干缩成僵果，脱落或挂在树上。

· **发病规律** · 主要以菌丝体在枯死枝、破伤枝、死果台及病僵果上越冬，也可在刺槐上越冬。主要通过风雨传播，从果实皮孔、伤口或直接侵入危害。病菌从幼果期至成果期均可侵染果实。前期侵染病菌，由于幼果抗病力较强而处于潜伏状态，不发病；果实近成熟期后抗病力降低导致发病，具有明显的潜伏侵染现象。潮湿条件下越冬病菌可产生大量病菌孢子，近成熟果实发病后产生的病菌孢子（粉红色黏液）可再次侵染危害果实。在田间可多次再侵染。降雨早且多时，有利于炭疽病菌的产生、传播、侵染，后期病害发生则较重。

· **防治方法** ·

（1）结合修剪，剪除枯枝、病虫枝、徒长枝和病僵果，集中烧毁。发病期及时摘除病果，清除地面落果。

（2）果园周围避免用刺槐和核桃等主树木作防风林。

（3）重病果园，早春萌芽前对树体喷 1 次 3~5 波美度石硫合剂。

（4）生长期应谢花坐果后即开始施药，每隔 15 天左右喷 1 次，连续喷 3~4 次；迟熟品种可适当增加喷药次数。可选药剂 1∶2（~3）∶200 波尔多液、50% 甲基硫菌灵可湿性粉剂 1 000 倍液、10% 苯醚甲环唑水分散粒剂 1 500 倍液、25% 吡唑醚菌酯乳油 2 000 倍液等。

苹果炭疽病　病果

苹果炭疽病　病果

苹果炭疽病　病果

苹果炭疽病　病果

1　　　　　2

苹果炭疽病　1.分生孢子盘和分生孢子；2.子囊壳、子囊和子囊孢子

苹果虫害

苹果黄蚜

· **学名** · *Aphis citricolavander* (Goot)，属半翅目 (Hemiptera) 蚜虫科 (Aphididae)。

· **鉴别特征** · 有翅胎生雌蚜：头、胸部和腹管、尾片均为黑色，腹部呈黄绿色或绿色，两侧有黑斑。无翅胎生雌蚜：体长 1.4~1.8 mm，纺锤形，黄绿色，复眼、腹管及尾片均为漆黑色。若蚜：鲜黄色，触角、腹管及足均为黑色。卵：椭圆形，漆黑色。

· **生活习性** · 1 年发生 10 余代，以卵在寄主枝梢的皮缝、芽旁越冬；翌年苹果芽萌动时开始孵化，约在 5 月上旬孵化结束。初孵若蚜先在芽缝或芽侧危害，10 余天后，产生无翅和少量有翅胎生雌蚜。5~6 月间，以孤雌生殖的方式产生有翅和无翅胎生雌蚜；6~7 月间繁殖最快，产生大量有翅蚜扩散蔓延，造成严重危害；7~8 月间气候不适，发生量逐渐减少，秋后又有回升；10 月间出现性母，产生性蚜，雌雄交尾产卵，以卵越冬。

· **危害特点** · 若蚜、成蚜群集寄主新梢、嫩叶背面刺吸汁液，叶片受害初期表现花叶病般症状，叶尖向背面横卷，严重时造成落叶。苗圃和幼龄果树受害较重。

· **防治方法** ·

（1）冬季结合刮老树皮，进行人工刮卵，消灭越冬卵。

（2）苹果萌芽时（越冬卵开始孵化期）和 5~6 月间产生有翅蚜时，喷施 3% 啶虫脒微乳剂 2 000~2 500 倍液，或 10% 烯啶虫胺可溶液剂（或水剂）2 000 倍液，或 22.4% 螺虫乙酯悬浮剂 5 000 倍液等。

苹果黄蚜　聚集危害

苹果黄蚜　聚集危害

苹果黄蚜　聚集危害

苹果黄蚜　聚集危害

苹果绵蚜

· **学名** · *Eriosoma lanigerum* (Hausmann)，属半翅目（Hemiptera）瘿绵蚜科（Pemphigidae）。

· **鉴别特征** · 体长 1.5~4.9 mm，有时被蜡粉，但缺蜡片。喙末节短钝至长尖。腹部大于头部与胸部之和。前胸与腹部各节常有缘瘤。表皮光滑、有网纹或皱纹或由微刺或颗粒组成的斑纹。体毛尖锐或顶端膨大为头状或扇状。有翅蚜触角通常 6 节。

· **生活习性** · 1 年发生 10 余代，以 2、3 龄若蚜在寄主隐蔽危害处及根部越冬。3 月下旬开始繁殖，5 月底形成第一个高峰。6 月下旬至 7 月中旬形成第二个高峰，9~10 月中旬还可能形成第三个繁殖高峰。6 月和 9、10 月有翅蚜发生，转移较近新寄主。最适宜繁殖温度为 22~25℃；如气温上升到 26℃以上且连续数日，对其繁殖不利。气温降至 8℃以下，大批绵蚜进入越冬状态。

· **危害特点** · 主要在苹果树干枝的伤疤、隙缝及根部等处吸取养分，影响树势和花芽分化，造成减产，危害方式较为隐蔽。树干、枝条和根系受害严重处，逐渐形成瘤状突起，被覆大量白色棉絮状物，拨去棉絮状物，可见红色蚜虫体。

· **防治方法** ·

（1）苹果发芽前树干喷施 45% 石硫合剂晶体。

（2）参见苹果黄蚜的防治用药。

苹果绵蚜　聚集危害

苹果绵蚜　聚集危害

苹果绵蚜　聚集危害

苹果绵蚜　聚集危害

苹果绵蚜　聚集危害

山楂叶螨

· **学名** · *Tetranyhus viennensis*，属蛛形纲（Arachnida）叶螨科（Tetranychidae）。

· **鉴别特征** · 成螨：雌成螨卵圆形，体长 0.54~0.59 mm，冬型鲜红色，夏型暗红色；雄成螨体长 0.35~0.45 mm，体末端尖削，橙黄色。卵：圆球形，春季产卵呈橙黄色，夏季产卵呈黄白色。幼螨：初孵幼螨体圆形、黄白色，取食后为淡绿色，3 对足。若螨：4 对足，前期若螨体背开始出现刚毛，两侧有明显墨绿色斑，后期若螨体较大，体形似成螨。

· **生活习性** · 1 年发生 5~9 代，以受精雌虫在树皮裂缝、靠近树干基部 3 cm 处的土缝中越冬，有时还可以在杂草、枯枝落叶或石块下面越冬。华北地区多在 4 月上旬出蛰，并上树危害；6 月上旬为第二代卵孵化盛期，如防治不及时，易导致山楂叶螨的暴发流行，致叶片焦枯脱落。该虫危害时间较长，4~7 月均可危害，7 月份以后出现越冬虫态。

· **危害特点** · 以幼螨、若螨和成螨危害叶片。常群集在叶片背面的叶脉两侧，并吐丝拉网，在网下刺吸叶片汁液。被害叶片出现失绿斑点，甚至变成黄褐色或红褐色，光合作用降低，严重者枯焦，似火烧状，提前落叶。

· **防治方法** ·

（1）萌芽前刮除翘皮、粗皮，消灭大量越冬虫源。

（2）3 月下旬喷布 45% 石硫合剂晶体。

（3）药剂防治：生长期喷药，可选用 5% 噻螨酮可湿性粉剂、20% 哒螨灵可湿性粉剂 2 000 倍液、5.6% 阿维·哒螨灵微乳剂 1 000 倍液、24% 螺螨酯悬浮剂 4 000 倍液等。

山楂叶螨　成螨

山楂叶螨（镜下）　成螨

山楂叶螨　危害状

山楂叶螨　聚集危害

桃小食心虫

· **学名** · *Carposina sasakii Matsumura*，属鳞翅目（Lepidoptera）卷蛾科（Tortricidae）。

· **鉴别特征** · 雌性成虫：体较大，体长 7~8 mm，翅展 15~18 mm；雄性虫体较小，体长 5~6 mm，翅展 13~15 mm，全体灰白色至灰褐色，复眼红褐色，成虫前翅前缘后方有一个倒三角形黑斑。老熟幼虫：长 13~16 mm，桃红色，腹部色淡，头黄褐色，前胸盾黄褐至深褐色，臀板黄褐或粉红；前胸只 2 根刚毛；腹足趾钩单序环 10~24 个，臀足趾钩 9~14 个，无臀栉。

· **生活习性** · 1 年发生 1~2 代，以 2 代为主。以老熟幼虫在树干周围土层内做扁圆形茧越冬。5 月中下旬开始咬破越冬茧爬出地面，寻找土质松软、较潮湿的场所做"蛹化茧"化蛹。5 月初土壤越潮湿，幼虫开始出土时间越晚。一般越冬代幼虫出土至成虫羽化需 14~20 天。越冬代成虫出现时间在 6 月中下旬，可延续到 7 月初。第一代成虫 8 月中下旬发生，以晚熟品种（如富士）落卵最多，幼虫发育成熟后脱果入土结茧越冬。

· **危害特点** · 初孵幼虫蛀果后，蛀孔常流出透明水珠状果胶，称"眼泪滴"，干后呈白色。幼虫在果内窜食，后达果心。蛀道内留有淡褐色虫粪，称"豆沙馅"。危害严重时，果面凹凸不平，畸形，称"猴头果"。幼虫脱果后，果面有小圆形脱果孔。

· **防治方法** ·

（1）6 月上旬使用 3% 辛硫磷颗粒剂，按每亩 3~5 kg 撒施到树干周围，施药后浅锄，使农药进入表土层内，或用 40% 辛硫磷乳油 500 倍液喷灌树基周围。

（2）利用桃小食心虫性诱剂测报，从连续诱到成虫开始喷药。药剂有 25% 灭幼脲悬浮剂 1 000 倍液、35% 氯虫苯甲酰胺悬浮剂 7 000~10 000 倍液等。

桃小食心虫　幼虫

桃小食心虫　苹果被害状

桃小食心虫　卵

桃小食心虫　蛹

桃小食心虫　越冬茧

桃小食心虫　蛹化茧

桃小食心虫　羽化状

桃小食心虫　成虫

桃小食心虫　成虫

215

桑天牛

·**学名**· *Apriona germari* (Hope)，属鞘翅目 (Coleoptera) 天牛科 (Cerambycidae)。

·**鉴别特征**· 成虫：体长 34~46 mm，体和鞘翅黑色，被黄褐色短毛。卵：长椭圆形，长 5~7 mm，前端较细，略弯曲，黄白色。幼虫：圆筒形，长大时长 45~60 mm，乳白色。蛹：纺锤形，长约 50 mm，黄白色。

·**生活习性**· 华东地区 2 年发生 1 代，以一或二年生幼虫于蛀道内越冬。经过两个冬天的幼虫到第三年 6~7 月间化蛹。成虫 6 月下旬至 7 月中下旬为盛发期。成虫喜欢取食桑树枝干皮补充营养。成虫产卵前，用上颚将树皮啃成乱麻状，然后在内产一粒卵。幼虫孵化后渐入心髓，由上向下钻蛀，每隔 5~6 cm 咬一排粪孔，第三年达 17~19 个。

·**危害特点**· 成虫食害嫩枝皮和叶；幼虫蛀害枝干的皮下和木质部内，向下蛀食，隧道内无粪屑，隔一定距离向外蛀 1 通气排粪屑孔，排出大量粪屑，导致树势早衰，重者枯死。

·**防治方法**·

（1）根据啃食枝条皮层症状及早捕杀成虫。根据产卵刻槽切除卵粒。

（2）果园周围少种桑类植物、榆树、杨树、刺槐等。

（3）春秋两季为药杀幼虫关键时期。向鲜粪排孔内注药，每孔蛀入 10 ml 药液后用泥土将孔封闭，药剂可用 1.8% 阿维菌素水乳剂 500 倍液，发现幼虫排粪孔后，将药液注入。

桑天牛　卵

桑天牛　幼虫

桑天牛　幼虫及危害状

桑天牛　蛹

桑天牛　羽化孔

桑天牛　成虫

桑天牛　取食刻槽

七、柿

柿树为柿科柿属落叶大乔木，原产我国长江流域，且已有三千多年栽培历史。柿树是深根性树种，喜温暖，适生于中性土壤，较耐寒，耐旱，不耐盐碱。柿树除有食用价值，还具有良好的观赏效果，可作为观赏树种。入秋后的柿果和柿叶颜色鲜艳，令人赏心悦目。

据不完全统计，中国栽培的柿树品种有 800 个以上。上海地区柿主要分布在金山区、崇明区等地，上海柿生产总面积约 520 亩，主要病虫包括柿绒蚧、白星花金龟、柿树角斑病、柿黑星病等。

柿树病害

柿树炭疽病

· **病原**· 柿盘长孢菌（*Gloeosporium kaki*），属半知菌亚门（Deuteromycotina）盘长孢属（*Gloeosporium*）。

· **症状**· 果实、嫩梢和叶片均可染病。果实发病初期出现深褐色或黑色小斑点，逐渐扩大为圆形或椭圆形病斑，稍凹陷，外围呈黄褐色，病斑中央密生灰色至黑色轮纹状排列的小粒；果内形成黑色硬块，果实早落，一般一个病果上有 1~2 个病斑，多的也有十几个。新梢感病初期产生黑色小圆斑，扩大后病斑暗褐色，长椭圆形，中部稍凹陷并现褐色纵裂，产生黑色小点；病斑下部木质部腐朽，枝条易枯死。叶片发病时，叶片病斑多在叶柄和叶脉上出现，病斑开始为黄褐色，后期变为黑色或黑褐色，长条状或不规则形。

· **发病规律**· 病菌以菌丝体在枝梢病部或病果、叶痕及冬芽中越冬。翌年夏天产生分生孢子，借风雨、昆虫传播，从伤口或皮孔直接侵入。枝梢发病一般始于 6 月上旬；果实发病时期一般在 6 月下旬至采收期。发病重时 7 月下旬果实开始脱落。高温、高湿利于发病，雨后气温升高或夏季多雨发病重。

· **防治方法**·

（1）加强水肥管理，增强树势，提高树体抗病力，改善园内通风透光条件，降低田间湿度。多施有机肥，增施磷、钾肥。

（2）冬春季节及时修剪病枝，摘除病僵果，并清园，消灭越冬病原。

（3）药剂防治：发芽前喷施 45% 石硫合剂晶体 30 倍液做好预防保护；展叶、幼果期喷施波尔多液 100 倍液等杀菌剂进行治疗性防治。

柿树炭疽病　病果

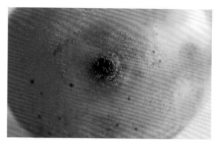

柿树炭疽病　病果

柿树炭疽病　病果

柿树炭疽病　病枝和病果

柿树炭疽病　分生孢子盘和分生孢子

柿树黑星病

· **病原** · 柿黑星孢（*Fusicladium kaki* Hori *et* Yoshino），属半知菌亚门（Deuteromycotina）黑星孢属（*Fusicladium*）。

· **症状** · 果实、叶片和枝梢均可染病。果实病斑圆形或不规则形，稍硬化呈疮痂状，病斑处易裂开，病果易脱落。叶片染病初期，叶脉上生黑色小点，后沿叶脉蔓延扩大为多角形或不定形漆黑色病斑，湿度大时背面出现黑色霉层，即病菌分生孢子梗和分生孢子。枝梢染病形成纺锤形或椭圆形淡褐色凹陷病斑，重则病斑处开裂呈溃疡状或折断。

· **发病规律** · 病菌以菌丝或分生孢子在枝梢病斑上或病叶、病果上越冬。翌年春孢子萌发，从气孔、皮孔和伤口等处直接侵入，5月间病菌形成菌丝后产生分生孢子，借风雨传播，潜育期7~10天，进行多次再侵染，扩大蔓延。

· **防治方法** ·

（1）萌芽展叶时，树体喷施5波美度石硫合剂或1：4：400倍式波尔多液1~2次，预防保护新叶；萌芽后喷施苯醚甲环唑等内吸治疗药剂进行防治；生长季节一般掌握在6月上中旬、落花后喷施嘧菌酯、代森联等杀菌剂杀灭园内病菌孢子，可使用50%嘧菌酯水分散粒剂1 000~2 000倍液，或50%多菌灵可湿性粉剂600~800倍液等。

（2）加强树势管理，水肥控制合理，增施基肥，干旱柿园及时灌水，增强树体抗性。

（3）做好秋冬修剪和清园工作，秋末冬初及时清除柿树的大量落叶，集中深埋或烧毁，以减少初侵染源。

柿树黑星病　叶片被害状

柿树黑星病　叶面反面病斑

柿树黑星病　叶片反面被害状

柿树黑星病　叶片正面被害状

柿树灰霉病

· **病原** · 灰葡萄孢菌（*Botrytis cinerea* Pers. *et* Fr.），属半知菌亚门（Deuteromycotina）葡萄孢属（*Botrytis*）。

· **症状** · 花染病时，影响正常生长发育，花朵变褐色并腐烂脱落。幼果染病时，果蒂出现水渍状斑，后扩展到全果，果顶一般不变形，湿度大的时候病果果皮上出现灰白色霉状物。叶片染病后在叶片上产生白色至黄褐色病斑，病斑的周缘呈波纹状；湿度大时出现灰白色霉状物，即病菌的菌丝、分生孢子梗和分生孢子。

· **发病规律** · 病菌以菌丝体在病部或腐烂的病残体上，或以落入土壤中的菌核越冬。翌年春天产生孢子，通过气流和雨水进行传播。持续高湿、阳光不足、通风不良易发病。

· **防治方法** ·

（1）做好秋冬季节修剪和清园工作，尽量消灭越冬病原菌，减少来年侵染源。防止枝梢徒长，对过旺的枝蔓进行夏剪，增加通风透光，降低园内湿度。采果时应避免和减少果实受伤，避免阴雨天和露水未干时采果。

（2）加强水肥管理，增强树势。注意果园排水问题，避免柿树密植。

（3）药剂防治：发芽前，喷施波尔多液或石硫合剂进行预防消灭病菌工作；展叶期喷施苯醚甲环唑等杀菌剂，开展治疗性防治工作，每 10~15 天喷施 1 次，连续喷施 2 次。还可使用 500 g/L 异菌脲悬浮剂等药剂。

（4）根据病害发生程度，适当增减防治次数。

柿灰霉病　叶片被害状

柿灰霉病　病叶

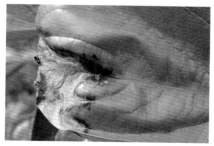

柿灰霉病　病叶

柿树角斑病

· **病原** · 尾孢菌（*Cercosopra kaki* Ell. *et* Ev.），属半知菌亚门（Deuteromycotina）尾孢属（*Cercospora*）。

· **症状** · 叶片受害，初期正面出现不规则形黄绿色病斑，边缘较模糊，斑内叶脉变为黑色；以后病斑颜色逐渐加深，变成浅黑色，10 多天后病斑中部褪成浅褐色。病斑扩展由于受叶脉限制，最后呈多角形，其上密生黑色绒状小粒点，有明显的褐色边缘。柿蒂染病，蒂的四角呈淡黄色至深褐色病斑，其上着生绒状小粒点，但以背面较多。

· **发病规律** · 以菌丝体在病蒂及病叶中越冬，以残留在树上的病蒂为主要初侵染源和传播中心。病蒂在树上能残存 2~3 年，病菌在病蒂内可存活 3 年以上。去年的病菌在次年 6~7 月即可产生大量分生孢子，分生孢子借助风雨的助力从气孔侵入，潜育 25~38 天，8 月初开始发病，病菌发育最适温度为 30℃左右。9 月份发病严重时可造成大量落叶、落果。但当年病斑上形成的分生孢子，在条件适宜时可进行再侵染。阴雨较多的年份，发病严重。另外，靠近砧木君迁子的柿树发病严重。

· **防治方法** ·

（1）尽量选择在通风良好、向阳处栽植柿树，低洼潮湿地柿树不宜成长。

（2）清除病蒂是减少病菌来源的主要措施。做好冬季清园工作，一次性消灭越冬病原菌，可有效降低来年发病程度。

（3）避免柿树与君迁子混栽。君迁子的蒂特别多，感染病菌多，为避免其带病侵染柿树，应尽量避免在树林中混栽君迁子。

（4）科学管理，加强水肥，提高树势，增强树体抗病力，可减少该病发生。

（5）药剂防治：预防关键时期为柿树落花后 20~30 天，药剂可用 1∶（3~5）∶（200~300）（硫酸铜∶生石灰∶水）波尔多液喷 1~2 次，或 4% 春雷霉素可湿性粉剂 66.7 mg/kg，或 70% 甲基托布津 800~1 000 倍液喷 2~3 次，可有效预防病害的发生。

柿角斑病　病叶

柿角斑病　1. 分生孢子梗及其基部菌丝块；
　　　　　2. 分生孢子及其萌发

柿角斑病　叶片正面被害状

柿树角斑病　叶片反面被害状

柿树角斑病　叶片正面被害状

柿树角斑病　叶片反面被害状

柿树虫害

柿广翅蜡蝉

· **学名** · *Ricania sublimbata* Jacobi，属半翅目（Hemiptera）广翅蜡蝉科（Ricaniidae）。

· **鉴别特征** · 成虫：体长 8.5~10 mm，翅展 24~36 mm；头胸背面黑褐色，腹面深褐色；头、胸及前翅表面多被绿色蜡粉；前翅前缘、外缘深褐色，向中域及后缘颜色逐渐变淡；前缘外方 1/3 处稍凹入，此处有 1 个三角形至半圆形淡黄褐色斑；后翅暗褐色，半透明。卵：长 0.8~1.2 mm，乳白色，长卵形；初产时为乳白色，后渐变成白色至浅蓝色；近孵化时为灰褐色。若虫：体长 3~6 mm，体略呈钝菱形，翅芽处最宽，体疏被白色蜡粉，腹部末端有 10 条白色绵毛状蜡丝，呈扇状伸出，其中 2 条向上向前弯曲并张开，平时腹端上弯，白色绵毛状蜡丝覆于体背以保护身体，常可作孔雀开屏状。

· **生活习性** · 南方一般 1 年发生 2 代，以卵于当年生枝条内、叶脉或叶柄的组织内越冬。翌年 4 月上旬至 4 月下旬陆续孵化，若虫盛发期在 4 月中旬至 6 月上旬；第二代若虫盛发期在 8~9 月。成虫白天活动，擅跳、飞行迅速，喜于嫩枝、芽、叶上刺吸汁液。

· **危害特点** · 成虫飞行力较强且迅速，产卵于当年生枝木质部内，再分泌白色棉絮状物覆盖卵表面。若产卵枝条较粗，尚不会造成枝枯，但如枝条较细，则会造成枝梢枯死。

· **防治方法** ·

（1）冬春季节，剪除树枝上卵块，清除果园内杂草，集中销毁，减少越冬虫源。

（2）保护好园内草蛉、异色瓢虫、螳螂等生物天敌。

（3）及时监测虫情，在若虫 1~3 龄期，选择 0.3% 苦参碱水剂 600~800 倍液进行喷雾防治。

柿广翅蜡蝉　若虫

柿广翅蜡蝉　成虫

柿广翅蜡蝉　产卵及危害状

柿广翅蜡蝉　成虫

八点广翅蜡蝉

· **学名** · *Ricania speculum* Walker，属半翅目（Hemiptera）广翅蜡蝉科（Ricaniidae）。

· **鉴别特征** · 成虫：体长 6~7 mm，翅展 18~27 mm；头、胸部黑褐色；触角刚毛状；翅革质、密布纵横网状脉纹；前翅宽大，略呈三角形，翅面被稀薄白色蜡粉，翅上具灰白色透明斑 5~6 个；后翅半透明，翅脉煤褐色，中室端有 1 个白色透明斑。卵：长卵圆形，长 1.2~1.4 mm，乳白色。若虫：低龄乳白色；体略呈钝菱形，暗黄褐色；腹部末端有 4 束白色绵毛状蜡丝，呈扇状伸出，中间一对略长；蜡丝被于体背以保护身体，常可呈孔雀开屏状，向上直立或伸向后方。

· **生活习性** · 1 年发生一代，以卵在当年生枝条里越冬。若虫 5 月中下旬至 6 月上中旬孵化，低龄若虫常数头排列于同一嫩枝上刺吸汁液危害，4 龄后散布于枝梢叶果间，爬行迅速，善于跳跃，若虫期 40~50 天。7 月上旬成虫羽化，危害至 10 月。成虫产卵于当年生嫩枝木质部内，产卵孔排成一纵列，孔外带出部分木丝并覆有白色絮状蜡丝。成虫有聚集产卵的习性。

· **危害特点** · 成、若虫刺吸嫩枝、芽、叶汁液；排泄物易引发病害；雌虫产卵时将产卵器刺入嫩枝茎内，破坏枝条组织，被害嫩枝轻则叶枯黄、长势弱且难以形成叶芽和花芽，重则枯死。

· **防治方法** · 参照柿广翅蜡蝉。

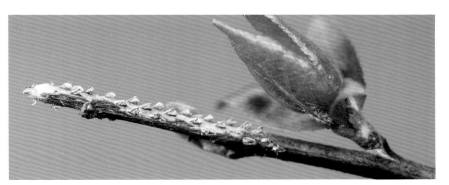

八点广翅蜡蝉　产卵刻槽

八点广翅蜡蝉　成虫

八点广翅蜡蝉　成虫

八点广翅蜡蝉　成虫

白星花金龟

· **学名** · *Liocola brevitarsis* Lewis，属鞘翅目（Coleoptera）金龟科（Scarabaeidae），别称白星花金龟子。

· **鉴别特征** · 成虫：体长 17~24 mm，宽 9~12 mm，椭圆形，具古铜或青铜色光泽，体表散布众多不规则白绒斑；触角深褐色；前胸背板与鞘翅前缘之间有一个三角片；鞘翅宽大，近长方形，白绒斑多为横向波浪形。卵：圆形至椭圆形，乳白色，长 1.7~2 mm。幼虫：体长 24~39 mm，头部褐色，体柔软肥胖而多皱纹，常弯曲呈"C"状。蛹：体长 20~23 mm，裸蛹，初为黄白，渐变为黄褐。

· **生活习性** · 一年发生 1 代，主要以 2~3 龄幼虫于土中越冬，以地下根或腐殖质为食。翌年 4~6 月，幼虫在地下 20 cm 深的土壤中老熟化蛹；大约 20 天后，蛹羽化为成虫；成虫于 5 月上旬出现，6~7 月为发生盛期。成虫白天活动，有假死性，受惊后掉落或飞走；对甜味、酒醋味有趋性，飞行力强，常群聚危害花、果，产卵于土中。卵期 10~12 天孵化成幼虫（蛴螬），幼虫在土壤中取食并进行越冬。幼虫多以腐败物为食，并危害根系。

· **危害特点** · 成虫主要危害花和果实，至花腐烂，果实近成熟时被啃食至果肉腐烂。幼虫主要危害果树根系。

· **防治方法** ·

（1）冬春深翻土壤，树干涂白，消灭越冬虫源。

（2）自制糖醋液诱杀成虫。

（3）利用成虫的假死性和趋化性，于清早或傍晚在树下铺塑料布，摇动树体，捕杀成虫。

（4）利用杀虫灯光诱杀成虫。

白星花金龟　成虫

白星花金龟　成虫

白星花金龟　成虫

柿绒蚧

· **学名** · *Eriococcus kaki* Kuwana，属半翅目（Hemiptera）绒蚧科（Eriococcidae），又名毛毡蚧、柿毡蚧。

· **鉴别特征** · 雌成虫：椭圆形，长 1.5 mm，宽 1 mm，紫红色，成熟时体背分泌出白色蜡囊，长约 3 mm，宽 2 mm，尾端凹陷。雄成虫长约 1.2 mm，翅展 2 mm 左右，紫红色，翅污白色，腹末具 1 根小性刺和 1 对长蜡丝。卵：紫红色，椭圆形，长 0.3~0.4 mm。若虫：紫红色，扁椭圆形，长 1 mm，宽 0.5 mm，由白色绵状物构成。

· **生活习性** · 一年发生 4~6 代，以初龄若虫在 2~5 年生枝条的皮缝、柿蒂上越冬。黄淮地区 4 月中下旬若虫出蛰危害，5 月中下旬羽化交尾，随后雌成虫背面形成卵囊并产卵其内，卵期 12~21 天。前期危害嫩枝、叶，后期主要危害果实。10 月中旬，以第四代若虫转移到枝、柿蒂上越冬。

· **危害特点** · 若虫、成虫群集危害，危害柿叶、嫩枝及果实。嫩枝被害后出现黑斑，轻者生长细弱，严重者干枯导致难以发芽。受害的叶脉产生黑斑，严重时叶畸形、早落。危害果实时，在果肩或果实与蒂相接处，初呈黄绿色小点，逐渐扩大成黑斑，使果实提前软化脱落。排泄物布满被害处，多雨季节易引起煤污病。

· **防治方法**

（1）认真彻底清园，冬春修剪病虫枝条，并集中销毁。早春柿树发芽前喷 45% 石硫合剂晶体，或 99% 矿物油乳油 100~200 倍液等，消灭越冬若虫。

（2）做好虫情监测工作，在若虫早期喷施 22.4% 螺虫乙酯悬浮剂。

（3）保护好园内草蛉、螳螂等生物天敌。

柿绒蚧　危害果实

柿绒蚧　危害果实

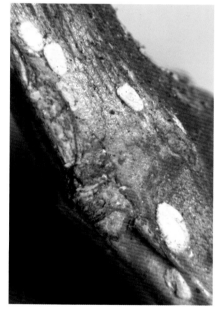

柿绒蚧　聚集危害

柿绒蚧　危害果实

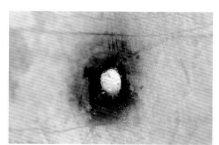

柿绒蚧　雌成虫

麻皮蝽

· **学名** · *Erthesina fullo* Thunberg，属半翅目（Hemiptera）蝽科（Pentatomidae）。别称黄斑蝽、麻蝽象、麻纹蝽。

· **鉴别特征** · 参照梨树虫害（p112）。

· **生活习性** · 参照梨树虫害（p112）。

· **危害特点** · 参照梨树虫害（p112）。

· **防治方法** · 参照梨树虫害（p112）。

麻皮蝽　成虫

麻皮蝽　若虫

麻皮蝽　若虫

柿病虫防治历

防治时期	病害	虫害	防治措施
萌芽至新梢封顶期	炭疽病、灰霉病、角斑病	蜡蝉、柿绒蚧	（1）发芽前，喷洒45%石硫合剂晶体，杀灭越冬病、虫源； （2）清理枯枝落叶并销毁，降低病、虫源基数
开花结果期	灰霉病、黑星病	金龟子、蜡蚧、蜡蝉	（1）喷洒50%多菌灵可湿性粉剂、50%嘧菌酯水分散粒剂等杀菌剂； （2）喷洒0.3%苦参碱水剂等杀虫剂
幼果迅速膨大期	炭疽病、黑星病、角斑病	蜡蚧，金龟子	（1）喷洒50%多菌灵可湿性粉剂、50%嘧菌酯水分散粒剂等杀菌剂； （2）喷洒0.3%苦参碱水剂等杀虫剂
幼果滞长期	炭疽病、黑星病	柿绒蚧、金龟子	（1）喷洒50%多菌灵可湿性粉剂、50%嘧菌酯水分散粒剂等杀菌剂； （2）喷洒0.3%苦参碱水剂等杀虫剂
着色采收期	炭疽病、黑星病	柿绒蚧	（1）喷洒50%多菌灵可湿性粉剂、50%嘧菌酯水分散粒剂等杀菌剂； （2）喷洒0.3%苦参碱水剂等杀虫剂
休眠期	越冬病害	越冬虫态	清理枯枝落叶并销毁，降低病、虫源基数

八、枇杷

　　枇杷原产中国，属蔷薇科枇杷属植物。枇杷即可作为水果食用，也可入药，具有较好的食用和药用价值。枇杷味道甜美，营养颇丰。枇杷一般在冬天开花，果实春天或初夏成熟，相对其他水果成熟较早。

　　枇杷喜光、耐阴、不耐严寒，主要分布在我国长江以南地区，是我国南方特有的小品种水果，其果实成熟于春末夏初，深受广大消费者喜爱。在上海地区，枇杷主要分布在青浦、崇明、金山等地。上海枇杷生产总面积约 1 800 亩，果园种植规模都不大；以果肉颜色不同，枇杷分为白沙与红沙两大类；红沙产量较高，亩产在 400~600 kg；白沙的果型一般小于红沙，产量一般，亩产在 200~400 kg 不等。

　　枇杷主要病虫包括枇杷灰斑病、枇杷炭疽病、刺蛾、木虱、蚜虫等。

枇杷病害

枇杷灰斑病

· **病原** · 枇杷叶盘多毛孢 (*Pestalotia eriobotrifolia* Guba.)，属半知菌亚门 (Deuteromycotina) 盘多毛孢属 (*Pestalotia*) 真菌。

· **症状** · 主要危害叶片，也可危害果实。叶片病斑初期呈淡灰褐色圆形病斑，直径 2~4 mm；后变灰白色，表皮干枯，边缘黑褐色明显。多数病斑可愈合成不规则大病斑，其上散生黑色小点，是病菌分生孢子盘，最后病叶枯焦易脱落。果实病斑圆形，紫褐色，后期明显凹陷，其上散生黑色小点，常造成果实腐烂。病害严重发生时，导致叶片提早脱落。

· **发病规律** · 病菌以分生孢子盘及菌丝体在病叶或病果的残体上越冬。次年春季，越冬的及新生的分生孢子借风雨传播，发生初次侵染，温度达 20~30℃时有利病害发展。潜育一段时间后在成熟新叶上产生病斑，而后露出分生孢子盘，释放出分生孢子，重复侵染夏梢和秋梢嫩叶。上海地区一般于 5 月出现新病斑，6~7 月梅雨季节，是病害流行高峰期。无论果实或叶片，受过日光灼伤的部位或是因风害发生擦伤的部位都很容易感染灰斑病菌。土壤贫瘠，管理粗放，树势衰弱的果园发病严重。苗木发病常重于成年树。

· **防治方法** ·

（1）加强果园水肥管理，降低地下水位，防止果园积水，保持土壤疏松；增施有机肥，增强树势，提高抗病力。

（2）做好冬季清园工作，剪除病叶、病枝条，清除病果、落叶，集中深埋或烧毁，降低越冬病原菌基数。

（3）在新叶萌发期，及时喷施波尔多液、多菌灵等杀菌剂，保护新叶，做好预防工作。

（4）病害流行期，可喷施 50% 多菌灵可湿性粉剂 800~1 000 倍液、75% 百菌清可湿性粉剂 500~800 倍液、77% 氢氧化铜可湿性粉剂 600~800 倍液等药剂，每间隔 10~15 天喷 1 次，连续喷施 2 次。

枇杷灰斑病　病叶

枇杷灰斑病　病叶

枇杷灰斑病　病叶

枇杷灰斑病　病叶

枇杷灰斑病　病果

枇杷灰斑病　病叶

枇杷灰斑病　分生孢子

枇杷炭疽病

· **病原** · 围小丛壳菌（*Glomerrella cingulate*），属子囊菌亚门（Ascomycotina）小丛壳属（*Glomerrella*）。无性阶段为胶胞炭疽菌（*Colletotrichum gloeosporioides* Penz.），属半知菌亚门（Deuteromycotina）炭疽菌属（*Colletotrichum*）。

· **症状** · 病菌危害叶片和果实。叶片上出现褐色至黑褐色斑，后中央变为灰褐色至灰白色，散生或轮生小黑点，是病菌分生孢子盘，潮湿时黑点上出现粉红色黏液。果实上病害出现在近成熟期，果实病斑初期淡褐色，圆形，扩大后凹陷，密生淡红色点，后变黑点，略成轮纹状排列，病斑逐渐变黑并迅速扩展，引起全果变黑褐色腐烂或干缩成僵果。

· **发病规律** · 病菌以菌丝体在病果及病枝梢上越冬，第二年春季病菌分生孢子通过风雨和昆虫传播侵染。果实成熟期遇暴风雨、昆虫咬伤、日灼伤，易引起病害严重发生。高温高湿都易利于发病。园地地势低洼，氮肥偏多，枝叶密闭，梅雨季节或大风冰雹后多发病。

· **防治方法** ·

（1）秋冬季集中修剪病枝，清除地面落叶落果，并集中销毁，消灭越冬病原菌。

（2）加强果园管理，保持果园通气性良好、温湿度适宜。增施腐熟的有机肥，合理灌溉，增强树势，提高树木的抗病能力。

（3）新叶展叶期，喷施石硫合剂、波尔多液等杀菌剂。果实着色期前一个月喷施 10% 苯醚甲环唑水分散粒剂 1 500~2 000 倍液等杀菌剂进行防治，每次喷药间隔 10~15 天，一般喷施 1~2 次。

枇杷炭疽病 病叶

枇杷炭疽病 病斑

枇杷炭疽病 病果

枇杷炭疽病 病叶

枇杷污叶病

· **病原** · 枇杷刀孢（*Clasterosporium eriobotryae* Hara），属半知菌亚门（Deuteromycotina）刀孢属（*Clasterosporium*）。

· **症状** · 主要危害叶背，初在叶背生圆形或不规则斑，污暗黑色；后呈煤烟色粉状绒层，是病菌菌丝、分生孢子梗和分生孢子，病斑可相互融合，甚至扩展到全叶，使全叶覆盖煤烟状污物。

· **发病规律** · 病菌以菌丝及分生孢子在病叶上越冬；翌年，从早春开始进行叶片初侵染和再侵染。从早春开始至晚秋结束，几乎整个生长季节都可发病，在管理粗放果园发病较重，对树势影响较大。

· **防治方法** ·

（1）保持园内通风透光、合理修剪，科学管理水肥，提高树体抗性。

（2）秋冬季修剪病枝，清理枯枝落叶，减少翌年病原。

（3）喷施石硫合剂做好预防工作。病害发生期，喷施混配剂 75% 百菌清可湿性粉剂 800 倍液加 70% 甲基硫菌灵可湿性粉剂 800~1 000 倍液等广谱性杀菌剂，每隔 10~15 天喷施 1 次，连续喷施 2~3 次。

枇杷污叶病　病叶

枇杷污叶病　病叶

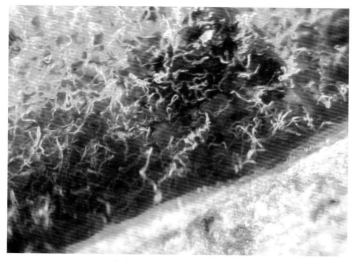

枇杷污叶病　病叶叶背放大

枇杷圆斑病

· **病原** · 病原是枇杷叶点霉（*Phyllosticta eriobotryae* Thüm.），属半知菌亚门（Deuteromycotina）叶点霉属（*Phyllosticta*），别名枇杷斑点病。

· **症状** · 枇杷圆斑病主要发生在叶片上，初期为赤褐色小点，扩大为近圆形斑，沿叶脉发生时则呈半圆形，以后中央为灰黄色，边缘赤褐色，病斑间可联合后成不规则形斑。后期病斑上有黑色小点，有时排列成轮纹状。

· **发病规律** · 病菌以分生孢子器和菌丝体在叶上越冬，翌年 3、4 月间，遇雨后，分生孢子自分生孢子器孔口溢出，借风雨传播，侵入寄主危害。枇杷圆斑病在梅雨季节最容易发病，一年内可多次发病。土壤贫瘠、排水不良、栽培管理较差、树体透光差的果园发病重；磷、钾和有机肥料充足，树势健壮，则发病轻。

· **防治方法** ·

（1）做好园内水肥管理工作，增加基肥，增强树势，提高树体抗病能力；在雨季做好果园排水工作，防止土壤积水。

（2）做好冬季修剪和清园工作，将落地的病叶和病果全部清除干净，并集中销毁，消灭越冬病原。

（3）新叶期喷施波尔多液开展预防工作，病害发生期集中喷施苯醚甲环唑、代森锰锌等广谱杀菌剂。在枇杷树嫩梢抽生至生长期，可用 70% 甲基托布津 800~1 000 倍液、50% 多菌灵 800~1 000 倍液、0.5%~0.6% 等量式波尔多液、70% 代森联水分散粒剂 500~700 倍液等药剂喷施，每次喷药间隔 7~10 天，连续喷 1~2 次。

枇杷圆斑病 *病叶*

枇杷圆斑病 *病叶*

枇杷圆斑病 *病斑正面*

枇杷圆斑病 *病斑反面*

枇杷圆斑病 *病斑正面*

枇杷圆斑病 *病斑反面*

枇杷病虫防治历

防治时期	防治对象	防治措施	注意事项
抽梢期	叶斑病、枝腐病、蚜虫、木虱	喷洒 10% 苯醚甲环唑水分散粒剂等杀菌剂；喷施苦烟、阿维菌素等杀虫剂	
开花期	灰霉病、炭疽病、蚜虫、木虱	喷洒 10% 苯醚甲环唑水分散粒剂等杀菌剂；喷施苦烟、阿维菌素等杀虫剂	
采收后	叶斑病、炭疽病等	清除病叶、病枝，清理枯枝落叶	

九、猕猴桃

猕猴桃，又称奇异果，为猕猴桃科猕猴桃属，雌雄异株的大型落叶木质藤本植物。雄株多毛叶小，雄株花较雌花早出现；雌株少毛或无毛，花叶均大于雄株。果形一般为椭圆形，果皮表面覆盖浓密绒毛，果肉可食用。猕猴桃花期5~6月，果熟期8~10月。

猕猴桃原产于中国。果实质地柔软，口感酸甜，富含维生素C等营养成分，营养价值极高。上海地区猕猴桃主要分布在崇明、浦东等地，截至2019年，上海猕猴桃生产总面积约2 300亩。

猕猴桃主要病虫害包括猕猴桃炭疽病、猕猴桃褐斑病等。

猕猴桃病害

猕猴桃褐斑病

· **病原** · 有性阶段为子囊菌亚门（Ascomycotina）球腔菌属（*Mycosphaerella* sp.）真菌；无性阶段为半知菌亚门（Deuteromycotina）叶点霉属（*Phyllosticta* sp.）真菌。

· **症状** · 病斑主要始发于叶缘，也有发于叶面的。初呈水渍状污绿色小斑，后沿叶缘向内扩展，形成不规则的褐色病斑。多雨高湿条件下，病情扩展迅速，病斑由褐变黑，引起霉烂。正常气候下，病斑四周深褐色，中央褐色至浅褐色，其上散生或密生许多黑色小粒点，即病原的分生孢子器。高温下被害叶片向叶面卷曲，易破裂，后期干枯脱落。叶面中部的病斑明显比叶缘处的小，病斑透过叶背，黄棕褐色。有些病叶由于受到盘多毛孢菌（*Pestalotia* sp.）的次生侵染，出现灰色或灰褐色间杂的病斑。

· **发病规律** · 病菌以分生孢子器、菌丝体和子囊壳等在寄主落叶上越冬，次年春季嫩梢抽发期，产生分生孢子和子囊孢子，借风雨飞溅到嫩叶上进行初侵染和多次再侵染。我国南方 5~6 月正值雨季，气温 20~24℃，发病迅速，病叶率高达 35%~57%；7~8 月气温 25~28℃，病叶大量枯卷，感病品种落叶满地。

· **防治方法** ·

（1）做好冬季修剪和清园工作，集中清理落叶落枝，并集中销毁，消灭越冬病原菌。

（2）做好园内水肥管理工作，增加基肥，增强树势，提高树体抗病能力。

（3）新叶期喷施 45% 石硫合剂晶体 30 倍液或波尔多液开展预防工作，病害发生期集中喷施 70% 代森联水分散粒剂 500~700 倍液，每隔 7~10 天喷施 1 次，连续喷施 2~3 次。

猕猴桃褐斑病　病叶

猕猴桃褐斑病　病叶

猕猴桃褐斑病　病叶

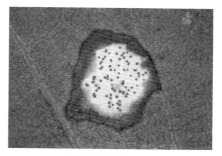

猕猴桃褐斑病　病斑

猕猴桃黑斑病

· **病原** · 猕猴桃假尾孢（*Pseudocercospora actinidiae* Deighton），属半知菌亚门（Deuteromycotina）假尾孢属（*Pseudocercospora*）。

· **症状** · 黑斑病主要危害果实，严重影响果实品质，亦可以危害叶片、枝条。黑斑病菌在叶片上侵染危害，在叶片正面产生直径 1~2 mm 大小的褐色病斑，在病斑周围有黄绿色晕圈，之后随着病菌持续侵染，在环境适宜的条件下，病斑进一步扩展并伴有轮纹，但有时候轮纹不明显。发病后期，侵染部位可以产生一些小霉点，呈黑色。黑斑病危害枝条，受害部位表皮呈水渍状，红褐色或黄褐色，之后病斑纵向扩展并形成愈伤组织，发病部位枝条表皮上会产生一些黑色圆点，有时候也会是一层灰霉。果实受害，侵染初期发病部位产生灰色霉斑，之后慢慢扩展，果实表面形成凹陷病斑，将病斑表层刮除，可见褐色坏死组织，受黑斑病侵染的果实早期容易脱落。多发生在 7~9 月。

· **发病规律** · 病菌菌丝体和分生孢子器在土壤中越冬，翌年春天猕猴桃开花前后开始发病。进入雨季病情扩展较快，有些地区有些年份可造成较大损失。

· **防治方法** ·

（1）做好冬季修剪和清园工作，集中清理落叶落枝，并集中销毁，消灭越冬病原菌。

（2）做好园内水肥管理工作，增加基肥，增强树势，提高树体抗病能力。

（3）新叶期喷施 45% 石硫合剂晶体 30 倍液、波尔多液 100 倍液开展预防工作，病害发生期集中喷施 70% 代森联水分散粒剂 500~700 倍液等广谱杀菌剂，每隔 7~10 天喷药 1 次，连续喷施 2~3 次。

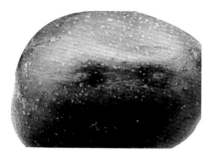

猕猴桃黑斑病　病果

猕猴桃黑斑病　病果

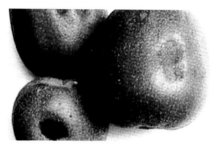

猕猴桃黑斑病　病果

猕猴桃黑斑病　孢子器

猕猴桃黑斑病　分生孢子

猕猴桃灰斑病

·**病原**·猕猴桃壳二孢（*Ascochyta actinidiae*），属半知菌亚门（Deuteromycotina），壳二孢属（*Ascochyta*）。

·**症状**·病斑生在叶上，产生圆形至近圆形灰白色病斑，边缘深褐色，直径8~15 mm，有明显的轮纹，病斑背面浅褐色，后期病斑上生小黑点，即病原菌的分生孢子器。

·**发病规律**·病菌在病叶组织上以分生孢子器、菌丝体和分生孢子越冬，落地病残叶是主要的初侵染源。翌年春季，气温上升，产生新的分生孢子随风雨传播，在寄主新梢叶片上萌发，进行初侵染，继以此繁殖行重复侵染。5~6月为侵染高峰期，8~9月高温少雨，危害最烈，叶片大量枯焦。被灰斑病侵害的叶片，抗病性减弱，病原常进行再次侵染，所以在果园同一张叶上，往往会同时具备两种病症。

·**防治方法**·

（1）科学管理水肥，做好排水，保持园内通风透光，营造不利于病害滋生的条件。增强树势，提高树体抗病力。

（2）新叶萌发期，喷施45%石硫合剂晶体30倍液进行预防。

（3）病害发生期，喷施70%代森联水分散粒剂500~700倍液等杀菌剂进行防治。

（4）做好冬季修剪和清园工作，集中清理落叶落枝，并集中销毁，消灭越冬病原菌。

猕猴桃灰斑病　植株被害状

猕猴桃灰斑病　病叶

猕猴桃灰斑病　病叶

猕猴桃灰斑病　病叶

猕猴桃灰斑病　病叶

猕猴桃立枯病

· **病原** · 立枯丝核菌（*Rhizoctonia solani* Kuhn），属半知菌亚门（Deuteromycotina）丝核菌属（*Rhizoctonia*）。

· **症状** · 初期从根颈部先发病，呈水渍状小斑，浅褐色，半圆形至不规则形，后小斑扩大，根颈部皮层腐烂一周，地上部叶片萎蔫，病苗根皮层腐烂且易脱落，仅留木质部。

· **发病规律** · 土壤病残体传播，经伤口、皮孔入侵，在常温20℃左右、高湿、根系浸水或7~9月高温干旱浇水过量时容易侵染幼苗，危害幼苗根颈部及其以上茎杆和叶片。

· **防治方法** ·

（1）保持园内通风透光，营造不利于病害滋生的条件，增强树势，提高树体抗病力。

（2）新叶萌发期，喷施45%石硫合剂晶体30倍液进行预防。病害发生期，喷施70%代森联水分散粒剂500~700倍液等杀菌剂进行防治。

（3）做好冬季修剪和清园工作，集中清理落叶落枝，并集中销毁，消灭越冬病原菌。

猕猴桃立枯病　被害枝干横截面

猕猴桃立枯病　幼苗发病状

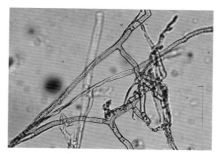

猕猴桃立枯病　被害根部

猕猴桃立枯病　菌丝

猕猴桃炭疽病

· **病原** · 有性阶段为围小丛壳菌 [*Glomerella cingulata* (Stonem.) Spauld. *et* Schrenk]，属子囊菌亚门（Ascomycotina）小丛壳属（*Glomerella*）；无性阶段为胶孢炭疽菌（*Colletotrichum gloeosporioides* Penz.），属半知菌亚门（Deuteromycotina）炭疽菌属（*Colletotrichum*）。

· **症状** · 有两种：一种是从猕猴桃叶片边缘开始发病，初现水渍状，后变褐色不规则病斑，病健部交界明显。后期病斑中间变成灰白色，边缘卷缩，干燥时叶片易破裂，多雨潮湿时叶片腐烂脱落也侵染果实，但很少。病原是胶孢炭疽菌。危害果实的还有一种炭疽菌，主要危害成熟果，病斑圆形，浅褐色，水渍状，凹陷。

· **发病规律** · 病菌主要在病残体或芽鳞、腋芽等部位越冬。次年春季嫩梢抽发期，产生分生孢子，借风雨飞溅到嫩叶上进行初侵染和多次再侵染。病菌从伤口、气孔或直接侵入，病菌有潜伏侵染现象。

· **防治方法** ·

（1）秋冬季集中修剪病枝，清除地面落叶落果，并集中销毁，消灭越冬病原菌。

（2）新叶展叶期，喷施石硫合剂、波尔多液等杀菌剂进行预防。

（3）病害发生期喷施 10% 苯醚甲环唑悬浮剂 1 500~2 000 倍液、45% 石硫合剂晶体等杀菌剂进行防治，每隔 10~15 天喷 1 次，连续喷 3~5 次。

猕猴桃炭疽病　病叶正面　　　　　　　猕猴桃炭疽病　病叶反面

猕猴桃炭疽病　病叶正面　　　　　　　猕猴桃炭疽病　病叶反面

猕猴桃炭疽病　病枝叶

猕猴桃细菌性溃疡病

· **病原** · 丁香假单胞菌猕猴桃致病变种（*Pseudomonas syringae* pv. actinidiae），属于变形菌门（Proteobacteria）假单胞菌属（*Pseudomonas*）细菌。

· **症状** · 该病是毁灭性细菌病害，主要危害新梢、枝干和叶片，造成枝蔓或整株枯死。染病初期叶上产生红色小点，接着产生 2~3 mm 暗褐色不规则形病斑，四周具明显的黄色水渍状晕圈。湿度大时迅速扩展成水渍状大病斑，其边缘因受叶脉所限产生多角形病斑，有的不产生晕圈，多个病斑融合时，主脉间全部暗褐色，有菌脓溢出，叶片向里或外翻。小枝条染病初为暗绿色水渍状，后变暗褐色，产生纵向龟裂，症状向继续伸长的新梢和茎部扩展，不久使整个新梢变成暗褐色萎蔫枯死。枝干染病多于 1 月中下旬在芽眼四周、叶痕、皮孔、伤口处出现，病部产生纵向龟裂，溢出水滴状白色菌脓，皮层很快出现坏死，呈红色或暗红色，病组织凹陷成溃疡状，造成枝干上部萎蔫干枯。

· **发病规律** · 病菌主要在枝蔓病组织内越冬，春季从病部伴菌脓溢出，借风、雨、昆虫和农事作业、工具等传播，经伤口、水孔、气孔和皮孔侵入。病原细菌侵入细胞组织后，经过一段时间的潜育繁殖，破坏输导组织和叶肉细胞，继续溢出菌脓进行再侵染。猕猴桃溃疡病病菌属低温高湿性侵染细菌，春季旬均温 10~14℃，如遇大风雨或连日高湿阴雨天气，病害易流行。地势高的果园风大，植株枝叶摩擦伤口多，有利于细菌传播和侵入。在整个生育期中，以春季伤流期发病较普遍，随之转重。谢花期后，气温升高，病害停止流行，仅个别株侵染。

· **防治方法** ·

（1）科学管理水肥，做好排水，保持园内通风透光，营造不利于病害滋生的条件。增强树势，提高树体抗病力。

（2）新叶萌发期，喷施石硫合剂进行预防。该病重在预防，必须做好前期的预防工作。

（3）病害发生期，喷施 4% 春雷霉素可湿性粉剂 400 倍液等杀菌剂进行防治。

（4）做好冬季修剪和清园工作，集中清理落叶落枝，并集中销毁，消灭越冬病原菌。

猕猴桃细菌性溃疡病　果实被害状

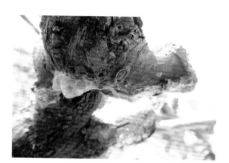

猕猴桃细菌性溃疡病　危害主干

猕猴桃细菌性溃疡病　危害主干

猕猴桃细菌性溃疡病　危害主干

猕猴桃细菌性溃疡病　危害主干

猕猴桃虫害

斜纹夜蛾

· **学名** · *Prodenia litura* Fabricius，属鳞翅目（Lepidoptera）夜蛾科（Noctuidae），又名连纹夜蛾、斜纹贪夜蛾。

· **鉴别特征** · 参照柑橘虫害斜纹夜蛾（p36）。

· **生活习性** · 参照柑橘虫害斜纹夜蛾（p36）。

· **危害特点** · 参照柑橘虫害斜纹夜蛾（p36）。

· **防治方法** · 参照柑橘虫害斜纹夜蛾（p36）。

斜纹夜蛾　幼虫

斜纹夜蛾　幼虫

斜纹夜蛾　成虫

猕猴桃病虫防治历

防治时期	防治对象	防治措施	注意事项
萌芽期	细菌性溃疡病、褐斑病	喷施或涂抹 45% 石硫合剂晶体等杀菌剂	①剪除病枝叶；②清理溃疡病野生寄主，如大豆、蚕豆等
展叶期	金龟子、根腐病、立枯病	喷施 10% 苯醚甲环唑水分散粒剂等杀菌剂	加强管理，及时挖除病菌
开花期	金龟子	喷施苦烟碱	黑光灯诱杀
坐果期	褐斑病、果实腐烂病	喷施 10% 苯醚甲环唑水分散粒剂，套袋	
成熟期	果实腐烂病	套袋	
休眠期	越冬病虫源	清除枯枝落叶，修剪病枝条	

十、蓝莓

　　蓝莓为杜鹃花科越橘属多年生低灌木，主要分布在气候温凉、阳光充足地区。蓝莓原生于北美洲与东亚，生长于海拔 900~2 300 m 的地区。在我国主要分布在东北地区，长白山、大小兴安岭一带自然生长较多的野生品种。蓝莓果实中含有丰富的花青素，具有良好的营养保健作用，还有防止脑神经老化、强心、抗癌、软化血管、增强人体免疫等功能，是世界粮食及农业组织推荐的五大健康水果之一。

　　我国目前蓝莓的栽培大多局限于气候及土壤条件适宜的地区，上海地区主要分布在青浦、松江、金山等地，上海蓝莓生产总面积约 1 500 亩。

　　蓝莓主要病虫包括蓝莓根癌病、蓝莓僵果病等。

蓝莓病害

蓝莓灰霉病

· **病原** · 灰葡萄孢（*Botrytis cinerea* Pers.），属子囊菌亚门（Ascomycotina）孢盘菌属（*Botryotinia*）。

· **症状** · 病菌侵染蓝莓的花、果实和叶片、花序轴及枝条部位。初期从已过盛花期的残留花瓣、花托或幼果柱头开始侵染，后产生白色霉层；果实受害部位果皮初呈灰白色、水渍状，后组织软腐，病部表面密生灰色至灰白色霉层，风干后果实干瘪、僵硬；叶片染病多从叶尖发生，病斑呈"V"字形。

· **发病规律** · 蓝莓开花结果期棚内温度低，在13~23℃、空气相对湿度超过90%条件下，持续3天以上即发病。蓝莓灰霉病病菌腐生性强，蓝莓生长势弱易发病，缺钙、缺镁利其发病，旧棚较新棚发病重。

· **防治方法** ·

（1）做好秋冬季节修剪和清园工作，尽量消灭越冬病原菌，减少来年侵染源。

（2）加强水肥管理，促进树体营养吸收，增强树势，提高树体抵抗力。

（3）喷施波尔多液或石硫合剂进行预防消灭病菌工作；发病期喷施10%苯醚甲环唑悬浮剂1 500~2 000倍液，或70%代森联水分散粒剂500~700倍液等杀菌剂开展治疗性防治工作，每10~15天喷施1次，连续喷施2次。

蓝莓灰霉病　病枝

蓝莓灰霉病　病枝

蓝莓灰霉病　病叶

蓝莓灰霉病　病枝

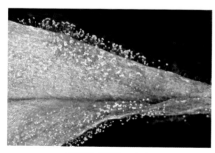

蓝莓灰霉病　病叶

蓝莓灰霉病　病果

蓝莓僵果病

· **病原** · 蓝莓链核盘菌 [*Monilinia Vaccinii~corymbosi* (Reade.) Honey]，属子囊菌亚门（Ascomycotina）链核盘菌属（*Monilinia*）真菌。

· **症状** · 主要危害幼嫩枝条和果实。造成幼嫩枝条死亡或在键果收获前大量脱落，果实形成初期染病果实外观无异常，切开病果后可见白色海绵状病菌，随果实成熟与正常果实绿色蜡质的表面相比，染病的果实呈浅红色至黄褐色表皮软化，收获前病果大量脱落。

· **发病规律** · 此菌在受害寄主蓝莓果实内形成假菌核并形成丛梗孢型的分生孢子，进行传播。

· **防治方法** ·

（1）做好秋冬季节修剪和清园工作，清除病枝、病果，并集中销毁，消灭越冬病原菌，减少来年侵染源。加强水肥管理，增强树势，提高树体抗病能力。

（2）喷施 45% 石硫合剂晶体 30 倍液，或波尔多液 100 倍液，进行预防性消灭病菌工作；发病期喷施 10% 苯醚甲环唑悬浮剂 1 500~2 000 倍液等杀菌剂，开展治疗性防治工作。

蓝莓僵果病　发病果实

蓝莓僵果病　果实被害后期

蓝莓僵果病　整株被害状

蓝莓僵果病　受害花

蓝莓枯焦病毒病

· **病原** · 蓝莓枯焦病毒（Blueberry scoreh virus）。

· **症状** · 受害植株早春刚开花时，表现为花萎蔫和死亡。有时整个花絮连同邻近叶片突然死亡或枯焦；早春时还伴随部分嫩梢顶部坏死，逐渐向下扩展造成枝梢顶部 4~10 cm 枯死，严重时造成整个灌丛死亡。

· **发病规律** · 主要靠繁殖材料扩散传毒，还可通过蓝莓蚜虫传播，因此田间扩展与蚜虫活动关系密切，表现为以侵染源为中心的辐射状扩展模式，易于扩展到邻近地块，范围常在 0.8 km 以内。

· **防治方法** ·

（1）秋冬季节清除病枝、病果，并集中销毁，消灭越冬病原菌，减少来年侵染源。

（2）加强水肥管理，增强树势，提高树体抗病能力。

（3）喷施 45% 石硫合剂晶体 30 倍液、波尔多液 100 倍液进行预防性消灭病菌工作。发病期喷施 8% 宁南霉素水剂 2 000~3 000 倍液等杀菌剂。

（4）注意防治蚜虫等媒介昆虫。

蓝莓枯焦病毒病　发病后期

蓝莓枯焦病毒病　病枝

蓝莓枯焦病毒病　发病早期

蓝莓虫害

红蜡蚧

· **学名** · *Ceroplastes rubens* Maskell，属半翅目（Hemiptera）蜡蚧科（Coccidae），又称胭脂虫、红虱子、红蚰。

· **鉴别特征** · 参照柑橘虫害红蜡蚧（p26）。

· **生活习性** · 参照柑橘虫害红蜡蚧（p26）。

· **危害特点** · 参照柑橘虫害红蜡蚧（p26）。

· **防治方法** · 参照柑橘虫害红蜡蚧（p26）。

红蜡蚧 危害状

红蜡蚧 群集危害

红蜡蚧 危害状

日本龟蜡蚧

· **学名** · *Ceroplastes japonicas* Guaind，属半翅目（Hemiptera）蜡蚧科（Coccidae），又名日本蜡蚧。

· **鉴别特征** · 雌成虫：壳长 3~4 m，宽 2~4 m，高约 1 m，体表覆盖一层坚实不透明的蜡壳，白色或灰色；蜡壳圆或椭圆形，壳背向上盔形隆起，表面有凹陷将背面分割成龟甲状板块，形成中心板块，每板块的近边缘处有白色小角状蜡丝突；产卵期蜡壳背面隆起成半球形，分块变得模糊。

· **生活习性** · 1 年发生 1 代，以受精雌成虫在枝干上越冬；越冬雌成虫翌年 5 月中旬为产卵盛期，6 月上中旬为孵化盛期，从未孵化到孵化完要延续 30 天左右。老熟若虫于 8 月下旬至 9 月上旬大量化蛹、羽化。雄成虫羽化后即能与雌成虫交尾，2~3 天内死亡。每雌虫平均产卵量 1 000 多粒。若虫孵化后经一段时间爬行就开始固定，6 小时后分泌蜡质，15 天内形成蜡被。

· **危害特点** · 若虫孵化后经一定时间爬行后固定于蓝莓上取食。初孵若虫多寄生于叶处，少数也寄生于嫩枝和叶柄上。成、若虫吸取树汁、影响生长，在生长期间排泄大量蜜露，诱发煤污病。受害树轻则长势衰弱，重则早期落叶，甚至整株枯死。

· **防治方法** ·

（1）冬季彻底清园、销毁落叶落枝，降低虫口基数。

（2）保持园内通风透光，合理修剪，科学管理。

（3）做好监测预报工作，在若虫初期及时开展防治，可选用 22.4% 螺虫乙酯悬浮剂 4 000~5 000 倍液，安全间隔期 20 天，连续喷洒 2 次；固化后的成虫需进行修剪，进行人工防治。

日本龟蜡蚧　成虫

日本龟蜡蚧　越冬雌成虫

日本龟蜡蚧　成虫

日本龟蜡蚧　成虫

蓑 蛾

· **学名** · 主要发生大窠蓑蛾（*Clania variegata*）、小蓑蛾（*Acanthopsyche* sp），属鳞翅目（Lepidoptera）蓑蛾科（Psychidae），又称袋蛾、避债虫、负囊虫等。

· **鉴别特征** · 参照杨梅虫害蓑蛾（p192）。

· **生活习性** · 参照杨梅虫害蓑蛾（p192）。

· **危害特点** · 参照杨梅虫害蓑蛾（p192）。

· **防治方法** · 参照杨梅虫害蓑蛾（p192）。

小蓑蛾 护囊

小蓑蛾 取食

大蓑蛾 取食叶片

大蓑蛾 蓑囊

大蓑蛾 雄蛹

大蓑蛾 雌蛹

大蓑蛾 幼虫

蓝莓主要病虫害防治历期表

防治时期	防治对象	防治措施	注意事项
休眠期（11月至翌年1月）	蛴螬	清园	在11月下旬结合冬季修剪，清除杂草，消灭越冬的病虫，并剪除病枝、虫枝等。在12月份结合深翻冬剪，将土壤深翻20 cm，并注重消灭那些在土壤中越冬的害虫
花蕾出现期至盛花期（1月下旬至4月中旬）		增强树势	
展叶期至展叶盛期（3月中旬至4月上旬）	白粉病	选用60%唑醚·代森联水分散粒剂、10%苯醚甲环唑水分散粒剂、宁南霉素	
果实初熟期至落果期（5月下旬至8月下旬）	白粉病、袋蛾、金龟子	白粉病，选用60%唑醚·代森联水分散粒剂、10%苯醚甲环唑水分散粒剂、宁南霉素；袋蛾，选用灭幼脲、除虫脲；金龟子，选用除虫脲	

第二部分

果林常用农药

一、农药基础知识

（一）农药的定义

农药是指用于预防、消灭或者控制危害农业、林业的病、虫、草、鼠、兔害等有害生物，以及有目的地调节植物、昆虫生长的化学药品，或者来源于生物、其他天然物质的一种物质或者几种物质的混合物及其制剂。

传统农药的概念：农药主要是指用来防治危害农林牧业生产的有害生物（害虫、害螨、病菌、线虫、杂草、鼠类）和调节植物生长发育的化学物质。

（二）农药的三证

农药"三证"是指农药登记证或农药临时登记证、农药生产许可证或农药生产批准文件、农药产品标准证。

每个农药生产企业的每一个农药商品制剂，在其农药标签上都必须有"三证"的三个证号。农药登记证号的开头为"PD"等，农药临时登记证号的开头为"LS"；农药生产许可证号的开头为"XK"，农药生产批准文件号开头为"HNP"等；农药产品标准证号的开头为"GB"（国家标准）、"HB"（行业标准）、"Q"（企业标准）。

每个农药企业的每一个商品化的农药产品，在农药标签上须有"三证"证号，"三证"不全的，或冒用其他农药产品"三证"，或冒用其他厂家"三证"，产品属伪劣假冒范围，属违法行为。

一个农药产品，有了"三证"，不按"三证"中规定的技术要求组织生产，产品质量达不到"三证"的有关规定，产品即为劣质次品，因此酿成后果，生产厂家要负法律责任。

（三）农药的颜色表示

杀虫剂、杀螨剂、杀软体动物剂

杀菌剂、杀线虫剂

除草剂

植物生长调节剂

杀鼠剂

（四）农药的分类

农药有很多分类方法，但一般按三种分类方式：按来源、防治对象和作用方式分类。

1. 按来源分类

（1）矿物源农药：起源于天然矿物原料的无机化合物和石油的农药，统称为矿物源农药。

（2）生物源农药：是指利用生物资源开发的农药，生物包括动物、植物、微生物。

（3）有机合成农药：其中的化学合成农药是由人工研制合成，并由化学工业生产的一类农药；而以天然产品中的活性物质作为母体，进行模拟合成或作为模版予以结构改造、研究合成效果更好的类似化合物，叫仿生合成农药。

化学合成农药的特点是药效高、见效快、用量少、用途广，可适应各种不同的需要，但是污染环境，易使有害生物产生抗药性。但化学合成农药是目前使用最广，用量最大，在未来较长时间内有不可代替性。

2. 按防治对象分类

按防治对象，农药可分为杀虫剂、杀螨剂、杀软体动物剂、杀菌剂、杀线虫剂、除草剂、植物生长调节剂、杀鼠剂等。

杀菌剂——对病原菌能起毒害、杀死、抑制或中和其有毒代谢物的药剂。

杀虫剂——对有害昆虫机体有毒或通过其他途径可控制其种群形成或减轻、消除危害的药剂。

杀螨剂——防除植食性有害螨类的药剂。

杀线虫剂——防治农作物线虫病害的药剂。

除草剂——防除、消灭、控制杂草的药剂。

杀鼠剂——毒杀各种有害鼠类的药剂。

植物生长调节剂——调节生长发育、控制生长速度、植株高矮、成熟早晚、开花、结果数量及促进作物呼吸代谢而增加产量的化学药剂。

3. 按照作用方式分类

杀虫剂作用方式：胃毒，内吸，熏蒸，触杀，拒食，驱避，引诱。

杀菌剂作用方式：保护，治疗，铲除。

除草剂作用方式：触杀、内吸。

杀虫剂进入昆虫体内的途径：口腔、体壁、气门。

（五）农药的剂型

未经过加工的农药一般称为原药。

原药都要经过加工、加入适当的填充剂量和辅助剂，制成含有一定成分、一定规格的制剂才能使用。经过加工的药剂称制剂。

一些传统的农药剂型如粉剂、可湿性粉剂、乳油正逐步为对环境友好的农药新剂型如悬浮剂（SC）、水乳剂（EW）、悬乳剂（SE）、微乳剂（ME）、水分散粒剂（WG）、干悬浮剂（DF）、可溶性粒剂（SG），微囊悬浮剂（CS）等所取代。

水基化农药新剂型有：水乳剂（EW）、微乳剂（ME）、微囊悬浮剂（CS）、水悬浮剂（SC）。

1. 可湿性粉剂（WP）

农药原药和惰性填料及一定量的助剂（湿润剂、悬浮稳定剂、分散剂等）按比例充分混匀和粉碎制成。标准：达到98%通过325目筛，即药粒直径小于44 μm，平均粒径25 μm，湿润时间小于2分钟，悬浮率60%以上质量标准的细粉。

2. 可溶性粉剂（SP）

有效成分能迅速分解而完全溶解于水中的一种剂型。

3. 乳油（EC）

农药有效成分大多不溶于水而溶于有机溶剂，乳油是农药原药按比例溶解在有机溶剂（甲苯、二甲苯等）中，加入一定量的农药专用乳化剂（如烷基苯磺酸钙和非离子等乳化剂）配制成透明均相液体。这种油状液体称为乳油。

4. 悬浮剂（SC）

不溶于水的固体农药在水中的分散体。该农药剂型是以水为分散介质，将原药、助剂（润湿剂、分散剂、增稠剂、触变剂）经湿法超微细粉碎制得的农药剂型。

5. 水剂（AS）

凡能溶于水且在水中又不分解的农药，均可配制成水剂。

6. 水分散粒剂（WG）

由农药原药（固体）、湿润剂、分散剂、增稠剂等助剂和填料混合加工造粒而成，遇水能很快崩解分散成悬浮状的一种剂型。

7. 微乳剂（ME）

由农药原药、乳化剂、水组成的三元均相透明体系。其特点是以水为介质，不含或少有机溶剂，因而不燃不爆、生产贮运安全、环境污染小。具有环保、无药害、药效高、稳定性好、成本低的优点，是近年来发展迅速的一种农药新剂型。

8. 水乳剂（EW）

是将液体或与溶剂混合制得的液体农药原药以 0.5~1.5 μm 的小液滴分散于水中的制剂，外观为乳白色牛奶状液体。水乳剂用大量的水取代苯类有机溶剂，所添加的流变剂一般从食品添加剂中选取，是国际公认的对环境安全的农药新剂型。

（六）农药毒性

1. 毒性分级

LD_{50} ——农药致死中量；

$LD_{50} < 1$ mg/kg 体重，极毒；

$1 < LD_{50} < 5$ mg/kg 体重，剧毒；

$5 < LD_{50} < 50$ mg/kg 体重，高毒；

$50 < LD_{50} < 500$ mg/kg 体重，中毒；

$LD_{50} > 500$ mg/kg 体重，低毒。

2. 毒性与毒力

毒性是对人、哺乳动物来讲，毒力是对有害生物体来说。

对农药来说，人们总是希望它的毒性越小越好，毒力越大越好。

（七）农药的配制

1. 药剂配制的计算方法

（1）根据原药剂用量与其浓度的乘积应等于稀释液重量与浓度的乘积。

B · Y=X · A

X=（B · Y）÷A

式中，X——所需药剂的用量；

A——原药剂的浓度；

B——稀释液的浓度；

Y——稀释液的重量。

（2）稀释倍数的换算

①稀释剂用量 = 原药剂用量 × 稀释倍数

②原药剂用量 = 稀释剂用量 ÷ 稀释倍数

下表以手动背负式喷雾机为例，15 kg 水，即 15 000 ml 为例：

稀释倍数	农药使用量
600 倍	25 ml
800 倍	18.75 ml
1 000 倍	15 ml
1 500 倍	10 ml
2 000 倍	7.5 ml
2 500 倍	6 ml

2. 不同剂型农药的配置

在配制胶悬剂或悬浮剂农药时，应先用农药与水 1∶1 或 1∶（n~1）的比例配制母液，然后将母液加入药械中，再加水配制成要求浓度的药液进行喷雾。

这种方法又称两次稀释法。

直接稀释会因比重大先沉入水中，没有来得及完全稀释在药箱里产生浓度梯度，喷雾前期稀，没有效果；后期浓，这就会产生药害。

可湿性粉剂可能会在与水接触时产生水包粉的情况，粉球无法溶解，造成浓度稀，后期完全溶解时浓度高，形成前后浓度不等的情况。

农药的混配使用：药剂混合使用的目的是提高防治效果，兼治多种害虫，抑制或延缓病虫抗药性，减少施药次数，以提高工效。混合使用可以出现以下几种情况：

①相似的联合作用：是两种药剂的作用机理相同，但两者互不发生影响，它们的致毒作用可以相加或互相替代。

②独立的联合作用：是两种药剂分别独立地作用于昆虫机体的不同部位，致毒作用机制互不相同。

③增效作用：两种药剂混用时产生的毒效，超过各自单独施药时的毒效的总和。

④拮抗作用：两种药剂混用时产生的毒效反而低于各自单独使用时的毒效的总和。

（八）农药的安全使用

凡使用农药都不安全，我国中医中有"是药三分毒"的说法；相对的安全是使用天然的植物源的、生物源的农药；最安全的是不使用农药的农艺措施和物理防治措施。而人工合成的化学农药不管是高毒低毒、残留时间长短都不安全。

药能治百病，药也能致病。

使用农药的原则：

（1）防治有害生物，能够用农艺措施解决的就用农艺措施；能够用物理措施解决的就不用生物措施；能够用生物措施解决的就不用化学措施；只能用化学措施解决的选用低毒少残留的农药。

（2）农药使用的浓度要以说明书为准，不要随意加大浓度，避免造成不必要的浪费和可能出现的药害。

二、农药科学使用

（一）杀 虫 剂

30%阿维·灭幼脲悬浮剂

［产品特点］ 本品是阿维菌素和灭幼脲混配制剂。具有触杀和胃毒作用并有微弱的熏蒸作用，无内吸作用，有渗透作用。作用机理干扰神经生理活动，抑制神经传导。

［防治对象及使用方法］

登记作物	防治对象	有效成分用药量	使用方法
桃树	桃小食心虫	1 000~1 500 倍液	喷雾

技术要点

（1）防治桃小食心虫，于幼虫初发期进行喷雾处理，注意喷雾均匀彻底。

（2）在桃树上使用安全间隔期21天，每季最多使用次数为2次，施药间隔期10天。

（3）不与碱性物质如波尔多液等混用。

［注意事项］

（1）配药和施药时，应穿防护服，戴口罩或防毒面具以及胶皮手套，以避免污染皮肤和眼睛；施药完毕后应及时换洗衣物，洗净手、脸和被污染的皮肤。

（2）禁止在河塘等水体中清洗施药器具，远离水产养殖区、河塘等水体施药，未用完的药液应密封后妥善放置。

（3）开启封口应小心药液溅出，废弃包装物应冲洗后深埋或由生产企业回收处理。

（4）对蜜蜂有毒，（周围）开花植物花期禁用，施药期间应密切关注对附近蜂群影响。

（5）蚕室及桑园附近禁用，赤眼蜂等天敌放飞区域禁用。

1.8% 阿维菌素水乳剂

[产品特点]　本品有效成分属大环内酯双糖类化合物，对昆虫和螨类具触杀、胃毒作用，并有微弱的熏蒸作用。通过干扰神经生理活动，使节肢动物的神经传导受到抑制，成、若螨和昆虫与药剂接触后即出现麻痹、拒食、不动症状；由于不引起昆虫迅速脱水，致死作用较慢。该成分对叶片有较强的渗透作用，可杀死植物表皮下的害虫，使持效期延长。本品主要用于防治柑橘树锈壁虱。

[防治对象及使用方法]

登记作物	防治对象	有效成分用药量	使用方法
柑橘树	锈壁虱	4 000~5 000 倍液	喷雾

技术要点

（1）用于防治柑橘锈壁虱时，在害虫盛发期喷雾，根据虫口发生严重情况，可隔 15~20 天左右施药 1 次，可连续 2 次用药。该产品在柑橘树上使用安全间隔期为 21 天，每个作物周期最多使用次数为 2 次。

（2）大风天气或预计 1 小时内有雨，勿施药。

（3）不可与呈碱性的农药等物质混合使用。

（4）与其他作用机制不同的杀虫剂轮换使用。

（5）对阿维菌素产生高抗药性的地区不推荐使用本品。

[注意事项]

（1）本品对蜜蜂、家蚕剧毒，对鱼高毒，对鸟中毒。施药期间应避免对周围蜂群的影响，蜜源作物花期、蚕室和桑园附近禁用。远离水产养殖区施药，禁止在河塘等水体中清洗施药器具。用后包装物等应回收妥善处理。赤眼蜂等天敌放飞区禁用。

（2）避免与皮肤、眼睛接触，防止由口鼻吸入。施药时应穿防护服，戴防护眼镜和手套，不要迎风施药。施药期间不可吃东西、不可饮水，施药后应及时洗手和洗脸。

（3）孕妇及哺乳期妇女避免接触本品。

（4）本品属易燃液体，注意贮存、运输和使用安全。

240 g/L 虫螨腈悬浮剂

［产品特点］ 虫螨腈是吡咯类杀虫剂，对黄瓜斜纹夜蛾、苹果金纹细蛾、茄子朱砂叶螨及蓟马、茶树茶小绿叶蝉和梨树木虱等具有良好的防治效果。

［防治对象及使用方法］

登记作物	防治对象	有效成分用药量	使用方法
梨树	木虱	1 500~2 000 倍液	喷雾
苹果树	金纹细蛾	4 000~5 000 倍液	喷雾

技术要点

(1) 苹果树：在卵孵化盛期施药，间隔 7~10 天施药 1 次，连续使用 2 次。安全间隔期为 14 天，每个生长季节使用不超过 2 次。

(2) 梨树：叶面喷雾 1~2 次。在低龄幼虫盛发期 (1~2 龄) 开始用药，新梢芽长 5 cm 时开展第一次防治。若虫龄有世代重叠时要连续用药 2 次，每次间隔 7~10 天，安全间隔期为 14 天，每个生长季节使用不超过 2 次。

(3) 本品不可与呈碱性的农药等物质混合使用。

(4) 建议与其他作用机制不同的杀虫剂轮换使用，以延缓抗性产生。

［注意事项］

(1) 本品对蜜蜂、鱼类等水生生物、家蚕有毒，施药期间应避免对周围蜂群的影响。蜜源 (周围) 开花植物花期、蚕室和桑园附近、赤眼蜂等天敌放飞区域禁用。

(2) 远离水产养殖区、河塘等水体施药，禁止在河塘内等水体中清洗施药器具。

(3) 使用本品时应穿戴防护服和手套、口罩，避免吸入药液。施药期间不可吃东西和饮水。施药后应及时洗手和洗脸及暴露部位皮肤。

(4) 孕妇、哺乳期妇女及过敏者禁用，使用时有任何不良症状，应及时就医。

(5) 用过的容器和废弃包装物应妥善处理。

20% 丁氟螨酯悬浮剂

［产品特点］ 本品属于酰基乙腈化合物类的一种全新专利杀螨剂，作用方式独

特，主要通过触杀和胃毒作用防治卵、若螨和成螨，其作用机制为抑制线粒体蛋白复合体Ⅱ、阻碍电子（氢）传递、破坏磷酸化反应，其对不同发育阶段的害螨均有很好防效，可在柑橘的各个生长期使用。产生抗性的风险小，能有效杀灭红蜘蛛、黄蜘蛛和白蜘蛛，对白蜘蛛特效。

［防治对象及使用方法］

登记作物	防治对象	有效成分用药量	使用方法
柑橘树	红蜘蛛	1 500~2 500 倍液	喷雾

技术要点

（1）本品在柑橘树上每季最多施用 1 次，安全间隔期 21 天。

（2）在若螨发生盛期或害螨危害早期施药。施用时应使作物叶片正反面、果实表面以及树干、枝条等部位充分均匀着药。

（3）大风或预计 1 小时内有雨，则勿施药。

［注意事项］

（1）药液稀释后不宜放置过久，应现配现用。

（2）配药及施药人员需身体健康。施药时应站上风头，不要迎风施药。

（3）施药器械宜用清水洗干净。不准在天然水域中清洗，防止污染水源；残液不能随便泼洒，应选择安全地点妥善处置。对未使用完的剩余药剂应密封好后，贮存于安全的地方。

（4）使用过程中应穿戴好防护用品，避免药液溅及衣服、皮肤和眼睛。操作完毕后，应及时清洗防护用品，并清洗手、脸和可能污染的部位。

3% 啶虫脒微乳剂

［产品特点］ 本品属吡啶类杀虫剂，具有触杀、胃毒和渗透作用，作用机制独特，主要是干扰昆虫神经系统的刺激传导，从而导致昆虫麻痹，最终死亡。活性较高，杀虫较迅速，能防治对现有药剂有抗性的害虫。内吸传导效率较高，渗透性能较强，耐雨水冲刷，对蚜虫等刺吸式口器害虫防效显著。

[防治对象及使用方法]

登记作物	防治对象	有效成分用药量	使用方法
苹果树	蚜虫	2 000~2 500 倍液	喷雾

技术要点

(1) 需用清水配制药剂，现配现用，不宜久置。

(2) 在蚜虫发生初盛期施药，施药时应均匀、周到。

(3) 使用前仔细阅读本标签，须按照本标签使用。

(4) 每季作物最多施药次数为 1 次，安全间隔期为 14 天。

(5) 本品不能与铜制剂、碱性制剂、碱性物质混用。

(6) 注意与其他不同作用机制的杀虫剂品种交替使用，延缓抗药性。

(7) 大风天或预计 1 小时内降雨，勿施药。

[注意事项]

(1) 施药人员需戴口罩，使用时切勿吸烟或饮食，如药液接触皮肤应及时用清水洗净。作业完毕后，应立即清洗身体裸露部位。

(2) 本品剂型为液体状，开启药袋时，注意用力不要过大，以免药剂四处洒溅而造成不必要的伤害。注意用清水配制药剂。

(3) 注意环境保护，施药前、后要彻底清洗喷药器械，清洗喷施器具及衣物，不要将清洗液倒入池塘、鱼塘中，应远离池塘、鱼塘地方低洼处挖一小坑，将污水掩埋。空袋应销毁，不得移作他用。

(4) 本品对蜜蜂、家蚕有毒，施药期间应避免对周围蜂群的影响。开花植物花期、蚕室和桑园附近、赤眼蜂等天敌放飞区域禁用。防止药液污染水源地。地下水、饮用水、水源地附近禁用。

(5) 用过的容器应妥善处理，不可做他用，也不可随意丢弃。

(6) 避免孕妇及哺乳期的妇女接触。

(7) 水产养殖区、河塘等水体附近禁用，禁止在河塘等水域清洗施药器械。

6% 三聚乙醛颗粒剂

[产品特点]　本品是一种杀软体动物剂，以胃毒作用为主，兼有触杀作用，

通过消化道吸收后使其麻痹神经而死亡，或接触本品的蜗牛分泌大量的黏液、脱水而死亡。

[防治对象及使用方法]

登记作物	防治对象	有效成分用药量	使用方法
叶菜类蔬菜	蜗牛	500~700 g/亩	撒施

技术要点

(1) 在蜗牛盛发期直接均匀撒施。适宜的施药温度为 15~35℃，施药后不要在田中践踏，以免影响药效。

(2) 叶菜上使用安全间隔期为 7 天，每季最多使用次数为 2 次。

(3) 不能与酸性物质混用，以免分解失效；不宜与化肥、农药混用。

[注意事项]

(1) 施药后如遇大雨，需补充施药，否则会影响药效。

(2) 使用本品时应穿防护服和戴手套。施药期间不可吃东西和饮水。施药后应及时洗手。

(3) 禁止在河塘等水源地清洗施药器具，避免污染水源地。

(4) 孕妇及哺乳期妇女避免接触。

(5) 用过的容器应妥善处理，不可做他用，也不可随意丢弃。

45% 石硫合剂晶体

[产品特点] 石硫合剂结晶是在液体石硫合剂的基础上经化学加工而成的固体剂型，其杂质少，药效好。产品分解后，有效成分起杀菌杀螨作用，残留部分为钙、硫等元素的化合物，均可被植物的果、叶吸收，它是植物生长所必需的中量元素。石硫合剂已有一百多年的使用历史，是一种廉价的杀菌、杀螨剂。

[防治对象及使用方法]

登记作物	防治对象	有效成分用药量	使用方法
柑橘树	介壳虫	180~300 倍液；300~500 倍液	早春喷雾；晚秋喷雾
柑橘树	锈壁虱	300~500 倍液	晚秋喷雾

（续表）

登记作物	防治对象	有效成分用药量	使用方法
柑橘树	螨	180~300 倍液；300~500 倍液	早春喷雾；晚秋喷雾
苹果树	叶螨	20~30 倍液	萌芽前喷雾

技术要点

（1）先将本剂按使用量用少量水对成母液，再稀释至所需倍数喷雾。

（2）不得与波尔多液、铜制剂、机械油乳剂及在碱性条件下易分解的农药混合。在波尔多液使用后要间隔 2~3 周。使用本剂后 10 天即可使用波尔多液。

（3）温度越高，药效越好。气温达到 32℃以上时慎用，稀释倍数应加大至 1 000 倍以上；气温在 38℃以上时禁用。

［注意事项］

（1）配制石硫合剂的水温应低于 30℃，热水会降低效力。

（2）配药及施药时应穿戴保护性衣服，喷药后应清洗全身。清洗喷雾器时，勿让废水污染水源。药液溅到皮肤上，可用大量清水冲洗，以防皮肤灼伤。

0.3% 苦参碱水剂

［产品特点］ 本品是植物源杀虫剂，害虫一旦接触药剂，即麻痹神经中枢，继而使虫体蛋白凝固，堵死虫体气孔，使虫体窒息死亡，能有效防治十字花科蔬菜上的蚜虫和梨树黑星病。

［防治对象及使用方法］

登记作物	防治对象	有效成分用药量	使用方法
梨树	黑星病	600~800 倍液	喷雾
十字花科蔬菜	蚜虫	150~250 ml/ 亩	喷雾

技术要点

（1）于蚜虫盛发期施药。

（2）于梨树黑星病发病初期施药，喷雾时注意均匀。本品在梨树上的安全间隔期为 21 天。每季最多使用 3 次。

（3）大风天或预计 1 小时内降雨，勿施药。喷雾时注意喷均匀，花期、蔬菜生长期均可使用，对十字花科蔬菜不会产生药害。

（4）本品不可与呈碱性的农药等物质混用。如作物用过化学农药，5 天后方可施用此药，以防酸碱中和影响药效。

（5）建议与其他作用机制不同的杀虫剂轮换使用，以延缓抗性产生。

［注意事项］

（1）本品对蜜蜂、鱼类等生物、家蚕有毒，施药期间应避免对周围蜂群的影响，开花作物花期、蚕室和桑园附近禁用。远离水产养殖区施药，禁止在河塘等水体中清洗施药器具，废弃物要妥善处理，不可他用。

（2）使用本品时应穿戴防护服和手套等，避免吸入药液。施药期间不可吃东西、饮水等。施药后应及时洗手和洗脸等。

（3）避免孕妇及哺乳期妇女接触本品。

0.5% 苦参碱水分散粒剂

［产品特点］　本品为天然植物源农药，具有触杀、胃毒作用，对苹果树上的红蜘蛛、杨树上美国白蛾均有较好的防效。

［防治对象及使用方法］

登记作物	防治对象	有效成分用药量	使用方法
苹果树	红蜘蛛	220~660 倍液	喷雾
杨树	美国白蛾	1 250~1 650 倍液	喷雾

技术要点

（1）苹果红蜘蛛、杨树美国白蛾发生初盛期施药，效果最佳。喷雾要均匀、周到。

（2）使用前务必仔细阅读标签，并严格按照标签说明使用。预计 6 小时内降雨，则勿施药。

［注意事项］

（1）本品对蜜蜂、鱼类等水生生物、家蚕有毒，施药期间应避免对周围蜂群的影响；蜜蜂作物花期、蚕室和桑园附近禁用。远离水产养殖区施药，禁止在河塘等水体中清洗施药器具。用过的容器应妥善处理，不可做他用，也不可随意丢弃。

（2）使用本品时应穿戴防护服、口罩和手套等，避免吸入药液。施药期间不可吃东西和饮水等。施药后，彻底清洗器械，并立即用肥皂洗手和洗脸。

（3）避免孕妇及哺乳期的妇女接触本品。

1% 苦参碱可溶液剂

［产品特点］ 本品为天然植物源农药，作用于害虫的神经系统，具有触杀、胃杀作用。害虫一旦接触药剂，即麻痹其神经中枢，继而使虫体蛋白凝固，堵死气孔，使其窒息死亡。用于甘蓝菜青虫、菜蚜的防治。

［防治对象及使用方法］

登记作物	防治对象	有效成分用药量	使用方法
番茄	灰霉病	100~120 ml/ 亩	喷雾
甘蓝	菜青虫	50~120 ml/ 亩	喷雾
甘蓝	菜蚜	50~120 ml/ 亩	喷雾
林木	美国白蛾	1 000~2 000 倍液	喷雾

技术要点

（1）本品应于害虫低龄期间施用，注意喷雾均匀。防治甘蓝菜青虫、甘蓝菜蚜亩用制剂 50~120 ml，对水喷雾使用。

（2）本品每季最多使用 1 次，安全间隔期 14 天。

（3）大风天或预计 1 小时内降雨，勿施药。

（4）本品不可与呈碱性的农药等物质混合使用。

（5）为延缓害虫抗性，不可长期单一使用本品，应与其他药剂交替使用，并采取综合防治措施。

［注意事项］

（1）阴天害虫不活动时不宜喷药。

（2）用水稀释药液时应戴胶手套，避免药液接触皮肤。

（3）使用本品时应穿戴防护服、手套等避免吸入药液。施药期间不可吃东西、饮水等。施药后应及时洗手、洗脸等。

(4) 施药时不可随意加大药量并注意避免污染河流、湖泊等水体。

(5) 蜜源作用花期禁用，蚕室、桑园附近禁用。

(6) 用过的容器应妥善处理，不要做他用，也不可随意丢弃。

1% 苦皮藤素水乳剂

［产品特点］ 本品属植物源杀虫剂，具有胃毒、触杀和麻醉、拒食的作用，以胃毒为主。主要作用于昆虫消化道组织，破坏其消化系统，导致昆虫进食困难，饥饿而死。可用于防治芹菜甜菜夜蛾、豇豆斜纹夜蛾、猕猴桃树小卷叶蛾、茶叶茶尺蠖、葡萄绿盲蝽、甘蓝菜青虫、水稻纵卷叶螟。

［防治对象及使用方法］

登记作物	防治对象	有效成分用药量	使用方法
葡萄树	绿盲蝽	30~40 ml/ 亩	喷雾
猕猴桃树	小卷叶蛾	4 000~5 000 倍液	喷雾

技术要点

(1) 本品应在低龄幼虫发生期施药，注意喷雾均匀。

(2) 大风天或预计 1 小时内降雨，勿施药。

(3) 本品在水稻上使用的安全间隔期为 15 天，在其他作物上使用的安全间隔期为 10 天；水稻每季最多使用 1 次，其他作物每季最多使用 2 次。

(4) 建议与其他作用机制不同的杀虫剂轮换使用，以延缓抗性产生。

［注意事项］

(1) 本品对鸟类、鱼类等水生生物有毒，施药期间应避免对周围鸟类的影响，鸟类保护区附近禁用。远离水产养殖区施药，禁止在河塘等水体中清洗施药器具。清洗施药器具的水不能排入河塘等水体，鱼或虾、蟹套养的稻田禁用，施药后的田水不得直接排入水体。对家蚕有毒，家蚕及桑园附近禁用。

(2) 使用本品应采取相应的安全防护措施，戴防护手套、口罩等，避免皮肤接触及口鼻吸入。使用中不可吸烟、饮水及吃东西，使用后及时清洗手、脸等暴露部位皮肤，并更换衣物。

(3) 用过的容器应妥善处理，不可做他用，也不可随意丢弃。

(4) 禁止儿童、孕妇及哺乳期妇女接触。过敏者禁用，使用中有任何不良反应应及时就医。

99% 矿物油乳油

［产品特点］ 本剂是用食品级、精炼的饱和矿物油制造的杀虫/杀菌剂，对植物、人、畜安全，对天敌风险小。通过空气氧化和微生物降解为水和一氧化碳，对环境友好。使用矿物油，使成虫迁入，嗅觉干扰，取食难、产卵少；卵壳接触油，孵化难；低龄活动若虫接触油，气门封闭被憋死；固定若虫和伪蛹接触油，蜡溶后发育难；成虫接触油，翅膀被粘，迁飞难，交配减少，产卵难；矿物油是典型的物理性药剂，不具内吸性和内渗性，不参与植物代谢。

和叶面肥混用前，要求在小杯中预混；如有油珠浮出，不能混用。

［防治对象及使用方法］

登记作物	防治对象	有效成分用药量	使用方法
柑橘树	红蜘蛛	150~300 倍液	喷雾
柑橘树	介壳虫	100~200 倍液	喷雾

技术要点

(1) 防治虫害、螨害时，于害虫、害螨发生初期使用本品。防治病害时，于发病初期使用本品。

(2) 使用本产品前在容器内装入所需要量的水，再加入所需要量的本品，充分搅拌以防油水分离；在喷药期间，应每隔10分钟搅拌1次，药液应均匀喷施于叶面、叶背、新梢、枝条和果实的表面。

(3) 当气温高于35℃，或土壤干旱和作物缺水时，不要使用本品。夏季高温时，在早晨和傍晚使用。

(4) 勿与离子化的叶面肥混用，勿与不相容的农药混用，如硫磺和部分含硫的杀虫剂和杀菌剂。

［注意事项］

(1) 施用本品时，应按常规要求，穿戴必要的防护服，保护水源。

(2) 孕妇及哺乳期妇女应避免接触。

0.5% 藜芦碱可溶液剂

[产品特点]　本品为植物源杀虫剂，具有触杀和胃毒作用。药剂经虫体表皮或吸食进入消化系统，造成局部刺激，引起反射性虫体兴奋，继之抑制虫体感觉神经末梢，经传导抑制中枢神经而致害虫死亡。

[防治对象及使用方法]

登记作物	防治对象	有效成分用药量	使用方法
柑橘树	潜叶蛾	400~600 倍液	喷雾
柑橘树	红蜘蛛	600~800 倍液	喷雾
猕猴桃树	红蜘蛛	600~700 倍液	喷雾

技术要点

(1) 应在害虫低龄幼虫期或卵孵化盛期施用，注意喷雾均匀。

(2) 大风天或预计 1 小时内降雨，勿施药；施药后如遇雨水需补喷。

(3) 使用前充分摇匀，保证药效。

(4) 使用本品后的柑橘、枣、猕猴桃至少应间隔 10 天才能收获，每季最多施用 1 次。

(5) 建议与其他作用机制不同的杀虫剂轮换使用，以延缓抗性产生。

[注意事项]

(1) 本品对蜜蜂、水生生物有毒，施药期间应避免对周围蜂群的影响，开花作物花期禁用。远离水产养殖区施药，禁止在河塘等水体中清洗施药器具。清洗施药器具的水不能排入河塘等水体。

(2) 使用本品应采取相应的安全防护措施，戴防护手套、口罩等，避免皮肤接触及口鼻吸入。使用中不可吸烟、饮水及吃东西，使用后及时清洗手、脸等暴露部位皮肤并更换衣物。

(3) 用过的容器应妥善处理，不可做他用，也不可随意丢弃。

(4) 禁止儿童、孕妇及哺乳期的妇女接触。过敏者禁用，使用中有任何不良反应应及时就医。

43% 联苯肼酯悬浮剂

［产品特点］ 本品是一种新型选择性叶面喷雾用杀螨剂，其作用机理为对螨类的中枢神经传导系统的 γ~ 氨基丁酸（GABA）受体的独特作用。对螨的各个生活阶段有效，具有杀卵活性和对成螨的击倒活性，且持效期长。推荐使用剂量范围内对作物安全，对捕食性益螨没有负面影响，在环境中持效期短。

［防治对象及使用方法］

登记作物	防治对象	有效成分用药量	使用方法
柑橘树	红蜘蛛	1 900~2 400 倍液	喷雾

技术要点

（1）本品的适宜施药时期为柑橘树红蜘蛛始发盛期，施药 1 次，注意均匀喷雾。

（2）本品在柑橘上使用的安全间隔期为 30 天，每季最多使用 1 次。

（3）大风天或预计 1 小时内降雨，勿施药。

（4）建议与其他作用机制不同的杀虫剂轮换使用，以延缓抗性产生。

［注意事项］

（1）使用本品应采取相应的安全防护措施，穿长袖上衣、长裤、靴子，戴防护手套、口罩等，避免皮肤接触及口鼻吸入。使用中不可吸烟、饮水及吃东西，使用后及时洗手、脸等暴露部位皮肤并更换衣物。

（2）本品对鱼类等水生生物有毒，应远离水产养殖区试药，禁止在河塘等水体中清洗施药器具。药液及其废液不得污染各类水域、土壤等环境。

（3）用过的容器应妥善处理，不可作他用，不可随意丢弃。禁止儿童、孕妇和哺乳期妇女接触本品。

22.4% 螺虫乙酯悬浮剂

［产品特点］ 螺虫乙酯是防治刺吸式口器害虫的杀虫（螨）剂，持效期较长。其作用机制为干扰害虫脂肪合成、阻断能量代谢。其内吸性较强，可在植株体内上

下传导。正常使用技术条件下可有效防治番茄烟粉虱、柑橘树介壳虫、红蜘蛛、柑橘木虱、苹果树绵蚜和梨树梨木虱。

[防治对象及使用方法]

登记作物	防治对象	有效成分用药量	使用方法
柑橘树	红蜘蛛	4 000~5 000 倍液	喷雾
柑橘树	介壳虫	4 000~5 000 倍液	喷雾
柑橘树	木虱	4 000~5 000 倍液	喷雾
梨树	梨木虱	4 000~5 000 倍液	喷雾
苹果树	绵蚜	3 000~4 000 倍液	喷雾

技术要点

(1) 配药前先按农药科学使用规范原包装摇匀，再采用一次稀释法配药。

(2) 防治柑橘树介壳虫时，应于介壳虫孵化初期施药；防治柑橘树红蜘蛛时，应于红蜘蛛种群始建期施药；防治柑橘木虱时，应于柑橘木虱卵孵化高峰期施药；防治苹果绵蚜应在苹果落花后绵蚜产卵初期施药；防治梨树梨木虱时，应于梨木虱卵孵高峰期施药；用药时应将药液喷雾在作物叶片上，根据植物大小确定用水量并使作物叶片充分均匀着药。

(3) 大风天或预计 1 小时内降雨，勿施药。

(4) 安全间隔期：柑橘树 20 天，每个生长季最多施用 2 次；苹果树 21 天，每个季节最多施药 2 次；梨树 21 天，每个生长季最多施药 2 次。

(5) 为了避免和延缓抗性的产生，建议与其他不同作用机制的杀虫剂轮用，同时应确保无不良影响。

[注意事项]

(1) 在配制和施用本品时，仍应穿防护服、戴手套、口罩；严禁吸烟和饮食。

(2) 避免误食或溅到皮肤、眼睛等处。

(3) 施药后应用肥皂和足量清水冲洗手部、面部和其他身体裸露部位以及受药剂污染的衣物等。

(4) 空包装应两次清洗并砸烂或划破后妥善处理，切勿重复使用。

(5) 水产养殖区、河塘等水体附近禁用，禁止在河塘等水域中清洗施药器具。

(6) 开花植物花期、桑园及蚕室附近禁用。

(7) 孕妇及哺乳期的妇女应避免接触。

24% 螺螨酯悬浮剂

[产品特点] 本剂是一种酮烯醇类杀螨剂，杀螨机理与一般杀螨剂完全不同。其通过抑制叶螨脂肪合成，破坏其能量代谢来杀死害螨，故对现有的抗性害螨均有效。对叶螨的卵，若螨及雌成螨都有触杀效果，但以杀卵效果最好。适合于害螨的综合防治。本剂持效期长，在稀释 4 000~5 000 倍时，喷药 1 次对柑橘全爪螨的控制时间长达 35~45 天。杀螨谱广。除柑橘全爪螨外，还能有效防治柑橘始叶螨（黄蜘蛛）、柑橘锈壁虱（锈螨）、山楂叶螨、朱砂叶螨和一斑叶螨。对作物安全，在高温下施用对柑橘的不同品种也很安全。亲脂性强，耐雨水冲刷。施药 3 小时后遇阴雨不影响药效。毒性很低，对人和自然环境比较安全。

[防治对象及使用方法]

登记作物	防治对象	有效成分用药量	使用方法
柑橘树	红蜘蛛	4 000~6 000 倍液	喷雾

技术要点

（1）使用前，充分摇匀；使用时均匀喷雾。

（2）安全间隔期：柑橘树 30 天，每个生长季最多施用 1 次。

（3）为了避免害螨产生抗药性，建议与其他作用机制不同的药剂轮用，避免在作物花期施药，以免对蜂群产生影响。

[注意事项]

（1）在配制和使用时，应穿防护服，戴手套，口罩，严禁吸烟和饮食。避免误食或溅到皮肤、眼睛；如溅入眼中，立即用大量清水冲洗。

（2）药后应用肥皂和足量清水冲洗手部、面部和其他裸露在外身体部位以及药剂污染的衣物等。

（3）孕妇及哺乳期孕妇禁止接触。

（4）本品对鱼类等水生生物有毒，远离水产养殖区施药，禁止在河塘等水体中清洗施药器具。

34% 螺螨酯悬浮剂

[产品特点] 螺螨酯属于非内吸性杀螨剂，主要通过触杀和胃毒作用防治卵、若螨和雌成螨的杀螨剂，其作用机制为抑制害螨体内脂肪合成、阻断能量代谢，与常规杀螨剂无交互抗性；其杀卵效果突出，并对不同发育阶段的害螨（雄性成螨除外）均有较好防效，可在柑橘的各个生长期使用。

[防治对象及使用方法]

登记作物	防治对象	有效成分用药量	使用方法
柑橘树	红蜘蛛	5 700~8 500 倍液	喷雾

技术要点

（1）在红蜘蛛盛发初期施药。施用时应使作物叶片正反面、果实表面以及树干、枝条等充分均匀着药。

（2）大风天或预计 1 小时内有雨，勿施药。

（3）安全间隔期：柑橘树 30 天；每个生长季最多施用 1 次。

（4）为了避免害螨产生抗药性，建议与其他作用机制不同的药剂轮用。

[注意事项]

（1）避免在作物花期施药，以免对蜂群产生影响。

（2）在配制和施用本品时，应穿防护服、戴手套、口罩，严禁吸烟和饮食。

（3）避免误食或溅到皮肤、眼睛。如溅入眼中，应立即用大量清水冲洗。

（4）药后应用肥皂和足量清水冲洗手部、面部和其他裸露的身体部位以及药剂污染的衣物等。

（5）本品对鱼类等水生生物有毒，远离水产养殖区施药，禁止在河塘等水体中清洗施药器具。

（6）用药过后的空瓶应置于安全场所，不应随便放置。

（7）孕妇及哺乳期妇女避免接触。

240 g/L 螺螨酯悬浮剂

［产品特点］ 螺螨酯属于非内吸性杀螨剂，主要通过触杀和胃毒作用防治卵、若螨和雌成螨的杀螨剂，其作用机制为抑制害螨体内脂肪合成、阻断能量代谢，与常规杀螨剂无交互抗性；其杀卵效果突出，并对不同发育阶段的害螨（雄性成螨除外）均有较好防效。

［防治对象及使用方法］

登记作物	防治对象	有效成分用药量	使用方法
柑橘树	红蜘蛛	4 000~6 000 倍液	喷雾

技术要点

（1）本品应于柑橘树红蜘蛛盛发初期施药，对柑橘树植株枝条及叶片正反面常规均匀喷雾。

（2）本品在柑橘上的安全间隔期为 20 天，每季最多使用 1 次。

（3）大风天或预计 1 小时内下雨，勿施药。

（4）为了避免害螨产生抗药性，建议与其他作用机制不同的药剂轮用。

［注意事项］

（1）本品对蜜蜂、鱼类等水生生物、家蚕有毒，施药期间应避免对周围蜂群的影响，禁止在开花植物花期、蚕室和桑园附近使用。远离水产养殖区、河塘等水域施药，禁止在河塘等水域清洗施药器具。赤眼蜂等天敌放飞区域禁用。

（2）在配制和施用本品时，应穿防护服，戴手套、口罩，严禁吸烟和饮食。

（3）孕妇及哺乳期妇女禁止使用。

（4）药后应用肥皂和足量清水冲洗手部、面部和其他裸露的身体部位以及药剂污染的衣物等。

（5）用药过后的空瓶应妥善处理，不可做他用，也不可随意丢弃。

4% 阿维菌素 +24% 螺虫乙酯悬浮剂

［产品特点］ 阿维菌为大环内酯双糖类化合物。其作用机理是阻碍害虫运动神

经信息传导而使身体麻痹死亡；螺虫乙酯是防治刺吸式口器害虫的杀虫剂，持效期长，能干扰害虫脂肪合成、阻断能量代谢，内吸性强，可在植株体内上下传导，阿维菌素与螺虫乙酯混配对柑橘红蜘蛛有较好的防治效果。

［防治对象及使用方法］

登记作物	防治对象	有效成分用药量	使用方法
柑橘树	红蜘蛛	5 000~7 000 倍液	喷雾

技术要点

（1）施药前，每 15~20 kg 水先加入植物油助剂 10~15 ml，再加入本品。药剂要进行两次稀释，将稀释好的药剂加入到已经搅拌均匀的植物油助剂药桶中，需要再次搅拌均匀。

（2）第一遍药使用后，隔 5~7 天进行第二次施药。

［注意事项］

（1）按照农药安全使用准则使用本品。避免药液接触皮肤、眼睛和污染衣物，避免吸入雾滴。切勿在施药现场抽烟或饮食。在饮水、进食和抽烟前，应先洗手、洗脸。

（2）配药时，应戴防渗手套和面罩或护目镜，穿长袖衣、长裤和靴子。

（3）施药时，应戴帽子，穿长袖衣、长裤和靴子。

（4）施药后，彻底清洗防护用具，洗澡，并更换和清洗工作服。

（5）使用过的空包装，用清水冲洗两次后妥善处理，切勿重复使用或改作其他用途。所有施药器具，用后应立即用清水或适当的洗涤剂清洗。

（6）本品对鱼和水生生物有毒，不得污染各类水域，勿将制剂及其废液弃于池塘、沟渠和湖泊等，以免污染水源。

（7）未用完的制剂应放在原包装内密封保存，切勿将本品置于饮、食容器中。

（8）避免孕妇及哺乳期妇女接触。

25% 灭幼脲悬浮剂

［产品特点］ 本品是苯甲酰基脲类农药，能抑制昆虫几丁质的合成，导致昆虫不能正常蜕皮而死亡。以胃毒为主。

［防治对象及使用方法］

登记作物	防治对象	有效成分用药量	使用方法
苹果树	金纹细蛾	1 500~2 500 倍液	喷雾

技术要点

（1）掌握好防治时期。应在害虫卵孵盛期及幼虫期用药。使用时先加少量水，然后根据防治对象稀释成需要浓度。

（2）产品在防治苹果树金纹细蛾上使用的安全间隔期为 21 天，每季最多使用 2 次。本品为迟效性农药，施药后 3~4 天药效明显增强。

（3）大风天或预计 1 小时内降雨，勿施药。

（4）本品不能和碱性农药等物质混用。

［注意事项］

（1）如发现制剂有沉降，摇匀后可继续使用，不影响药效。

（2）本品对蚕有毒，蚕区禁用。对蟹、虾生长发育有害，使用时应注意远离水源，不要在池塘或水域区清洗施药器具。

（3）使用时应穿戴好防护用具，避免吸入药液。施药期间不要吃东西和饮水，不要让药液溅到皮肤和眼睛上。用药后立即洗净双手和清洁暴露在外的皮肤。

（4）用过的容器应妥善处理，不可做他用，也不可随意丢弃。

5% 杀铃脲悬浮剂

［产品特点］ 本品是苯甲酰基脲类农药，能抑制昆虫几丁质的合成，导致昆虫不能正常蜕皮而死亡；以胃毒为主，对苹果树金蚊细蛾防治效果明显。

［防治对象及使用方法］

登记作物	防治对象	有效成分用药量	使用方法
苹果树	金纹细蛾	1 000~1 515 倍液	喷雾
杨树	美国白蛾	1 250~2 500 倍液	喷雾

技术要点

（1）掌握好防治时期。一般在害虫卵孵盛期及幼虫期用药防治效果最佳。使用时注意喷雾均匀。

（2）产品在苹果树上使用的安全间隔期为 21 天，每季最多使用 1 次。

（3）本品为迟效性农药，施药后 3~4 天药效明显增大。

（4）大风天或预计 1 小时内降雨，勿施药。

（5）本品不能和碱性农药等物质混用。

［注意事项］

（1）如发现沉降，摇匀后可继续使用，不影响药效。

（2）本品对蚕高毒，蚕区禁用。对蟹、虾生长发育有害，使用时请注意不可污染河塘等水域。蚕室及桑园附近禁用，禁止在河塘等水域清洗施药器具，避免污染水源。

（3）使用时应穿戴好防护用具，避免药液溅到皮肤和眼睛上，防止吸入药液。施药期间不要吃东西和饮水。用药后立即洗净双手和清洁暴露在外的皮肤。

（4）孕妇及哺乳期妇女避免接触。

（5）用过的容器应妥善处理，不可做他用，也不可随意丢弃。

30% 松脂酸钠水乳剂

［产品特点］ 本品具有选择性高、微毒、易降解、无残留、不易产生抗药性等优点。添加生物制剂的特殊成分，安全性高，可与大部分杀虫杀菌剂混配使用。

本品有独特的物理杀虫性能，对介壳虫的腐蚀、脂溶性、黏着性和渗透性强，能溶解破坏虫体外表蜡质，阻塞气门，使虫窒息死亡。

本品有诱导果木自身免疫功能，增加抗逆性，在防治蚧、螨同时，使果面油光发亮，果品品质更好。对蚧、螨的种群长时间给以控制，在冬季兼有防寒保暖作用。

［防治对象及使用方法］

登记作物	防治对象	有效成分用药量	使用方法
柑橘树	介壳虫	150~200 倍液	喷雾

技术要点

（1）本药剂黏度较大，使用前摇匀后随配随用，可进行一次稀释。先将少量水与本药剂搅拌均匀后，再加足量水搅拌稀释至喷施浓度。

（2）本药剂为弱碱性植物源生物农药，如与化学农药混配使用时，先将本药剂稀释足够倍数搅拌均匀后，再加入其他药剂，并且随配随用；花期禁用。

（3）建议与其他作用机制不同的杀虫剂轮换使用。

（4）本品不要与碱性物质混用。

［注意事项］

（1）高温季节提高倍数，下午4点后喷洒。

（2）清洗器具的废水，不能排入河流、池塘等水源，废弃物要妥善处理，不可他用。

（3）避免孕妇和哺乳期妇女接触药品。

32 000 IU/mg 苏云金杆菌可湿性粉剂

［产品特点］ 本品是微生物杀虫剂，具有胃毒作用；害虫取食后，中肠细胞被破坏，害虫停止取食，因饥饿和出现败血症而死亡。本品对小菜蛾、菜青虫、斜纹夜蛾、梨小食心虫等多种害虫具有较好的防治效果。本品微毒，对人畜、天敌安全。

［防治对象及使用方法］

登记作物	防治对象	有效成分用药量	使用方法
桃树	梨小食心虫	200~400 倍制剂	喷雾

技术要点

（1）使用本品防治害虫，应在害虫卵孵盛期到低龄幼虫盛发期使用效果好。

（2）施药时应对作物叶片均匀喷雾。施药宜在晴天傍晚或阴天使用，施药后6小时内遇雨重施。

（3）不能与碱性农药混用。

［注意事项］

（1）本品为生物农药，应避免阳光紫外线照射。

（2）本品对蚕有毒，不能在桑园和养蚕场所及附近使用。

（3）施药时穿戴防护服和手套，避免与药剂直接接触。施药期间不可吃东西和饮水。施药后应及时洗手和洗脸。

（4）用过的容器应妥善处理，不可做他用，也不可随意丢弃。孕妇及哺乳期妇女避免接触。

10% 烯啶虫胺水剂

［产品特点］　本品属烟碱类杀虫剂，具有较好的内吸、渗透作用、毒性低，可用于防治柑橘树蚜虫。

［防治对象及使用方法］

登记作物	防治对象	有效成分用药量	使用方法
柑橘树	蚜虫	4 000~5 000 倍液	喷雾

技术要点

（1）本品防治柑橘树蚜虫，在蚜虫发生初期施药，注意均匀喷雾。

（2）大风天或预计 1 小时内下雨，勿施药。

（3）本品每季最多使用 2 次，安全间隔期为 14 天。

（4）建议与其他不同作用机制的农药轮换使用。

［注意事项］

（1）施药时应穿防护服、戴手套、面罩等防护用品，施药后应立即用肥皂洗净手和脸。

（2）本品对蜜蜂、家蚕有毒，施药期间应避免对周围蜂群的影响，周围作物开花期及桑园、蚕室附近禁止使用。赤眼蜂等天敌放飞区禁用。

（3）施药后，应及时更换工作服，施药器具应用清水和适当洗涤剂清洗，禁止在河流、湖泊、池塘和小溪内洗涤。

（4）未用完的药剂应放回原包装内盖好瓶盖，贮存于儿童接触不到的地方。

（5）使用过的容器应妥善处理，不可做他用，也不可随意丢弃。

（6）孕妇、哺乳期妇女及过敏者禁用，使用中有任何不良反应及时就医。

10% 烯啶虫胺可溶液剂

［产品特点］　本品属新型烟碱类杀虫剂，其作用机理主要作用于昆虫神经，对昆虫的轴突感受体具有神经阻断作用；具有较强的内吸和渗透作用，用量少，毒性较低，持效期较长；对柑橘树蚜虫具有较好防效。

［防治对象及使用方法］

登记作物	防治对象	有效成分用药量	使用方法
柑橘树	蚜虫	15~20 mg/kg	喷雾

技术要点

（1）在柑橘树上安全间隔期为 14 天，每季作物最多用药 2 次。

（2）本品不可与强碱性的农药等物质混合使用。

（3）建议与其他作用机制不同的杀虫剂轮换使用，以延缓抗性产生。

［注意事项］

（1）严格按照农药安全使用规则使用本品，做好安全防护。

（2）本品对蜜蜂、鱼类等水生生物、家蚕有毒，施药期间应避免对周围蜂群的影响；开花植物花期、蚕室和桑园附近禁用；赤眼蜂等天敌放飞区禁用。远离水产养殖区、河塘等水域施药，禁止在河塘等水体中清洗施药器具。

（3）使用本品应穿防护服和戴手套，避免吸入药液。施药期间不可吃东西和饮水。施药后应及时洗手和洗脸。

（4）孕妇及哺乳期的妇女禁止接触。

（5）用过的容器应妥善处理，不可作他用，也不可随意丢弃。

0.3% 印楝素乳油

［产品特点］　属植物源杀虫剂，具有拒食、忌避和抑制昆虫生长发育的作用；通过了国内、欧盟和美国的有机投入品认证可用于绿色和有机农产品基地。

（1）作用机制特殊：由于印楝素的化学结构与靶标体内的某些激素类物质非常相似，既能干扰其个体的生命过程，又能抑制其种群数量的增长。

（2）杀虫机理多样：印楝素有拒食、忌避、抑制生长发育等多种作用机理，不易产生抗药性。

（3）防治对象广谱：对很多常见虫害都有较好的防治效果，可广泛用于农林、仓储、卫生的多种虫害的有效防治。

（4）安全环保：印楝素生物农药的生产及使用过程对环境、人、畜安全。

［防治对象及使用方法］

登记作物	防治对象	有效成分用药量	使用方法
柑橘树	潜叶蛾	400~600 倍液	喷雾

技术要点

（1）应于害虫卵孵盛期至低龄幼虫期施用，隔 7~15 天施药 1 次，虫害发生盛期 3~5 天施药 1 次，连续防治两次以上。

（2）摇匀使用，要求打药时打到叶片滴水为止，尽可能打到叶子的正反面，做到喷施全覆盖。

（3）大风天或预计 6 小时内降雨，勿施药。

（4）16：00 以后施药为宜。

（5）本品不可与碱性农药、碱性肥料和碱性水混合使用。

［注意事项］

（1）使用本品时应穿戴防护服、手套等，避免吸入药液；施药期间不可吃东西、饮水等；施药后应及时洗手、洗脸等。

（2）为避免产生抗性，可与其他作用机制不同的杀虫剂轮换使用。

（3）禁止在河塘等水体中清洗施药器具，废弃物应妥善处理，不可做他用，也不可随意丢弃。

（4）孕妇及哺乳期的妇女避免接触本品。

50% 苯丁锡可湿性粉剂

［产品特点］ 本品为非内吸性杀螨剂，兼具胃毒和触杀作用。干扰 ATP 的形成，抑制氧化磷酸化，可用于防治柑橘树红蜘蛛。

［防治对象及使用方法］

登记作物	防治对象	有效成分用药量	使用方法
柑橘树	红蜘蛛	2 000~3 000 倍液	喷雾

技术要点

（1）于柑橘树红蜘蛛发生初期施药，注意喷雾均匀。

（2）大风天或预计 1 小时内降雨，勿施药。

（3）本品在柑橘上每季最多使用 2 次，使用本品后的柑橘至少应间隔 21 天才能收获。

（4）建议与作用机制不同的杀螨剂轮换使用，以延缓抗性产生。

［注意事项］

（1）使用本品应采取相应的安全防护措施，穿长袖上衣、长裤、靴子、戴防护手套、口罩等，避免皮肤接触及口鼻吸入。使用中不可吸烟、饮水及吃东西，使用后及时用大量清水和肥皂清洗手、脸等暴露部位皮肤，并更换衣物。

（2）本品对鱼类等水生生物有毒，远离水产养殖区施药；禁止将残液倒入河塘等水体中，禁止在河塘等水体中清洗施药器具，避免对水体造成污染。

（3）用过的容器应妥善处理，不可作他用，也不可随意丢弃。

（4）避免孕妇及哺乳期妇女接触。

240 g/L 虫螨腈悬浮剂

［产品特点］

（1）其作用方式以胃毒为主，兼有触杀作用，并具有良好的叶片渗透性。

（2）主要通过氧化磷酸化的解偶联作用阻碍昆虫呼吸，昆虫不能产生能量而导致躯体瘫痪，从而无法进行正常的生理活动而死亡。

（3）可有效防治对有机磷、氨基甲酸酯类、拟除虫菊酯和几丁质合成抑制剂具有抗药性的害虫和螨类。

（4）作用速度快，可迅速降低害虫、害螨的种群密度。

（5）可与现有杀虫剂混用或交替使用，并有助于延缓害虫抗性产生。

（6）对鳞翅目害虫的幼虫、螨类及蓟马的活性较高。可用于蔬菜、果树及茶树等多种作物，为广谱杀虫剂。

（7）低毒、低残留的高效杀虫杀螨剂。对环境和使用者友好，对施用作物安全。

（8）可有效防治对有机磷、氨基甲酸酯类、拟除虫菊酯和几丁质合成抑制剂具有抗药性的害虫和螨类。

［防治对象及使用方法］

登记作物	防治对象	有效成分用药量	使用方法
梨树	梨木虱	1 250~2 500 倍液	喷雾

技术要点

（1）叶面喷雾 1~2 次，在低龄幼虫盛发期开始用药；若虫龄有世代重叠时要使用两次，间隔 7~10 天。安全间隔期为 14 天。

（2）施药时应现混现对，配好的药液要立即使用。

（3）本品不可与呈碱性的农药等物质混合使用。

［注意事项］

（1）避免暴露，施药时必须穿戴防护衣或使用保护措施。

（2）施药后用清水及肥皂彻底清洗脸和其他裸露部位。

（3）操作时应远离儿童和家畜。

（4）按照当地有关规定处置所有的废弃物及空包装。

（5）本品对蜜蜂、鱼类等生物、家蚕有毒，施药期间要避免对周围蜂群的影响。

（6）孕妇及哺乳期妇女禁止接触。

40% 杀铃脲悬浮剂

［产品特点］ 本品属于昆虫生长调节剂，毒性微毒，为几丁质合成抑制剂，使幼虫不能蜕皮而形成新表皮，虫体畸形而死亡，同时有一定杀卵作用。本品对防治柑橘树潜叶蛾、甘蓝小菜蛾等鳞翅目害虫有显著效果。

［防治对象及使用方法］

登记作物	防治对象	有效成分用药量	使用方法
柑橘树	潜叶蛾	57~80 mg/kg	喷雾

技术要点

(1) 防治果树潜叶蛾，应于卵孵盛期及低龄幼虫期均匀喷雾施药，注意喷施叶背。

(2) 本品在柑橘树每季最多使用 2 次，使用本品后的柑橘至少应间隔 45 天才能收获。

(3) 本品杀虫作用缓慢，施药后 3~4 天开始见效。如遇害虫暴发，建议改用其他速效性药剂。

(4) 防治甘蓝小菜蛾，应于小菜蛾低龄幼虫发生初盛期均匀喷雾施药。

(5) 大风天或 1 小时内降雨，勿施药。

(6) 本品不能和碱性农药等碱性物质混用。

(7) 建议与不同作用机制杀虫剂轮换使用。

［注意事项］

(1) 如发现沉降，摇匀后可继续使用。

(2) 使用本品应采取相应的安全防护措施，穿长袖衣、长裤、靴子、戴防护手套、口罩等，避免皮肤接触及口鼻吸入。使用中不可吸烟、饮水及吃东西，使用后及时用大量清水和肥皂清洗手、脸等暴露部位皮肤，并更换衣物。

(3) 本品对蜜蜂低毒，养蜂地区及蜜源作物花期禁用，对家蚕低毒，蚕室和桑园附近禁用；对赤眼蜂高风险，赤眼蜂等天敌放飞区禁用；对大型溞有毒，远离水产养殖区施药，禁止在河塘等水体中清洗施药器具。本品对蟹、虾生长发育有害，不能在水田使用，避免污染水源和池塘等水体。

(4) 用过的容器应妥善处理，不可作他用，也不可随意丢弃。

(5) 避免孕妇和哺乳期妇女接触。

110 g/L 乙螨唑悬浮剂

［产品特点］ 本产品具有杀卵效果，并对各种发育状态的幼若螨均有良好防效，而且具有较好的持效性。与常规杀螨剂无交互抗性。本剂系白色液体，易溶于水，可配制成任意倍数的均匀乳白液。抑制螨卵的胚胎形成以及从幼螨到成螨的蜕皮过程，对卵及幼螨有效，对成螨无效，但是对雌性成螨具有很好的不育作用。因此，其最佳的防治时间是害螨危害初期。耐雨性强，持效期长达 50 天。

［防治对象及使用方法］

登记作物	防治对象	有效成分用药量	使用方法
柑橘树	红蜘蛛	5 000~7 500 倍液	喷雾

技术要点

（1）使用前，须充分摇匀；使用时均匀喷雾。

（2）建议与其他不同作用机制的杀螨剂轮换使用，以延缓抗性。

（3）本品每季作物最多用药 1 次，安全间隔期为 30 天。

（4）本剂不可与波尔多液混用。

［注意事项］

（1）不得污染饮用水、河流、池塘等。远离水产养殖区施药，禁止在河塘等水域清洗施药器具。

（2）孕妇及哺乳期妇女禁止接触。

（3）使用本品应穿防护服、戴手套、口罩等，避免吸入药液，施药期间不可吃东西、抽烟、饮水等，施药后应及时洗手和脸。

5% 噻螨酮可湿性粉剂

［产品特点］ 具杀卵、杀若螨的较强效力，对接触到药液的雌成螨所产的卵显示杀卵力，而且残效期较长，可长期抑制叶螨的发生。

［防治对象及使用方法］

登记作物	防治对象	有效成分用药量	使用方法
柑橘树	红蜘蛛	1 600~2 000 倍液	喷雾

技术要点

（1）害螨发生初期，密度达到当地防治阈值时开始施药，采用常规喷雾方法，均匀喷于作物叶片正反面、果面及枝干表面，至润湿为止。

（2）柑橘树安全间隔期为 30 天。每季最多使用 2 次。

（3）为防止螨类产生抗药性，可与其他杀螨剂交替使用。

（4）本剂对锈壁虱没有效果，在锈壁虱发生时，可用对锈壁虱有效果的药剂。

(5) 梨树、枣树对本品敏感，避免药液飘移。

［注意事项］

(1) 施药时应戴口罩、手套，穿防护服，严禁吸烟和饮食，不得迎风施药，避免身体直接接触药液。施药后应彻底清洗裸露的皮肤和衣服；施药时避免溅及眼睛、皮肤和衣服。

(2) 使用后剩下的药剂不可倒入水田、湖泊、河川里。装此药剂的容器不能再装其他东西，应采取焚烧或者掩埋等方法，加以妥善处理。

(3) 禁止在河塘等水体中清洗施药器具。

35% 氯虫苯甲酰胺水分散粒剂

［产品特点］ 本品为酰胺类新型内吸杀虫剂，具有独特的作用机理，胃毒为主，兼具触杀；害虫摄入后数分钟内即停止取食。使用方便，正常使用时，可有效防治苹果树金纹细蛾、桃小食心虫、水稻一化螟、二化螟和稻纵卷叶螟等害虫。

［防治对象及使用方法］

登记作物	防治对象	有效成分用药量	使用方法
苹果树	金纹细蛾	17 500~25 000 倍液	喷雾
苹果树	苹果蠹蛾	7 000~10 000 倍液	喷雾
苹果树	桃小食心虫	7 000~10 000 倍液	喷雾

技术要点

(1) 苹果树金纹细蛾、桃小食心虫成虫量急剧上升时，即刻使用本产品。提前 1~2 天使用，效果更好。茎叶均匀喷雾，保证足够喷液量（苹果树常规亩用水量 200 kg）。

(2) 大风天或预计 1 小时内降雨，勿施药。

(3) 苹果树：安全采收间隔期 14 天。每季最多使用 1 次。

(4) 本品为 28 族杀虫剂，为更好地避免抗性的产生，一季作物，建议使用本品不得超过 2 次，在靶标害虫的当代，若使用本品且能连续使用 2 次；但在靶标害虫的下一代，推荐与不同作用机理的即非 28 族化合物轮换使用。

(5) 本品不可与强酸、强碱性物质混用。

［注意事项］

（1）本品对家蚕和水溞高毒。蚕室和桑园附近禁用。水产养殖区、河塘等水体附近禁用。鱼或虾、蟹套养稻田禁用，施药后的田水不得直接排入水体。禁止在河塘等水体内清洗施药用具。施药应避开蜜蜂采蜜时期。

（2）包装物用后建议清洗两遍，然后送指定地点回收，进行无害化处理。用过的容器应妥善处理，不可做他用，也不可随意丢弃。

（3）使用本品时采取相应的安全防护措施，穿防护服、戴手套等。施药期间不可吃东西和饮水，施药后应及时洗手和洗脸。

（4）孕妇及哺乳期妇女应避免接触。

（二）杀 菌 剂

40% 克菌丹悬浮剂

［产品特点］ 本品属苯邻一酰亚胺类杀菌剂，可以抑制孢子形成所需酶的活性、释放硫光气毒杀真菌、干扰孢子呼吸过程中电子传递。按登记剂量使用时，对苹果树炭疽病有较好的防治效果。

［防治对象及使用方法］

登记作物	防治对象	有效成分用药量	使用方法
苹果树	炭疽病	400~500 倍液	喷雾

技术要点

（1）本品应于苹果树炭疽病发病初期施药，每次施药间隔 11~18 天；注意喷雾均匀周到，以确保防效。

（2）大风天或预计 1 小时内降雨，勿施药。

（3）严格按照规定用药量和方法使用。

（4）本品在苹果树上使用的安全间隔期为 14 天，每季最多使用 3 次。

（5）本品不宜与矿物油类物质同时使用。

[注意事项]

(1) 本品对鱼类、水蚤、家蚕毒性高，水产养殖区、河塘等水体附近禁用，禁止在河塘等水体清洗施药器具，禁止在蚕室及桑园附近使用。

(2) 使用本品时应穿防护服和戴手套，避免吸入药液。施药期间不可吃东西和饮水，施药后应及时洗手和洗脸。

(3) 用药后包装物及用过的容器应妥善处理，不可做他用，也不可随意丢弃。

(4) 孕妇及哺乳期妇女禁止接触本品。

75% 百菌清可湿性粉剂

[产品特点]　本品为低毒杀菌剂，具有治疗和保护作用，药效稳定，持效期较长，可防治多种真菌性病害。

[防治对象及使用方法]

登记作物	防治对象	有效成分用药量	使用方法
柑橘树	疮痂病	833~1 000 倍液	喷雾
梨树	斑点落叶病	500 倍液	喷雾
苹果树	多种病害	600 倍液	喷雾
葡萄树	白粉病	600~700 倍液	喷雾
葡萄树	黑痘病	600~700 倍液	喷雾

技术要点

(1) 施药时期：应掌握在环境条件有利于病害时，即病害即将发生前或发病初期施药，以后每隔 7~10 天喷药，叶背叶面均应喷到；若苗期施药，地面也应喷雾；当防治失时，发病重时，应用高剂量并适当缩短间隔期。

(2) 安全间隔期：苹果树、梨树 20 天，每季最多使用 3 次；葡萄 21 天，每季最多使用 3 次。

(3) 不可与强酸及碱性物质混用。

(4) 梨、柿、桃、梅和苹果树等使用浓度偏高容易发生药害。

(5) 大风天或预计 1 小时内降雨，勿施药。

(6) 建议与其他作用机制不同的杀菌剂轮换使用。

［注意事项］

（1）本品对蜜蜂、鱼类等水生生物、家蚕有毒，施药期间应避免对周围蜂群的影响；蜜源作物花期、蚕室和桑园附近禁用。远离水产养殖区施药，禁止在河塘等水体中清洗施药器具。

（2）使用过的空包装不可挪用装其他东西，应采取焚烧或者掩埋等方法，加以妥善处理。

（3）使用时应穿戴好防护用品，严禁吸烟和饮食，不得迎风作业，避免直接接触药液，防止由口鼻吸入；施药后应清洗手、脸及身体被污染部分和衣服。

10% 苯醚甲环唑水分散粒剂

［产品特点］ 本品为三唑类杀菌剂，具有内吸性，是甾醇脱甲基化抑制剂；在植物体内可内吸到叶片内部，可以阻止病菌的侵染和防止病斑的扩展。可防治黑斑病、黑星病、炭疽病、早疫病、斑枯病等高等真菌性病害，具有较强治疗效果和较长持效期的特点。

［防治对象及使用方法］

登记作物	防治对象	有效成分用药量	使用方法
梨树	黑星病	5 000~6 000 倍液	喷雾
葡萄树	黑痘病	1 000 倍液	喷雾

技术要点

（1）本品在葡萄上的安全间隔期为 42 天，每季最多使用 3 次。

（2）本品不要与碱性物质混用。建议与其他作用机制不同的杀菌剂轮换使用，以延缓抗药性。

［注意事项］

（1）施药时应穿戴防护服、手套和面罩，避免药液接触皮肤、眼睛和吸入药液。不得在现场饮食、饮水、吸烟等。施药后应及时洗澡，并更换衣服。

（2）本品对鱼等水生生物有毒，远离水产养殖区施药，禁止在河塘等水体中清洗施药器具。

（3）孕妇、哺乳期妇女禁止接触本品。过敏者禁用，使用中有任何不良反应，应及时就医。

(4) 使用过的空包装，用清水冲洗两次后妥善处理，切勿重复使用或改作其他用途。所有施药器具，用后应立即用清水或适当的洗涤剂清洗。

(5) 未用完的制剂应保存在原包装内，切勿将本品置于饮食容器内。

25% 吡唑醚菌酯水分散粒剂

[产品特点] 吡唑醚菌酯对葡萄霜霉病具有较好的防治效果。

[防治对象及使用方法]

登记作物	防治对象	有效成分用药量	使用方法
葡萄树	霜霉病	1 000~1 500 倍液	喷雾

技术要点

(1) 发病前或发病初期用药，可连续施药 2~3 次，间隔 7 天左右施药 1 次。

(2) 大风天或预计一小时内降雨，勿施药。

(3) 每季作物最多使用 3 次，安全间隔期为 14 天。

[注意事项]

(1) 避免暴露，施药时必须穿戴防护衣或使用保护措施，不能吃东西、饮水等。施药后用清水及肥皂彻底清洗脸及其他裸露部位。

(2) 操作时应远离儿童和家畜。

(3) 对鱼毒性高，水产养殖区、河塘等水体附近禁用。禁止在池塘等水源和水体中洗涤施药器具，残液不得倒入水源和水体中。

(4) 孕妇与哺乳期妇女禁止接触本品。

(5) 药剂应现混现对，配好的药液要立即使用。

(6) 按照有关规定处置所有废弃物，如空包装袋。用过的容器应妥善处理，不可随意丢弃或作他用。

(7) 蚕室和桑园附近禁用。

4% 春雷霉素可湿性粉剂

［产品特点］ 春雷霉素是放线菌产生的代谢产物，属内吸抗生素，兼有治疗和预防作用，纯品为白色针状结晶固体，在常温下稳定，在酸性和中性条件下稳定，在碱性条件下易分解。水剂外观深绿色液体，常温下可贮存 2 年以上。

可湿性粉剂外观为浅棕黄色粉末，常温下可贮存 3 年以上，对人畜、水生物安全，对蜜蜂有一定毒害。对作物安全，在高温下施用，对柑橘的不同品种也很安全。亲脂性强，耐雨水冲刷。施药 3 小时后遇阴雨不影响药效。毒性很低，对人和自然环境比较安全。

［防治对象及使用方法］

登记作物	防治对象	有效成分用药量	使用方法
柑橘树	溃疡病	66.7 mg/kg	喷雾

技术要点

(1) 使用前，最好一次稀释；使用时须均匀喷雾。

(2) 安全间隔期：柑橘树 30 天，每个生长季最多施用一次。

(3) 为了避免产生抗药性，建议与其他作用机制不同的药剂轮用，可以在作物花期施药，不会产生影响。

［注意事项］

(1) 在配制和使用时，应穿防护服、戴手套、口罩，严禁吸烟和饮食。避免误食或溅到皮肤、眼睛，如溅入眼中应立即用大量清水冲洗。药后应用肥皂和足量清水冲洗手部、面部和其他裸露的身体部位以及药剂污染的衣物等。

(2) 孕妇及哺乳期妇女禁止接触。

(3) 本品对鱼类等水生生物有毒，远离水产养殖区施药，禁止在河塘等水体中清洗施药器具。

15% 哒螨灵水乳剂

［产品特点］ 本品是哒嗪酮类杀螨剂，具有触杀作用，可有效防治柑橘树红蜘蛛。

［防治对象及使用方法］

登记作物	防治对象	有效成分用药量	使用方法
柑橘树	红蜘蛛	1 500~2 500 倍液	喷雾

技术要点

（1）适宜施药时期掌握在柑橘树红蜘蛛若螨发生初期进行防治。

（2）喷药时注意喷雾均匀、周到，叶片两面均要喷雾。

（3）产品在柑橘树上使用的安全间隔期为 20 天，每个作物周期最多使用次数为 2 次。

（4）大风天或预计 1 小时之内有雨，勿施药。

（5）本品不可与波尔多液、石硫合剂等碱性物质混合使用。

（6）为了延缓抗性产生，可与其他作用机制不同的杀螨剂轮换使用。

［注意事项］

（1）本品对蜜蜂、鱼类等水生生物、家蚕有毒，施药期间应避免对周围蜂群的影响，开花植物花期、蚕室和桑园附近禁用。远离水产养殖区、河塘施药，禁止在河塘等水域中清洗施药器具。

（2）使用本品时应穿戴防护服和手套，避免吸入药液。施药期间不可进食和饮水。施药后应及时清洗受污皮肤和施药器械。施药器械清洗后的水不得直接排入水体。

（3）孕妇及哺乳期妇女禁止接触。

（4）用过的容器应妥善处理，不可做他用，也不可随意丢弃。

70% 代森联嘧菌酯水分散粒剂

［产品特点］ 本品是由代森联和醚菌酯混配而成的杀菌剂，从多方面对病原菌共同作用，对真菌引起的病害有较好的防效。按登记剂量使用时，对苹果树斑点落叶病、蔷薇科观赏花卉白粉病有较好的防治效果。

［防治对象及使用方法］

登记作物	防治对象	有效成分用药量	使用方法
苹果树	斑点落叶病	800~900 倍液	喷雾

技术要点

(1) 本品的适宜施药时期为苹果树斑点落叶病发病初期，每次施药间隔 9~16 天；蔷薇科观赏花卉白粉病发病初期，每次施药间隔 7~10 天，施药 3 次左右；注意喷雾均匀、周到，以确保药效。

(2) 大风天或预计 1 小时内降雨，勿施药。

(3) 本品在苹果树上使用时的安全间隔期为 21 天，每季作物最多使用 3 次。

(4) 本品不可与碱性农药或铜制剂混合使用。

[注意事项]

(1) 严格按照规定用药量和方法使用。

(2) 本品对鱼、水蚤、藻类、赤眼蜂毒性高，水产养殖区、河塘等水体附近禁用；禁止在河塘等水体中清洗施药器具；赤眼蜂等天敌放飞区禁用。

(3) 使用本品时应穿防护服和戴手套，避免吸入药液。施药期间不可吃东西和饮水，施药后应及时洗手和洗脸。本品对眼睛轻度至中度刺激，使用时应避免药液接触眼睛、黏膜和伤口等。

(4) 用药后包装物及用过的容器应妥善处理，不可做他用，也不可随意丢弃。

(5) 孕妇及哺乳期妇女应禁止接触本品。

70% 代森联水分散粒剂

[产品特点]

(1) 本品为多价有机触杀性杀菌剂，可有效地防治黄瓜霜霉病、苹果落斑病、轮纹病、炭疽病、梨树黑星病及柑橘疮痂病等病害。

(2) 在正常使用技术条件下，对作物安全，花期也可用药。本品为多酶抑制剂，干扰病菌细胞多个酶作用点，因而不易产生抗性。

(3) 本品具有很强的生物活性，且耐雨水冲刷。

(4) 无粉尘，在水中溶解迅速，均匀，易于操作。

(5) 代森联相比代森锰锌以及代森锌而言，代森联的保护效果更好，具有明显的叶面增绿、果面鲜亮效果，与各类代森锰锌相比，对霜霉病等病害的防效明显突出，并可减少对有益捕食性螨的杀灭作用；而且相比各类代森锰锌的含锌量更高，更适合盐碱地以及缺锌症状频发的作物。

[防治对象及使用方法]

登记作物	防治对象	有效成分用药量	使用方法
柑橘树	疮痂病	500~700 倍液	喷雾
梨树	黑星病	500~700 倍液	喷雾

技术要点

(1) 柑橘树：发病前或发病初期施药，每季作物 3 次，每次间隔 7~14 天，对水均匀喷雾。

(2) 梨树：发病前期或初期用药，每季作物施药 7~8 次，每次间隔 7~14 天。

(3) 作物发病前做好预防处理，施药最晚不可超过作物病状初现期。随作物的生长状况增加用药量及喷液量，确保药剂覆盖整个作物表面。

[注意事项]

(1) 避免暴露，施药时必须穿戴防护衣或使用防护措施，不能饮食吸烟。

(2) 施药后用清水及肥皂水彻底清洗脸及其他裸露部位。

(3) 避免皮肤接触或吸入有害气体、雾液或粉尘。

(4) 操作时应远离儿童和家畜。

(5) 操作时不要污染水面，或灌渠。禁止在河塘等水域清洗施药器具。

(6) 孕妇、哺乳期妇女及过敏者禁用。

5% 吡唑醚菌酯 + 55% 代森联水分散粒剂

[产品特点] 本产品为吡唑醚菌酯和代森联的混配杀菌剂，早期使用可阻止病菌侵入并提高植物体免疫能力，减少植物发病次数和用药次数，具有更宽的杀菌谱和更高的杀菌活性。本产品具有阻止病菌侵入，防止病菌扩散和清除体内病菌等多种作用。

[防治对象及使用方法]

登记作物	防治对象	有效成分用药量	使用方法
柑橘树	疮痂病	1 000~2 000 倍液	喷雾
柑橘树	炭疽病	750~1 500 倍液	喷雾

（续表）

登记作物	防治对象	有效成分用药量	使用方法
苹果树	斑点落叶病	1 000~2 000 倍液	喷雾
苹果树	轮纹病	1 000~2 000 倍液	喷雾
苹果树	炭疽病	1 000~2 000 倍液	喷雾
葡萄树	白腐病	1 000~2 000 倍液	喷雾
葡萄树	霜霉病	1 000~2 000 倍液	喷雾
桃树	褐斑穿孔病	1 000~2 000 倍液	喷雾

技术要点

（1）大田作物每亩使用制剂量，对水量 45~80 L。

（2）发病轻或作为预防处理时使用批准登记低剂量；发病重或作为治疗处理时使用批准登记高剂量。

（3）本品可与其他不同作用机制的杀菌剂轮换使用。

（4）葡萄，发病前或初期用药，每间隔 7~14 天施药 1 次，连续施药，每季作物最多施药 3 次。安全间隔期 7 天。

（5）苹果树，第一次施药应在苹果谢花后 7~10 天进行，以后每次间隔 10~15 天施药 1 次，连续施药 4 次。每季作物最多使用 4 次，安全间隔期 28 天。

（6）柑橘树：发病前或初期用药，每次间隔 10~14 天施药 1 次，连续施药。每季作物施药 3 次，安全间隔期 21 天。

（7）桃树：发病前或初期用药，每次间隔 7~10 天施药 1 次，连续施药，每季作物最多施药 3 次。安全间隔期 28 天。

［注意事项］

（1）避免暴露，施药时必须穿戴防护衣或使用保护措施。药液及其废液不得污染各类水域、土壤等环境。

（2）施药后用清水及肥皂彻底清洗脸及其他裸露部位。

（3）操作时应远离儿童和家畜。

（4）操作时不要污染水面或灌渠。

（5）药剂应现混现对，配好的药液要立即使用。

（6）毁掉空包装袋，并按照当地的有关规定处置所有的废弃物。

（7）药液及其废液不得污染各类水域、土壤等环境，赤眼蜂等天敌放飞区禁用，蚕室桑园附近禁用，开花植物花期禁用。

（8）远离水产养殖区、河塘等水体施药，禁止在河塘等水体中清洗施药器具。

（9）孕妇及哺乳期妇女禁止接触。

22.5% 啶氧菌酯悬浮剂

［产品特点］ 本品属甲氧基丙烯酸酯类杀菌剂，线粒体呼吸抑制剂。本产品为广谱性内吸杀菌剂，活性高。

［防治对象及使用方法］

登记作物	防治对象	有效成分用药量	使用方法
葡萄树	黑痘病	1 500~2 000 倍液	喷雾
葡萄树	霜霉病	1 500~2 000 倍液	喷雾

技术要点

（1）本品不可与强酸、强碱性物质混用。建议与其他作用机制不同的杀菌剂轮换使用。

（2）葡萄安全间隔期为 14 天，每季最多使用 3 次。

［注意事项］

（1）温室大棚环境复杂，该产品不建议在温室大棚使用。

（2）遵守一般农药使用规则。施药时要穿戴防护用具、手套，避免使药液溅到眼睛、皮肤和衣服上，避免口鼻吸入，施药后用肥皂洗手、洗脸。

（3）清洗喷雾器的废水和废弃的包装不可污染河流、井水、湖泊及其他开放性水源。使用后的空袋冲洗两次后妥善处理，切勿重复使用或改作其他用途。

（4）喷施的药液应避免漂移至水生生物栖息地。

（5）孕妇和哺乳期妇女禁止接触本品。

（6）用过的容器应妥善处理，不可做他用，也不可随意丢弃。

10% 多抗霉素可湿性粉剂

［产品特点］ 多抗霉素是一种多氧嘧啶核苷类农用抗菌素。它能有效地抑制真菌细胞壁骨架成分——几丁质的合成。可防治苹果、番茄、黄瓜、烟草、西瓜和葡萄作物上的病害。

［防治对象及使用方法］

登记作物	防治对象	有效成分用药量	使用方法
苹果树	斑点病	1 000~1 500 倍液	喷雾
苹果树	轮斑病	1 000~1 500 倍液	喷雾
葡萄树	白粉病	800~1 000 倍液	喷雾

技术要点

(1) 苹果树在开花后 10 天内和病害多发期开始使用本品，番茄、黄瓜、烟草、西瓜和葡萄在病害发生初期开始使用本品。

(2) 苹果树每季使用本品最多 3 次，安全间隔期为 7 天；葡萄每季最多使用本品为 3 次，安全间隔期为 7 天。

(3) 避免过度连用，建议与其他作用机制的药剂轮换使用，不可混用波尔多液等碱性物质。

［注意事项］

(1) 孕妇及哺乳期妇女避免接触。

(2) 施药时要穿长袖工作衣裤，应戴面罩、橡皮手套；施药时不可吸烟、饮水、进食；施药后必须用肥皂清洗面部、手脚等身体裸露部分，并用清水漱口。

(3) 远离水产养殖区施药；剩余药液和清洗药具的废液应该避免污染鱼塘等水源，残余药剂和包装物应妥善处理，避免发生中毒和环境事故。

40% 多菌灵悬浮剂

［产品特点］ 本品是一种苯并咪唑类内吸性杀菌剂，兼有保护和治疗作用。对梨树黑星病有较好的治疗作用。

[防治对象及使用方法]

登记作物	防治对象	有效成分用药量	使用方法
梨树	黑星病	400~600 倍液	喷雾

技术要点

（1）在梨树谢花后开始发现病芽梢时，用本品 400~600 倍液喷雾。

（2）本品在梨树上使用的安全间隔期 28 天，每季最多使用 3 次。

（3）大风天或预计 1 小时内降雨，勿施药。

（4）不能与铜制剂及强酸、强碱性物质混用。

（5）长期单一使用多菌灵易使病菌产生抗药性，应与其他作用机制杀菌剂轮换使用。

[注意事项]

（1）施药时应穿防护用品，避免吸入药液。施药期间不可吃东西和饮水。施药后应及时洗手和洗脸。

（2）使用和清洗施药器具的水不要污染河流、池塘等水体。

（3）孕妇及哺乳期妇女应避免接触。

（4）用过的空袋等容器应妥善处理，不可做他用，也不可随意丢弃。

20% 氟硅唑可湿性粉剂

[产品特点]　本品是二唑类杀菌剂。该药主要是破坏和阻止病菌的细胞膜重要组成成分麦角甾醇的生物合成，导致细胞不能形成，使病菌死亡。对子囊菌纲、担子菌纲和半知菌类的病菌所致病害有效，对卵菌无效。本品对梨树黑星病具有较好的防治效果。

[防治对象及使用方法]

登记作物	防治对象	有效成分用药量	使用方法
梨树	黑星病	3 000~5 000 倍液	喷雾

技术要点

（1）本品应于梨树黑星病发病前或发病初期施药，注意对梨树全株均匀喷雾，防止漏喷，确保防效。

（2）大风天或预计 1 小时内降雨，勿施药。

（3）在梨树上使用时的安全间隔期为 21 天，每季作物最多使用 2 次。

（4）不可与碱性农药等物质混合使用。

（5）建议与其他作用机制不同的杀菌剂轮换使用，以延缓抗性产生。

［注意事项］

（1）严格按规定用药量和方法使用；药液及其废液不得污染各类水域、土壤等环境。

（2）避免在低于 10℃和高于 30℃环境中贮存。

（3）本品对水蚤毒性高，对赤眼蜂有风险，禁止在鱼塘、河流附近使用，以免对水生生物等有益生物产生危害，天敌放飞区、蚕室及桑园附近禁用，远离水产养殖区施药，禁止在河塘等水体中清洗施药器具。

（4）使用本品时应穿戴防护服和手套，避免吸入药液。施药期间不可吃东西和饮水；施药后应及时洗手和洗脸。

（5）孕妇及哺乳期妇女禁止接触。

（6）用药后包装物妥善处理，勿污染环境，不可做他用，也不可随意丢弃。

70%甲基硫菌灵水分散粒剂

［产品特点］ 本品属苯并咪唑类，是一种广谱性内吸杀菌剂，能防治多种作物病害，具有内吸、预防、治疗作用。它在植物体内转化为多菌灵，干扰菌的有丝分裂中纺锤体的形成，影响细胞分裂。对梨树黑星病有较好的防治效果。

［防治对象及使用方法］

登记作物	防治对象	有效成分用药量	使用方法
梨树	黑星病	800~1 000 倍液	喷雾

技术要点

（1）在梨树黑星菌初侵染期施药，以对水 1 000 倍为宜喷雾，最多连续施药 2 次，施药间隔期为 7 天。

（2）按照推荐剂量施药，梨树上的采收间隔期为 21 天，每季最多使用 2 次。

（3）大风或降雨天勿施药。

（4）不能与铜制剂等物质混用；不能长期单一使用，应与其他不同作用机制的杀菌剂轮换使用。

［注意事项］

（1）使用本品时应穿戴防护服和手套，避免吸入药液。施药期间不可吃东西和饮水。施药后应及时洗手和洗脸。

（2）远离水产养殖区用药，禁止在河塘等水体中清洗施药器具；避免药液污染水源。虾、蟹套养稻田禁用，施药后田水不得直接排入水体。

（3）孕妇及哺乳期的妇女禁止接触。

（4）用过的容器应妥善处理，不可做他用，也不可随意丢弃。

33.5%喹啉铜悬浮剂

［产品特点］ 喹啉铜是一种有机铜螯合物。在作物表面形成一层严密的保护膜，抑制病菌萌发和侵入，从而达到防病治病的目的。

［防治对象及使用方法］

登记作物	防治对象	有效成分用药量	使用方法
柑橘树	溃疡病	1 000~1 250 倍液	喷雾

技术要点

（1）在病害发病前或发病初期，按推荐剂量开始施药，防治柑橘溃疡病，每隔 7~10 天施药 1 次。

（2）柑橘安全间隔期 30 天，每季最多使用 2 次。

（3）建议选择不同机制的杀菌剂，轮换使用，缓解抗性压力。

［注意事项］

（1）药液及其废液不得污染各类水域、土壤等环境。

（2）施用时应注意穿戴防护衣物；使用时，勿吸烟及饮食；施用后及时清洗外露的皮肤、用过的器具和污染的衣物。

（3）本剂对水生生物毒性较高，须远离水产养殖区、河塘等水体施药。操作使用时不要将药液、器械清洗液倒入江河，以免污染水源；禁止在河塘等水体中清洗施药器具，注意对水生生物的影响。

（4）过敏者禁用，使用中有任何不量反应应及时就医。

（5）孕妇和哺乳期妇女禁止接触。

（6）使用后容器需集中深埋处理，或交由专门收集处理部门。不得随意丢弃或作他用。

77% 硫酸铜钙可湿性粉剂

［产品特点］ 保护性杀菌剂，络合态硫酸铜钙，其独特的铜离子和钙离子大分子络合物，确保铜离子缓慢、持久释放。遇水才释放杀菌的铜离子，而病菌也只有遇水后才萌发侵染，两者完全同步。本品对黄瓜霜霉病、柑橘溃疡病有防治效果。

［防治对象及使用方法］

登记作物	防治对象	有效成分用药量	使用方法
柑橘树	溃疡病	400~600 倍液	喷雾

技术要点

（1）安全间隔期，柑橘 32 天，最多使用 4 次。

（2）不可与强酸、强碱性物质混用。

（3）不能与含有其他金属元素的药剂和微肥混合使用，也不宜与强碱性和强酸性物质混用。

（4）桃、李，杏，柿子，大白菜、菜豆，莴笋、荸荠等对本品敏感，不宜使用。苹果、梨树的花期、幼果期对铜离子敏感，本品含铜离子，应慎用。

（5）每年铜使用量不能超过 6 kg/hm²（0.4 kg/ 亩）。

［注意事项］

（1）使用过的药械需清洗两遍，在洗涤药械和处理废弃物时不要污染水源。对水生生物危害极大，使用时应关注对水生生物的影响。

（2）使用过的空包装不可挪用，应采取焚烧或者掩埋等方法，加以妥善处理。

（3）使用后及时清洗暴露部位皮肤。

（4）过敏者禁用，使用中有任何不良反应须及时就医。

14% 络氨铜水剂

[产品特点] 本品主要通过铜离子发挥杀菌作用，铜离子与病原菌细胞膜表面上的 K+ 离子、H+ 离子等阳离子交换，使病原菌细胞膜上的蛋白质凝固，同时部分铜离子渗透入病原菌细胞内与某些酶结合，影响其活性，起到一定的抗病作用。

[防治对象及使用方法]

登记作物	防治对象	有效成分用药量	使用方法
柑橘树	溃疡病	200~300 倍液	喷雾

技术要点

(1) 建议在柑橘梢长 1.5~3 cm 时施药，使用浓度以 200~300 倍液为宜，每隔 7~10 天施药 1 次。喷雾要均匀彻底。

(2) 本品不宜与其他农药化肥混用。可与其他作用机制不同的菌剂轮换使用。

(3) 每季最多使用 3 次，安全间隔期 14 天。

[注意事项]

(1) 配药和施药时，应穿防护服，戴口罩或防毒面具以及胶皮手套，以避免污染皮肤和眼睛；施药完毕后应及时换洗衣物，洗净手、脸和被污染的皮肤。

(2) 施药前、后要彻底清洗喷药器械，洗涤后的废水不应污染河流等水源，未用完的药液应密封后妥善放置。

(3) 开启封口应小心药液溅出，废弃瓶子应冲洗压扁后深埋或由生产企业回收处理。

(4) 孕妇及哺乳期妇女禁止接触本品。

50% 醚菌酯水分散粒剂

[产品特点] 本品是具有保护、治疗作用的杀菌剂；对蜜蜂、捕食螨、蚯蚓等其他有益生物体低毒性作用，正常使用技术条件下对环境比较安全。

[防治对象及使用方法]

登记作物	防治对象	有效成分用药量	使用方法
梨树	黑星病	3 000~5 000 倍液	喷雾
苹果树	斑点落叶病	3 000~4 000 倍液	喷雾
苹果树	黑星病	5 000~7 000 倍液	喷雾

技术要点

（1）梨树，发病前期或初期用药，每季作物施药 3 次，间隔 7~14 天用 1 次。

（2）苹果斑点落叶病，施药适期为新梢抽生期，分别于春梢和秋梢生长期施药，共 2~3 次，间隔 10~15 天用 1 次。

（3）苹果黑星病，发病初期用药，每季作物施药 3 次，间隔 7~14 天用 1 次。

（4）发病轻或作为预防处理时使用低剂量；发病重或作为治疗处理时使用高剂量。

（5）本品应与其他不同作用机制的杀菌剂混用或轮用，以延缓抗性产生。

[注意事项]

（1）避免身体暴露，施药时必须穿戴防护衣或使用防护措施。

（2）施药后用清水及肥皂水彻底清洗脸及其他裸露部位。

（3）避免皮肤接触或吸入有害气体、雾液或粉尘。

（4）操作时应远离儿童和家畜。

（5）操作时不要污染水面或灌渠。禁止在河塘等水域清洗施药器具。

（6）孕妇、哺乳期妇女及过敏者禁用。

（7）使用中有任何不良反应须及时就医。药剂应现混现对，配好的药液要立即使用。毁掉空包装袋，并按照当地的有关规定处理所有的废弃物。

（8）使用过的药械需清洗两遍，在洗涤药械或处置废弃物时不要污染水源。

50% 嘧菌环胺水分散粒剂

[产品特点]　本品为兼具长效的保护和治疗活性的内吸性杀菌剂，用于叶面喷雾防治多种作物上的叶片和果实病害。本品可抑制病原菌细胞中蛋氨酸的生物合成和水解酶火星，按推荐剂量使用，可有效防治葡萄灰霉病。

［防治对象及使用方法］

登记作物	防治对象	有效成分用药量	使用方法
葡萄树	灰霉病	625~1 000 倍液	喷雾

技术要点

（1）于发病前或发病初期施药，每亩喷液量 30~60 kg，喷雾均匀、周到。

（2）本品耐雨水冲刷，药后 2 小时遇雨药效不受影响。

（3）产品在葡萄上使用的安全间隔期为 21 天，每个作物周期的最多使用次数为 3 次。

（4）建议与其他作用机制不同的杀菌剂轮换使用，以延缓抗性产生。

［注意事项］

（1）按照农药安全使用准则使用本品。避免药液接触皮肤、眼睛和污染衣物，避免吸入雾滴。切勿在施药现场抽烟或饮食。在饮水、进食和抽烟前，应先洗手、洗脸。

（2）配药时，应戴防渗手套和面罩或护目镜，穿长袖衣、长裤和靴子。

（3）施药时，应戴帽子，穿长袖衣、长裤和靴子。

（4）施药后，彻底清洗防护用具，洗澡，并更换和清洗工作服。

（5）使用过的空包装，用清水冲洗两次后妥善处理，切勿重复使用或改作其他用途。所有施药器具，用后应立即用清水或适当的洗涤剂清洗。

（6）本品对鱼和水生生物有毒，不得污染各类水域，勿将制剂及其废液弃于池塘、沟渠和湖泊等，以免污染水源。

（7）未用完的制剂应放在原包装内密封保存，切勿将本品置于饮、食容器中。

（8）过敏者禁用，使用中有任何不良反应应及时就医。

30% 嘧菌酯悬浮剂

［产品特点］ 本品是甲氧基丙烯酸酯类杀菌剂，具有保护、治疗作用。

［防治对象及使用方法］

登记作物	防治对象	有效成分用药量	使用方法
葡萄树	霜霉病	1 000~2 000 倍液	喷雾

技术要点

(1) 安全间隔期，葡萄 14 天，作物每季最多施药 3 次。

(2) 建议与其他作用机制不同的杀菌剂轮换使用，以延缓抗性产生。

(3) 嘧菌酯不能与杀虫剂乳油，尤其是有机磷类乳油混用，也不能与有机硅类增效剂混用，否则会由于渗透性和展着性过强引起药害。

［注意事项］

(1) 药液及其废液不得污染各类水域、土壤等环境。远离水产养殖区施药，禁止在河塘等水体中清洗施药器具。水产养殖区、河塘等水体附近禁用。

(2) 用药时应戴口罩，手套等防护用品，禁止吸烟、饮食。用药后用肥皂和大量清水洗净手部，脸部和接触到药剂的身体部分。

(3) 孕妇、哺乳期妇女禁止接触本品。

(4) 用过的容器应妥善处理，不可他用，也不可随意丢弃。

20% 嘧菌酯水分散粒剂

［产品特点］ 本品为甲氧基丙酸酯类杀菌剂，具有高效、广谱、保护、治疗、铲除、渗透、内吸活性、耐雨水冲刷、持效期长等特性；几乎对所有真菌纲（子囊菌纲、担子菌纲、卵菌纲和半知菌类）病害，如白粉病、锈病、颖枯病、网斑病、霜霉病、稻瘟病等均有良好的活性。

对作物安全，因其在土壤、水中可以快速降解，故对环境安全。

［防治对象及使用方法］

登记作物	防治对象	有效成分用药量	使用方法
葡萄树	霜霉病	800~1 600 倍液	喷雾

技术要点

(1) 本品最佳用药时间为开花前、谢花后和幼果期。

(2) 苹果和樱桃对本品敏感，切勿使用；对邻近苹果和樱桃的作物喷施时，避免药剂雾滴漂移。

(3) 本品避免与乳油类农药和有机硅助剂混用。建议与其他作用机制不同的杀菌剂轮换使用，以延缓抗性产生。

（4）防治葡萄霜霉病，于病害发生前或初见零星病斑时叶面喷雾1~2次，视天气情况和病情发展，每次施药间隔7~10天；一季作物最多使用3次，安全间隔期10天。

［注意事项］

（1）使用本品时需做好保护措施，戴好手套、面罩或护目镜及口罩，穿长袖衣、长裤和靴子。避免药液接触皮肤、眼睛，避免吸入雾滴。

（2）施药期间切勿抽烟或饮食。施药后，彻底清洗防护用具，洗澡，并更换和清洗工作服。

（3）未用完的制剂应放在原包装内封存，切勿将本品置于饮食容器中。

（4）本品对鱼类有毒，切勿将制剂及其废液弃于池塘、沟渠、河流和湖泊等中，或在河塘中清洗施药器具，以免影响鱼类和污染水源。

（5）使用后的包装袋应妥善处理，不得他用或随意丢弃。药液和废液不得污染各类水域、土壤环境。

（6）孕妇及哺乳期妇女禁止接触本品。过敏者禁用。

（7）严格按照标签推荐方法使用和贮藏本品。

50%嘧菌酯水分散粒剂

［产品特点］ 本品是β甲氧基丙烯酸酯类杀菌剂，对14-脱甲基化酶抑制剂、苯甲酰胺类、一羧酰胺类和苯并咪唑类产生抗性的菌株有效；具有保护、铲除、渗透、内吸活性。对三大类致病真菌：子囊菌、担子菌、半知菌和卵菌纲中的绝大部分病原菌均有效。对葡萄霜霉病、蕹菜白锈病有较好的防治效果。

［防治对象及使用方法］

登记作物	防治对象	有效成分用药量	使用方法
葡萄树	霜霉病	2 000~4 000 倍液	喷雾

技术要点

（1）根据作物长势，叶面均匀喷雾。产品在葡萄上一季作物最多使用次数2次，安全间隔期为14天。

（2）在推荐用药剂量下，对作物安全。

（3）建议与其他作用机制不同的杀菌剂轮换使用。

〔注意事项〕

（1）使用本品时应穿戴防护服和手套，避免吸入药液；施药期间不可吃食物和饮水。施药后应及时洗手和洗脸。

（2）鱼类养殖区、蚕室、桑园附近禁用，施药器械不得在水产养殖区、河塘等水域清洗施药器具，施药后田水不得直接排入水体，避免污染水源。

（3）用过的容器应妥善处理，不可做他用，也不可随意丢弃。

（4）避免孕妇及哺乳期妇女接触。

250 g/L 嘧菌酯悬浮剂

〔产品特点〕 本品是一种 β 甲氧基丙烯酸酯类杀菌剂，通过抑制病原菌线粒体的呼吸作用来阻止其能量合成，是一种较新作用机理的杀菌剂，具有保护和治疗双重功效。

〔防治对象及使用方法〕

登记作物	防治对象	有效成分用药量	使用方法
柑橘树	疮痂病	1 200~800 倍液	喷雾
柑橘树	炭疽病	1 200~800 倍液	喷雾
葡萄树	白腐病	800~1 200 倍液	喷雾
葡萄树	黑痘病	800~1 200 倍液	喷雾
葡萄树	霜霉病	700~1 400 倍液	喷雾

技术要点

（1）本品最佳用药时间为开花前、谢花后和幼果期。

（2）为了延缓抗性的产生，建议与其他作用机理的药剂轮换使用。

（3）避免与乳油类农药和有机硅类助剂混用，使用前需摇匀。

（4）苹果和樱桃对本品敏感，切勿使用；对邻近苹果和樱桃的作物喷施时，避免药剂雾滴漂移。

（5）防治柑橘疮痂病、炭疽病，按推荐剂量，于病害发生前或初见零星病斑时叶面喷雾 1~2 次；视天气变化和病情发展，每次施药间隔 7~10 天。根据作物长势，叶面均匀喷雾。一季作物最多使用次数 3 次，安全间隔期 14 天。

（6）防治葡萄霜霉病、黑痘病、白腐病，按推荐剂量，于病害发生前或初见零星病斑时叶面喷雾 1~2 次，视天气变化和病情发展，每次施药间隔 7~10 天。根据作物长势，叶面均匀喷雾。一季作物最多使用次数 4 次，安全间隔期 14 天。

［注意事项］

（1）须按照农药安全使用准则使用本品，避免药液接触皮肤、眼睛和污染衣物，避免吸入雾滴。切勿在施药现场抽烟或饮食。在饮水、进食和抽烟前，应先洗手、洗脸。

（2）配药时，应戴手套、面罩，穿长袖衣、长裤和靴子。

（3）喷药时，应穿长袖衣、长裤和靴子。

（4）施药后，彻底清洗防护用具，洗澡，并更换和清洗工作服。

（5）使用过的铝箔袋空包装，应直接带离田间，安全保存，并交有资质的部门统一高温焚烧处理；其他类型的空包装，应用清水冲洗两次后，带离田间，妥善处理；切勿重复使用或改作其他用途。所有施药器具，用后应立即用清水或适当的洗涤剂清洗。

（6）不得污染各类水域，勿将药液或空包装弃于水中，或在河塘中洗涤喷雾器械，避免影响鱼类和污染水源。

（7）未用完的制剂应放在原包装内密闭保存，切勿将本品置于饮、食容器中。

（8）远离水产养殖区、河塘等水体施药；禁止在河塘等水体中清洗施药器具；鱼或虾、蟹套养藕田禁用；施药后的田水不得直接排入水体。

400 g/L 嘧霉胺悬浮剂

［产品特点］ 嘧霉胺具有抑制真菌病原侵染酶分泌的功能，并能迅速渗透植物组织在表层组织传导。因此，本剂是以保护作用、治疗病菌潜伏侵染和抑制病害扩展为特点的杀菌剂。该药剂也具有一定的熏蒸作用；可有效防治黄瓜、番茄以及葡萄灰霉病。

［防治对象及使用方法］

登记作物	防治对象	有效成分用药量	使用方法
葡萄树	灰霉病	1 000~1 500 倍液	喷雾

技术要点

（1）按农药安全使用规范操作，原包装摇匀，采用"一次法"稀释配药。在配制药液时，先将推荐用量的本产品用少量水在清洁容器中充分搅拌稀释，然后全部转移到喷雾器中，再补足水量并充分混匀。

（2）根据作物大小，确定亩用水量，配制药液，进行植株或叶面均匀喷雾处理。

（3）施药应在病害发病前或初期进行叶面喷雾，建议每隔 7~10 天施用 1 次。

（4）本剂在温度较低时的防效更佳，开花期可以使用。

（5）安全间隔期 7 天，每季最多施用 3 次。

［注意事项］

（1）在保护地使用时，避免高温条件下用药，药后注意通风。

（2）施药时要穿戴防护用具、手套、面罩，避免使药液溅到眼睛和皮肤上，避免口鼻吸入，施药后用肥皂洗手、洗脸。

（3）本品对鱼类等水生生物有毒，远离水产养殖区施药，禁止在河塘等水体中清洗施药器具。

（4）空包装应清洗两次并压烂或划破后妥善处理。

（5）孕妇及哺乳期妇女禁止接触本品。

8% 宁南霉素水剂

［产品特点］ 本品属于胞嘧啶核苷肽型广谱抗生素杀菌剂，具有预防、治疗作用。本品可延长病毒潜育期、破坏病毒粒体结构，降低病毒粒体浓度，提高植株抵抗病毒的能力而达到防治病毒病的作用；同时本品还可抑制真菌菌丝生长，并能诱导植物体产生抗性蛋白，提高植物体的免疫力。

［防治对象及使用方法］

登记作物	防治对象	有效成分用药量	使用方法
苹果树	斑点落叶病	2 000~3 000 倍液	喷雾

技术要点

（1）本品应于作物发病前或发病初期施药，连续喷 2~3 次，每次施药间隔 7~10 天。

（2）本品在苹果上使用的安全间隔期为 14 天，每季最多使用次数为 3 次。

（3）本品不可与呈碱性的农药等物质混合使用。药液及其废液不得污染各类水域、土壤等环境。

［注意事项］

（1）使用本品时应穿戴防护服和手套、口罩等，避免吸入药液；施药期间不可吃东西和饮水；施药后应及时洗手和洗脸。

（2）不得在河塘等水域清洗施药器具。

（3）用过的容器应妥善处理，不可做他用，也不可随意丢弃。

（4）孕妇及哺乳期妇女禁止接触。

23.4% 双炔酰菌胺悬浮剂

［产品特点］ 本品为酰胺类杀菌剂，对由卵菌纲病原菌引起的病害有较好的防效，对处于萌发阶段的孢子具有较高的活性且可抑制菌丝生长和孢子的形成。

［防治对象及使用方法］

登记作物	防治对象	有效成分用药量	使用方法
葡萄树	霜霉病	1 500~2 000 倍液	喷雾

技术要点

（1）推荐在作物谢花后或坐果期使用本品，快速生长期配合内吸性较强的产品。

（2）本品耐雨水冲刷，药后 1 小时或药液干后遇雨药效几乎不受影响。

（3）在连续阴雨或湿度较大的环境中，或者当病情较重的情况下，建议使用较高剂量。

（4）为获得最佳的防治效果，尽量于病害发生之前整株均匀喷雾。

（5）防治葡萄霜霉病，按推荐剂量，在发病初期喷雾使用，或在作物谢花后或雨天来临前，根据病害发展和天气情况连续使用 2~3 次，每次间隔 7~14 天，对水后植株均匀充分喷雾。一季作物最多使用次数 3 次，安全间隔期 3 天。

［注意事项］

（1）按照农药安全使用准则使用本品。避免药液接触皮肤、眼睛和污染衣物，避免吸入雾滴。切勿在施药现场抽烟或饮食。在饮水、进食和抽烟前，应先洗手、洗脸及暴露部位皮肤。

（2）配药和喷药时，应穿戴手套、面罩和靴子。

（3）施药后，彻底清洗防护用具，洗澡，并更换和清洗工作服。

（4）使用过的铝箔袋空包装，须直接带离田间，安全保存，并交有资质的部门统一高温焚烧处理；其他类型的空包装，须用清水冲洗三次后，带离田间，妥善处理；切勿重复使用或改作其他用途。所有施药器具，用后应立即用清水或适当的洗涤剂清洗。

（5）药液及其废液不得污染各类水域、土壤等环境。勿将药液或空包装弃于水中或在河塘中洗涤喷雾器械，避免污染水源。

（6）未用完的制剂应放在原包装内密闭保存，切勿将本品置于饮、食容器中。

（7）过敏者禁用。使用中有任何不良反应应及时就医。孕妇及哺乳期妇女禁止接触。

21% 松脂酸铜水乳剂

［产品特点］ 本品是一种高效低毒的有机铜保护性杀菌剂，对霜霉病菌蛋白质的合成起抑制作用，致使菌体死亡。具有持效期长、使用方便的特点，有预防保护和治疗双重作用，可较好防治葡萄霜霉病。

［防治对象及使用方法］

登记作物	防治对象	有效成分用药量	使用方法
葡萄树	霜霉病	67~83 ml/ 亩	喷雾

技术要点

（1）葡萄霜霉病发生前期或初期均匀喷雾处理，间隔 7~14 天用 1 次药。

（2）每季作物最多使用 3 次，安全间隔期为 7 天。

（3）大风天或预计 1 小时内降雨，勿施药。

（4）本品不可与呈强酸、强碱物质混用。

（5）建议与作用机制不同的杀菌剂轮换使用，以延缓抗性产生。

［注意事项］

（1）施药时要有防护措施，穿戴长衣、长裤、鞋、帽子、口罩和手套，严禁吸烟和饮食，避免药物与皮肤和眼睛直接接触。施药后要及时洗手洗脸。

（2）本品对蜜蜂、鱼类等水生生物、家蚕有毒，施药期间应避免对周围蜂群的影响，禁止在开花植物花期、蚕室和桑园附近使用。

（3）远离水产养殖区、河塘等水域施药。赤眼蜂等天敌放飞区禁用。

（4）用过的容器或空包装应妥善处置，不可做他用，也不可随意丢弃。禁止在河塘等水体中清洗施药器具。

（5）避免孕妇及哺乳期妇女接触此药。

（6）避免与氧化剂接触。

250 g/L 戊唑醇水乳剂

［产品特点］ 本品为二唑类低毒、内吸性杀菌剂，通过叶片均匀吸收并向顶端传导。本品具有保护、治疗作用。

在推荐剂量下使用，本品对作物相对安全。

［防治对象及使用方法］

登记作物	防治对象	有效成分用药量	使用方法
梨树	黑星病	2 000~2 500 倍液	喷雾
苹果树	斑点落叶病	2 000~2 500 倍液	喷雾
葡萄树	白腐病	2 000~2 500 倍液	喷雾

技术要点

（1）防治苹果斑点落叶病应在苹果树春梢期施药 2 次，秋梢期 1 次。

防治梨树黑星病应在梨园初见病斑时喷药，一般用药间隔 10~15 天，连续施药 2 次。

每个生长季最多用药 2 次，安全间隔期 30 天。

（2）防治葡萄白腐病应根据各地病害防治历，制定用药适期。

（3）大风天气或预计 1 小时内下雨，勿施药。

（4）本品不可与碱性物质混用。

(5) 建议与其他作用机制不同的杀菌剂轮换使用。

［注意事项］

(1) 本品对鱼类等水生生物有毒，应避免药液流入湖泊、河流或鱼塘中。清洗喷药器械或弃置废料时，切忌污染水源。

(2) 施药时应戴口罩、手套、穿防护服，严禁吸烟和饮食；不得迎风施药，避免身体直接接触药液。施药后应彻底清洗裸露的皮肤和衣服。

(3) 使用过的空包装、容器、废弃物要根据当地环保部门要求妥善处理，不得挪作他用，也不可随意丢弃。

(4) 孕期、哺乳期妇女避免接触。

43% 戊唑醇悬浮剂

［产品特点］ 本品为内吸性三唑类杀菌剂，具有保护、治疗及铲除作用。该产品活性较高，内吸性较强、持效期较长，对苹果树轮纹病有较好的防治效果。

［防治对象及使用方法］

登记作物	防治对象	有效成分用药量	使用方法
苹果树	轮纹病	3 000~4 000 倍液	喷雾

技术要点

(1) 苹果树轮纹病发病初期施药，以后根据病情，一般间隔 10~14 天用药 1 次，连喷 2~3 次，喷雾时全株喷施，以树冠内全部枝梢叶片、果实均匀着药，药液欲滴为止。

(2) 大风天或预计 1 小时内降雨，勿施药。

(3) 最后一次施药距收获的天数（安全间隔期）为 21 天，每季最多使用 3 次。

(4) 建议与作用机制不同的杀菌剂轮换使用，以延缓抗性产生。

［注意事项］

(1) 使用时要穿戴防护镜和胶皮手套、防护衣物等防护用品，避免皮肤接触及口鼻吸入。使用中不可吸烟、饮水及吃东西，使用后及时清洗手、脸等暴露部位皮肤并更换衣物。

(2) 用过的容器应妥善处理，不可作他用，也不可随意丢弃。

（3）不得污染各类水域，远离水产养殖区、河塘用药，禁止在河塘等水体中清洗施药器具。避免药液及其废液污染水源地。

（4）赤眼蜂等天敌放飞区禁用。

（5）孕妇及哺乳期妇女禁止接触。

12.5% 烯唑醇可湿性粉剂

［产品特点］ 本品是一种二唑类杀菌剂。通过抑制麦角甾醇的生物合成而导致真菌死亡。具有内吸、预防、保护、治疗等多重作用。对由子囊菌、担子菌和半知菌引起的植物病害具有极好作用。

［防治对象及使用方法］

登记作物	防治对象	有效成分用药量	使用方法
柑橘树	疮痂病	1 500~2 000 倍液	喷雾
梨树	黑星病	3 000~4 000 倍液	喷雾
苹果树	斑点落叶病	1 000~2 500 倍液	喷雾

技术要点

（1）本品应于柑橘树、梨树、苹果发病初期施药，注意喷雾均匀周到，视病害发生情况，分别每隔 7~10、10~14、10~14 天施药 1 次，视病情、天气分别可连续用药 3、3、4 次。

（2）喷雾时，使植物充分着药至滴液为宜。大风天或预计 2~4 小时内降雨，勿喷雾施药。

（3）本品为唑类杀菌剂，建议与其他作用机制不同的杀菌剂轮换使用。

（4）禁与碱性农药等物质混用。

［注意事项］

（1）本品对鱼类等水生生物有毒，施药时应远离水产养殖区施药，应避免药液流入河塘等水体中，清洗喷药器械时切忌污染水源。

（2）使用过的施药器械，应清洗干净方可用于其他的农药。

（3）使用本品时应穿戴防护服和手套，避免吸入药液。施药期间不可吃东西和饮水。施药后应及时冲洗手、脸及裸露部位。

（4）丢弃的包装物等废弃物应避免污染水体，建议用控制焚烧法或安全掩埋法处置包装物或废弃物。

（5）孕妇及哺乳期妇女禁止接触本品。

500 g/L 异菌脲悬浮剂

［产品特点］ 异菌脲是以触杀和保护作用为主的杀菌剂，也具有一定的治疗作用。可有效地防治苹果斑点落叶病及葡萄灰霉病等。

［防治对象及使用方法］

登记作物	防治对象	有效成分用药量	使用方法
苹果树	斑点落叶病	1 000~2 000 倍液	喷雾
葡萄树	灰霉病	750~1 000 倍液	喷雾

技术要点

（1）配制药液时，向喷雾器中注入少量水，然后加入推荐用量的异菌脲制剂，充分搅拌药液使之完全溶解后，加入足量水。

（2）根据作物大小，确定亩用水量，配制药液，进行植株或叶面均匀喷雾处理。

（3）异菌脲是一种以保护性为主的触杀型杀菌剂，施药应在病害发生初期进行，建议每隔 7~10 天施用 1 次。

（4）安全间隔期：苹果 7 天；葡萄 14 天。

（5）每季最多施用次数：不超过 3 次。

［注意事项］

（1）施药时应穿工作服戴手套，不可吸烟、饮水或进食。

（2）施药后用肥皂洗手、脸及裸露皮肤、工作服和手套。

（3）用过的空包装应妥善处理，不可再用。

（4）本品对鱼类等水生生物有毒，远离水产养殖区施药，禁止在河塘等水体中清洗施药器具。

（5）孕妇及哺乳期妇女禁止接触本品。

10% 抑霉唑水乳剂

［产品特点］ 本品为咪唑类内吸性杀菌剂。本品对苹果树炭疽病、腐烂病具有较好的防治效果。

［防治对象及使用方法］

登记作物	防治对象	有效成分用药量	使用方法
苹果树	腐烂病	稀释 500~700 倍液	喷雾
苹果树	炭疽病	稀释 500~700 倍液	喷雾

技术要点

(1) 本品应于苹果树炭疽病发病初期进行施药，隔 10~15 天施 1 次，连施 2~3 次为宜；防治苹果树腐烂病应于苹果树彻底刮除病疤后，对苹果树枝干喷雾；注意喷雾均匀、周到。

(2) 大风天或预计 1 小时内降雨，勿施药。

(3) 本品在苹果树上使用的安全间隔期为 14 天，每季作物最多使用 3 次。

(4) 不可与呈碱性的农药等物质混合使用。

(5) 建议与其他作用机制不同的杀菌剂轮换使用，以延缓抗性产生。

［注意事项］

(1) 严格按规定用药量和方法使用。药液及其废液不得污染各类水域、土壤等环境。

(2) 本品对鱼类、藻类毒性高，对赤眼蜂为高风险，鱼塘及河流附近、赤眼蜂等天敌昆虫放飞区禁用；远离水产养殖区施药，以免对水生生物等有益生物产生危害；虾、蟹套养稻田禁用，施药后的田水不得直接排入水体；禁止在河塘等水体中清洗施药器具。

(3) 使用本品时应穿防护服和戴手套，避免吸入药液。施药期间不可吃东西和饮水，施药后应及时洗手和洗脸。

(4) 用过的容器应妥善处理，不可做他用，也不可随意丢弃。

(5) 避免孕妇及哺乳期妇女接触。对眼睛有刺激性。

10%氟硅唑水乳剂

［产品特点］ 本品为低毒杀菌剂，其主要作用机理是破坏和阻止病菌细胞的重要成分麦角甾醇的生物合成，对子囊菌、担子菌和半知菌所致病害防效显著，药效持久；作物一经喷治，能迅速渗入植物体内，能避免被雨水冲失，以达到全面保护及杀菌效果。

［防治对象及使用方法］

登记作物	防治对象	有效成分用药量	使用方法
梨树	黑星病	2 000~4 000 倍液	喷雾

技术要点

（1）应在发病初期使用本品，注意喷雾均匀，视病害发生情况，每 10 天左右施药 1 次，可连续用药 2 次。

（2）大风天或预计 4 小时内下雨，勿施药。

（3）本品安全间隔期为 21 天，每季作物最多使用 2 次。

（4）酥梨品种幼果前期嫩叶萌发时，使用本品偶有新叶片卷缩现象，过一段时间会恢复，但仍需避开此时期使用。对藻状菌纲引起的病害无效。

［注意事项］

（1）因各地气候、土壤等条件不同，具体用法用量应在当地农技部门指导下使用。

（2）防止对鱼毒害和污染水源。禁止在河塘等水域中清洗施药器具，蚕室与桑园附近禁用。

（3）施药时必须穿戴口罩、手套等防护用品。施药时不得吸烟、进食、饮水等，身体不适时勿施药。

（4）未使用完的药液勿随意倾倒，避免污染水源。

（5）孕妇及哺乳期妇女禁止接触本品。

22.5%啶氧菌酯悬浮剂

［产品特点］ 本品属甲氧基丙烯酸酯类杀菌剂，线粒体呼吸抑制剂。本产品为广谱性内吸杀菌剂，活性高。

[防治对象及使用方法]

登记作物	防治对象	有效成分用药量	使用方法
葡萄树	黑痘病	1 500~2 000 倍液	喷雾
葡萄树	霜霉病	1 500~2 000 倍液	喷雾

技术要点

（1）本品不可与强酸、强碱性物质混用。药液及其废液不得污染各类水域、土壤等环境。

（2）葡萄安全间隔期 14 天，每季最多使用 3 次。

（3）温室大棚环境复杂，该产品不建议在温室大棚使用。

（4）建议与其他作用机制不同的杀菌剂轮换使用。

[注意事项]

（1）遵守一般农药使用规则。施药时要穿戴防护用具、手套，避免使药液溅到眼睛、皮肤和衣服上，避免口鼻吸入，施药后用肥皂洗手、洗脸。

（2）清洗喷雾器的废水和废弃的包装不可污染河流、井水、湖泊及其他开放性水源。使用后的空袋冲洗两次后妥善处理，切勿重复使用或改作其他用途。

（3）喷施的药液应避免漂移至水生生物栖息地。

（4）孕妇和哺乳期妇女禁止接触本品。

（5）用过的容器应妥善处理，不可做他用，也不可随意丢弃。

400 g/L 嘧霉胺悬浮剂

[产品特点]　嘧霉胺具有抑制真菌病原侵染酶分泌的功能，并能迅速渗透植物组织在表层组织传导。因此，是以保护作用、治疗病菌潜伏侵染和抑制病害扩展为特点的杀菌剂。该药剂也具有一定的熏蒸作用；对葡萄、草莓、番茄、洋葱、菜豆、豌豆、黄瓜、茄子等作物以及观赏植物的灰霉病、苹果黑腥病有优异的防效。

[防治对象及使用方法]

登记作物	防治对象	有效成分用药量	使用方法
葡萄树	灰霉病	1 000~1 500 倍液	喷雾

技术要点

（1）本品在灰霉病发生初期用药，注意喷雾均匀，视病害发生情况，每间隔 5~7 天喷药 1 次，可连续施药 2 次。

（2）在葡萄上的安全间隔期为 7 天；葡萄每季最多施用次数为 3 次。

（3）本品不可与呈强酸、强碱性的农药等物质混用。

（4）建议与其他作用机制不同的杀菌剂交替使用，以延缓抗性产生。

［注意事项］

（1）在保护地使用时，避免高温条件下用药，药后注意通风。

（2）施药时要穿戴防护用具、手套、面罩，避免使药液溅到眼睛和皮肤上，避免口鼻吸入，施药后用肥皂洗手、洗脸。

（3）本品对鱼类等水生生物有毒，远离水产养殖区施药，禁止在河塘等水体中清洗施药器具。

（4）用过的空包装应妥善处理，不可做他用，也不可随意丢弃。

（5）孕妇及哺乳期妇女禁止接触本品。

50% 代森联 +10% 嘧菌酯水分散粒剂

［产品特点］ 本品中代森联为保护性杀菌剂，对卵菌纲真菌引起的各种病害有较好的防效。嘧菌酯具有很好的渗透、内吸活性。一者混配增效显著，兼具保护和治疗作用。对防治葡萄霜霉病和白腐病都有较好的效果。

［防治对象及使用方法］

登记作物	防治对象	有效成分用药量	使用方法
葡萄树	霜霉病	1 000~1 300 倍液	喷雾
葡萄树	白腐病	1 000~1 300 倍液	喷雾

技术要点

（1）按推荐剂量，于病害发生前或初见零星病斑时叶面喷雾 1~2 次，视天气变化和病情发展，应间隔 7~10 天喷药 1 次。

（2）根据作物长势，每亩喷药液量 45~75 L，叶面均匀喷雾。

[注意事项]

（1）使用本品应遵守农药安全使用规定，穿戴手套、面罩、防护服和靴子等防护用具。

（2）苹果和樱桃等较为敏感作物，应先小面积试验进行验证。对邻近苹果和樱桃作物喷施，避免药剂漂移。

（3）避免与乳油类农药和有机硅助剂混用。

（4）避免药液接触皮肤、眼睛和污染衣物，避免吸入雾滴；施药时不得抽烟、饮水、吃东西。

（5）注意与其他作用机制不同的杀菌剂交替使用，以延缓抗性的产生；不可与呈碱性的农药等物质混用。

（6）不得污染各个水域，勿将药液或空包装弃于水中，不得在河塘中洗涤喷雾器械，避免影响鱼类和污染水源。

（7）未用完的制剂应放在原包装内密闭保存，切勿将本品置于食物及饮料容器中。

（8）孕妇及哺乳期内妇女避免接触。

80%克菌丹水分散粒剂

[产品特点]　本品是一种广谱、低毒、保护性杀菌剂。本品对靶标病原菌有多个作用方式，不易产生抗性。喷施后可快速渗入病菌孢子，干扰病菌的呼吸、细胞膜的形成和细胞分裂而杀死病菌。本品在水中分散性好、悬浮性好、黏着性强，耐雨水冲刷，喷药后可在作物表面形成保护膜，阻断病原菌的萌发和侵入。本品不可与碱性物质混用。对柑橘树树脂病有防治作用。

[防治对象及使用方法]

登记作物	防治对象	有效成分用药量	使用方法
柑橘树	树脂病	600~1 000 倍液	喷雾

技术要点

（1）本品安全间隔期21天，每季作物最多使用3次。本品为保护性杀菌剂，打药时要均匀细致，以保证良好药效。

（2）本品不易与矿物油类物质同时使用，两者使用间隔 15 天以上为好。

（3）在推荐剂量下使用对登记作物相对安全，建议与其他作用机制不同的杀菌剂轮换使用，以延缓抗性产生。

［注意事项］

（1）施药时穿防护衣、戴口罩、手套，避免皮肤接触、避免溅入眼睛内。

（2）避免逆风打药。

（3）清洗施药器械要远离水源，不能随意倾倒残余药液，以免污染水源环境。

（4）孕妇、哺乳期妇女及过敏者禁用，使用中有任何不良反应须及时就医。

（5）用过的包装材料不可挪作他用，应焚烧或深埋，或交给当地环保部门统一处理。

250 g/L 戊唑醇水乳剂

［产品特点］ 本品为二唑类低毒、内吸性杀菌剂，通过叶片均匀吸收并向顶端传导。本品具有保护、治疗作用。在推荐剂量下使用，本品对作物相对安全。

［防治对象及使用方法］

登记作物	防治对象	有效成分用药量	使用方法
梨树	黑星病	2 000~2 500 倍液	喷雾
葡萄树	白腐病	2 000~2 500 倍液	喷雾
苹果树	斑点落叶病	2 000~2 500 倍液	喷雾

技术要点

（1）防治苹果斑点落叶病应在苹果树春梢期施药 2 次，秋梢期 1 次。防治梨树黑星病应在梨园初见病斑时喷药，一般用药间隔 10~15 天，连续施药 2 次。每个生长季最多用药 2 次，安全间隔期 30 天。

（2）防治葡萄白腐病应根据各地病害防治历，制定用药适期。一般从落花后开始用药，每次打药间隔 10~15 天，每个生长季最多用药 3 次。最大使用浓度 1 000 倍，安全间隔 7 天。

（3）防治梨树黑星病应在梨园初见病斑时喷药，连续施药 2 次，打药间隔 10~15 天。

(4) 大风天气或预计 1 小时内下雨，勿施药。

(5) 本品不可与碱性物质混用。

(6) 建议与其他作用机制不同的杀菌剂轮换使用。

［注意事项］

(1) 不要将药液喷到香蕉蕉蕾（蕉仔）上，以免造成药害。

(2) 本品对鱼类等水生生物有毒，应避免药液流入湖泊、河流或鱼塘中。清洗喷药器械或弃置废料时，切忌污染水源。

(3) 施药时应戴口罩、手套，穿防护服，严禁吸烟和饮食；不得迎风施药，避免身体直接接触药液。施药后应彻底清洗裸露的皮肤和衣服。

(4) 孕期、哺乳期妇女避免接触。

(5) 使用过的空包装、容器、废弃物要根据当地环保部门要求妥善处理，不得挪作他用，也不可随意丢弃。

12.8% 吡唑醚菌酯 +25.2% 啶酰菌胺水分散粒剂

［产品特点］　本品是巴斯夫欧洲公司开发的吡唑醚菌酯与啶酰菌胺的复配制剂，具有内吸性，同时具有保护和治疗作用。

吡唑醚菌酯是甲氧基丙烯酸酯类活性成分，广泛应用于多种作物病害的防治，其作用速度快，施药几分钟即可穿透到叶片中，有效成分在叶肉组织内扩散，并在叶片上形成沉降药膜，与蜡质层紧密粘连，能有效控制叶片中的病原孢子，兼具预防作用，持效期长；同时，吡唑醚菌酯还能增强作物的抗逆性，提高作物产量和商品价值。

啶酰菌胺是新型烟酰胺类杀菌剂，杀菌谱较广，几乎对所有类型的真菌病害都有活性，作用机理是抑制病原菌体的呼吸作用。

［防治对象及使用方法］

登记作物	防治对象	有效成分用药量	使用方法
葡萄树	灰霉病	1 000~2 000 倍液	喷雾
葡萄树	白腐病	1 500~2 500 倍液	喷雾
桃树	褐腐病	1 500~2 000 倍液	喷雾

技术要点

（1）施药时应现混现对，配好的药液要立即使用。

（2）须按照标签推荐剂量使用，发病前预防处理或发病初期用低剂量，病害流行时需高剂量。

（3）葡萄：发病前或发病初期用药，连续用药 3 次，每次间隔 7~10 天。安全间隔期为 7 天。

［注意事项］

（1）避免暴露，施药时必须穿戴防护衣或使用保护措施。

（2）施药后用清水及肥皂彻底清洗脸及其他裸露部位。

（3）操作时应远离儿童和家畜。不要污染水面，或灌渠。药液及其废液不得污染各类水域、土壤等环境。

（4）使用过的药械需清洗 3 遍，在洗涤药械或处置废弃物时不要污染水源。

（5）水产养殖区、河塘等水体附近禁用，禁止在河塘等水域清洗施药器具。

（6）毁掉空包装袋，并按照当地的有关规定处置所有的废弃物和空包装。

（7）蚕室及桑园附近禁用。

（8）孕妇及哺乳期妇女禁止接触。

80% 烯酰吗啉水分散粒剂

［产品特点］　本产品是专一杀卵菌纲真菌杀菌剂，其作用特点是破坏细胞壁膜的形成，对卵菌生活史的各个阶段都有作用，在孢子囊梗和卵孢子的形成阶段尤为敏感，在极低浓度下（<0.25 μg/ml）即受到抑制。与苯基酰胺类药剂无交互抗性。可有效防治葡萄霜霉病。

［防治对象及使用方法］

登记作物	防治对象	有效成分用药量	使用方法
葡萄树	霜霉病	3 200~4 800 倍液	喷雾

技术要点

（1）本品在葡萄上使用的安全间隔期为 7 天，作物周期的最多使用次数为 3 次。

（2）本品为专一杀卵菌纲真菌杀菌剂，建议与其他作用机制不同的杀菌剂轮换使用。

[注意事项]

（1）本品对鱼类、溞、藻类、鸟类、蜜蜂、家蚕、蚯蚓低毒，施药时应避免对周围蜂群的影响。蜜源作物花期、蚕室和桑园附近慎用。赤眼蜂等天敌放飞区禁用。

（2）远离水产养殖区施药，应避免药液流入河塘等水体中，清洗喷药器械时切忌污染水源。

（3）本品使用时应穿戴防护服和手套，避免吸入药液。施药期间不可吃东西和饮水。施药后应及时冲洗手、脸及裸露部位。

（4）丢弃的包装物等废弃物应避免污染水体，建议用控制焚烧法或安全掩埋法处置包装物或废弃物。

（5）孕妇及哺乳期妇女禁止接触本品。

3% 多抗霉素可湿性粉剂

[产品特点] 是金色链霉菌所产生的代谢产物，属于广谱性抗生素类杀菌剂。具有较好的内吸传导作用。其作用机理是干扰病菌细胞壁几丁质的生物合成，使菌体细胞壁不能进行生物合成导致病菌死亡。芽管和菌丝接触药剂后，局部膨大、破裂、溢出细胞内含物，而不能正常发育，导致死亡。因此还具有抑制病菌产孢和病斑扩大的作用。

多抗霉素是一种高效，低毒，无环境污染的安全农药，所以被广泛应用于粮食作物、特用作物、水果和蔬菜等重要病害的防治。

多抗霉素是一类结构很相似的多组分抗生素，含有 A 至 N14 种不同同系物的混合物，为肽嘧啶核苷酸类抗菌素。各主要组分的作用又不相同，因此在农业上使用主要分两类：一类以 a、b 组分为主，主要用于防治梨黑斑病等十多种作物病害；另一类以 d、e、f 组分为主，主要用于水稻纹枯病的防治。其作用机制是干扰真菌细胞壁几丁质的生物合成，使病斑不能扩展。

[防治对象及使用方法]

登记作物	防治对象	有效成分用药量	使用方法
梨树	黑斑病、灰斑病	150~600 倍液	喷雾

技术要点

（1）使用前，最好一次稀释；使用时须均匀喷雾。

（2）安全间隔期：柑橘树 30 天，每个生长季最多施药 1 次。

（3）为了避免产生抗药性，建议与其他作用机制不同的药剂轮用，可以在作物花期施药，不会产生影响。

［注意事项］

（1）在配制和使用时，应穿防护服、戴手套、口罩，严禁吸烟和饮食。避免误食或溅到皮肤、眼睛，如溅入眼中则立即用大量清水冲洗。药后应用肥皂和足量清水冲洗手部、面部和其他裸露在外的身体部位以及药剂污染的衣物等。

（2）孕妇及哺乳期妇女禁止接触。

（3）本品对鱼类等水生生物有毒，远离水产养殖区施药，禁止在河塘等水体中清洗施药器具。

17.5% 氟吡菌酰胺 + 17.5% 戊唑醇悬浮剂

［产品特点］ 本品为低毒内吸性杀菌剂，由新的吡啶乙基苯酰胺类杀菌剂氟吡菌酰胺和二唑类杀菌剂戊唑醇复配而成，具有保护作用和一定的治疗作用。该产品杀菌活性较高、内吸性较强、持效期较长，对黄瓜、番茄、西瓜、香蕉、苹果、梨和柑橘上的主要病害防效明显。

［防治对象及使用方法］

登记作物	防治对象	有效成分用药量	使用方法
柑橘树	黑斑病	100~200 mg/kg	喷雾
柑橘树	树脂病	100~200 mg/kg	喷雾
梨树	褐腐病	133~200 mg/kg	喷雾
梨树	黑斑病	133~200 mg/kg	喷雾

技术要点

（1）按农药安全使用规范操作，原包装摇匀，采用"一次法"稀释配药。在配制药液时，先将推荐用量的本产品用少量水在清洁容器中充分搅拌稀释，然后全部转移到喷雾器中，再补足水量并充分混匀。

(2) 香蕉、苹果、柑橘和梨等果树按稀释倍数，根据果树冠层大小确定合适的用水量，均匀喷雾处理。

(3) 在病害发生初期进行喷雾处理效果最佳，建议果树每隔 10~15 天施用 1 次。

(4) 在预计病害重发生情况下，宜使用高剂量。

(5) 大风天或预计 1 小时内降雨，勿施药。

(6) 安全间隔期：梨 15 天，柑橘 21 天。

(7) 每季最多施用次数：梨和柑橘 3 次。

［注意事项］

(1) 对人、作物、环境，安全可靠。

(2) 在喷施药液时须穿戴合适的防护设备，保护眼睛、皮肤和呼吸不受影响。

500 g/L 异菌脲悬浮剂

［产品特点］ 异菌脲是一甲酰亚胺类高效广谱、触杀型杀菌剂，可以防治对苯并咪唑类内吸杀菌剂（如多菌灵、噻菌灵）有抗性的菌种，也可防治一些通常难以控制的菌种。

［防治对象及使用方法］

登记作物	防治对象	有效成分用药量	使用方法
葡萄树	灰霉病	750~1 000 倍液	喷雾

技术要点

(1) 本品安全间隔期，葡萄为 14 天，每季作物最多施用次数均为 3 次。

(2) 配制药液时，先向喷雾器中注入少量水，然后加入推荐用量的异菌脲制剂，充分搅拌药液使之完全溶解后，加入足量水。

(3) 根据作物大小，确定亩用水量，配置药液，进行植株或叶面均匀喷雾处理。

(4) 异菌脲是一种以保护性为主的触杀型杀菌剂，施药应在病害发生初期进行，建议间隔 7~10 天施用 1 次。

［注意事项］

(1) 本品对鱼类等水生生物有毒，不得污染各类水域。

（2）远离水产养殖区施药，禁止在河塘等水体中清洗施药器具，废液、清洁液不得倒入池塘、湖泊等任何水体中。

450 g/L 咪鲜胺水乳剂

[产品特点] 本品是咪唑类高效、广谱、低毒型杀菌剂，具有内吸传导、预防保护治疗等多重作用。通过抑制甾醇的生物合成而起作用，在植物体内具有内吸传导作用，对于子囊菌和半知菌引起的多种病害防效极佳。采用基因诱导技术，激活植物抗病基因表达，内吸性强，速效性好，持效期长。

[防治对象及使用方法]

登记作物	防治对象	有效成分用药量	使用方法
柑橘树	炭疽病、绿霉病、蒂腐病、青霉病	1 000~2 000 倍液	浸果

技术要点

（1）使用前应先摇匀再稀释，即配即用。

（2）可与多种农药混用，但不宜与强酸、强碱性农药混用。

（3）安全间隔期：本品处理后的柑橘距上市时间为 14 天；对登记作物每季最多施药 1 次。

[注意事项]

（1）本品对鱼类等水生生物有毒，故严禁将浸种和浸果后的残余药液倒入江河、湖泊、水渠及水产养殖区域。

（2）配药和用药时，应戴防护镜、口罩和手套，穿防护服，操作本品时禁止饮食、吸烟和饮水。

（3）配药时，用清水对盛有药剂的包装瓶至少冲洗 3 次，并将冲洗液倒入容器中。用过的空包装应压烂或划破后妥善处理，切勿重复使用或挪作他用。禁止在河塘等水体中清洗配药器具。

（4）使用药剂后应及时用肥皂和足量清水冲洗手部、面部和其他身体裸露部位，及时清洗受药剂污染的衣物等。

（5）避免孕妇及哺乳期的妇女接触本品。

50% 多菌灵可湿性粉剂

[产品特点]　本品是一种苯并咪唑类内吸性杀菌剂，兼有保护和治疗作用。对梨树黑星病有较好的治疗作用。

[防治对象及使用方法]

登记作物	防治对象	有效成分用药量	使用方法
梨树	黑星病	500~667 倍液	喷雾

技术要点

(1) 在梨树谢花后开始发现病芽梢时，用本品 500~667 倍液喷雾。

(2) 不能与铜制剂及强酸、强碱性物质混用。

(3) 长期单一使用多菌灵易使病菌产生抗药性，应与其他作用机制杀菌剂轮换使用。

(4) 本品在梨树上使用的安全间隔期 28 天，每季最多使用 3 次。

(5) 大风天或预计 1 小时内降雨，勿施药。

[注意事项]

(1) 施药时应穿防护用品，避免吸入药液。施药期间不可吃东西和饮水。施药后应及时洗手和洗脸。

(2) 使用和清洗施药器具的水不要污染河流、池塘等水体。

(3) 孕妇及哺乳期妇女应避免接触。

(4) 用过的空袋等容器应妥善处理，不可做他用，也不可随意丢弃。

46% 氢氧化铜水分散粒剂

[产品特点]　是新型铜制剂，杀菌谱广，可同时预防蔬菜、水果的真菌病与细菌病，对于防治黄瓜细菌性角斑病、柑橘疮痂病、番茄早疫病、马铃薯晚疫病、葡萄霜霉病等均有良好功效，给予蔬菜、水果全面保护。拥有优异的杀菌活性，从多作用位点预防病害，将效果释放至最大；当条件适宜时，做出快速响应释放铜离子，预防效果迅速且安全。本产品是新型铜制剂杀菌剂，能够稳定释放具有杀菌活性的

铜离子，不仅提高了制剂铜离子的利用效率和防治病害的效果，同时还大大改善了铜制剂对作物的安全性。

[防治对象及使用方法]

登记作物	防治对象	有效成分用药量	使用方法
葡萄树	霜霉病	1 750~2 000 倍液	喷雾
柑橘树	溃疡病	1 500~2 000 倍液	喷雾

技术要点

(1) 喷雾用水的 pH 需高于 6.5。

(2) 开花作物花期禁止施用，桑蚕养殖区不得使用。

(3) 柑橘：于梢约 1.5 cm 时第一次施药，连续 3 次，每次用药间隔 10~15 天，安全间隔期 21 天。

(4) 葡萄：建议发病前保护性用药，茎叶喷雾覆盖全株，每次用药间隔 7~10 天，每季最多 3 次，安全间隔期 14 天。

(5) 可根据发病情况及天气情况调整用药间隔期和用药次数。

(6) 建议与其他作用机制不同的杀菌剂轮换使用。

(7) 每年铜使用量不能超过 6 kg/hm^2（0.4 kg/ 亩）。

[注意事项]

(1) 遵守一般农药使用规则。施药时要穿戴防护用具、手套、面罩，避免药液溅到眼睛和皮肤上，避免口鼻吸入，施药后用肥皂洗手、洗脸。

(2) 清洗喷雾器的废水不可污染河流、井水、湖泊及其他开放性水源。使用后的空袋在当地法规容许下焚毁或深埋。

(3) 药液及其废液不得污染各类水域、土壤等环境。本品对鱼和水生生物有害，不要施用于水边的田地或洼地。施药区域的飘移和径流作用可能对相连区域的鱼类和水生生物产生危害。

20% 噻菌铜悬浮剂

[产品特点] 噻唑类杀菌剂，具有内吸、保护和治疗的作用。能有效防治作物细菌性和真菌性病害。

[防治对象及使用方法]

登记作物	防治对象	有效成分用药量	使用方法
桃树	细菌性穿孔病	300~700 倍液	喷雾
柑橘树	疮痂病	300~500 倍液	喷雾
柑橘树	溃疡病	300~700 倍液	喷雾

技术要点

(1) 本剂应掌握在初发病期使用,采用喷雾和弥雾。

(2) 使用之前,先摇匀;如有沉淀,摇匀后不影响药效。

(3) 使用时,先用少量水将悬浮剂搅拌成浓液,然后对水稀释。

(4) 在各防治作物上的使用安全间隔期和使用次数分别为:柑橘:14 天,3 次;桃树 14 天,3 次。

(5) 本剂不能与强碱性农药等物质混用。

[注意事项]

(1) 本品虽属低毒农药,但使用时仍应遵守农药安全操作规程。注意做好保护工作,施药后要及时清洗。

(2) 农药使用人员在使用本品时应穿着长衣、长裤、鞋并佩戴帽子、手套和口罩。

(3) 禁止在河塘等水域内清洗施药器具,避免污染水源。桑园及蚕室附近禁用。用过容器妥善处理,不可做他用或随意丢弃。

(4) 孕妇及哺乳期妇女避免接触。

2 亿孢子 /g 木霉菌可湿性粉剂

[产品特点] 2 亿孢子 /g 木霉菌可湿性粉剂是一种活体杀菌剂。其作用机制多,可以通过营养竞争、拮抗、重寄生以及诱导抗性等机制起到抑制病原菌的作用。其优点为持效期长,作用位点多,不产生抗药性,杀菌谱广,无残留,无毒性,对作物没有任何不良影响,可广泛应用于农业生产中。

［防治对象及使用方法］

登记作物	防治对象	有效成分用药量	使用方法
葡萄树	灰霉病	200~300 倍液	喷雾

技术要点

（1）防治灰霉病时，最好提前 7~10 天开始施药，做到以防为主。建议分别于开花前 7~10 天、初花期和末花期施两次药。

（2）多菌灵、戊唑醇、嘧霉胺、异菌脲、甲基硫菌灵、氟啶胺、丙环唑、腈苯唑、粉唑醇、g 菌丹、腈菌唑、甲基立枯灵、噻菌灵、氟菌唑、氟环唑、噁霜灵对木霉菌影响大，不得与本品混合使用。

（3）本品每季作物最多用药 3 次，安全间隔期为 10 天。

（4）使用前，请充分混合均匀喷雾。

［注意事项］

（1）孕妇及哺乳期妇女禁止接触。

（2）使用本品应穿防护服、戴手套、口罩等，避免吸入药液，施药后应及时洗手和脸。

（3）不得污染饮用水、河流、池塘等。施药时远离水产养殖区，禁止在河塘等水域清洗施药器具。

（4）拆包后必须当日用完。

80% 硫磺水分散粒剂

［产品特点］ 低毒农药。本产品为干悬浮制剂加工工艺，属保护性杀菌剂，主要作用于植物病原菌氧化还原体系细胞色素 b 和 c 之间电子传递过程，夺取电子，干扰病原菌正常的氧化还原作用，可有效防治黄瓜白粉病和柑橘疮痂病。

［防治对象及使用方法］

登记作物	防治对象	有效成分用药量	使用方法
柑橘树	疮痂病	300~500 倍液	喷雾

技术要点

(1) 保护性杀菌剂，建议发病前或发病初期用药，均匀喷雾，重点喷施嫩梢和幼苗。

(2) 防治疮痂病，当柑橘春梢萌发期开始用药防治；花期不用药。

(3) 每次间隔 7~10 天施药，连续施药 3~4 次。

(4) 喷雾时注意叶片正、反面喷洒均匀，避免漏喷。

(5) 大风天或预计 1 小时内有雨，勿施药。

(6) 不要将本产品与一硝基类化合物或硫酸铜等金属盐类物质混配使用。

(7) 建议与不同作用机制的杀菌剂轮换使用。

[注意事项]

(1) 必须严格执行农药安全使用规定，使用时应有劳动防护措施，穿戴劳动保护用品，不得吸烟、饮食。

(2) 避免在高温强日照下施药。

(3) 甜瓜对本类杀菌剂高度敏感，本品禁止用于甜瓜。

(4) 大多数作物花期敏感，应避免在花期用药。

(5) 包装物不得挪作他用。

(6) 用过的容器应妥善处理，不可他用，也不可随意丢弃。

(7) 孕妇及哺乳期妇女禁止接触本品。

430 g/L 戊唑醇悬浮剂

[产品特点]　低毒农药。本产品是内吸性二唑类杀菌剂，活性较高，内吸性较强，持效期较长，具有保护、治疗作用。可防治梨树上的黑星病、苹果树斑点落叶病、水稻稻曲病，而且在推荐剂量下对作物安全。

[防治对象及使用方法]

登记作物	防治对象	有效成分用药量	使用方法
梨树	黑星病	3 000~4 000 倍液	喷雾

技术要点

(1) 梨树黑星病发病初期，对水以每株喷液量 2~2.5 kg 喷雾施药，每次施药间隔 7 天，一般施药 2~3 次。

（2）在梨树上最多施药次数为 4 次，安全间隔期为 21 天。

（3）宜与不同作用机制的杀菌剂轮换使用。

（4）大风天或预计 1 小时内有雨，勿施药。

［注意事项］

（1）必须严格执行农药安全使用规定，使用时应有劳动防护措施，穿戴劳动保护用品，不得吸烟、饮食。

（2）本品对鱼类等水生生物有毒，远离水产养殖区施药，禁止在河塘等水体中清洗施药器具。

（3）包装物不得挪作他用。

（4）用过的容器应妥善处理，不可他用，也不可随意丢弃。

（5）孕妇及哺乳期妇女禁止接触本品。

80 亿芽孢 /g 甲基型芽孢杆菌 LW-6 可湿性粉剂

［产品特点］ 低毒微生物源农药。本品通过成功定殖至植物根际、体表或体内，改变其周围菌群环境和种类，与病原菌竞争植物周围的位点，并且分泌多种抗菌物质以抑制病原菌生长，同时诱导植物防御系统抵御病原菌入侵，从而达到有效排斥、抑制和杀灭病菌的作用。

［防治对象及使用方法］

登记作物	防治对象	有效成分用药量	使用方法
柑橘树	溃疡病	800~1 200 倍液	喷雾

技术要点

（1）本品应于病害初期或发病前施药效果最佳，视病害发生情况，每 7~10 天施药 1 次，可连续用药 2~3 次。施药时注意使药液均匀喷施至作物各部分。

（2）本品不能与含铜物质或链霉素等杀菌剂混用；不能与强酸性和强碱性物质混用。

（3）不宜与杀细菌的化学农药直接混用或直接使用，否则效果可能有所下降。勿在强阳光下喷雾，晴天傍晚或阴天全天用药效果最佳。

（4）大风天或预计 1 小时内有雨，勿施药。

（5）宜与不同作用机制的杀菌剂轮换使用。

［注意事项］

（1）药剂贮存、运输温度不要高于 35℃，避免反复冻融；避免长时间光照。

（2）必须严格执行农药安全使用规定，使用时应有劳动防护措施，穿戴劳动保护用品，不得吸烟、饮食。

（3）本品对家蚕毒性高，蚕园及桑园附近禁用，远离水产养殖区施药，禁止在河塘等水体中清洗施药器具。

（4）包装物不得挪作他用。

（5）用过的容器应妥善处理，不可他用，也不可随意丢弃。

（6）孕妇及哺乳期妇女禁止接触本品。

参考文献

[1] 安然，瓮艳荣，刘娜，等.苹果园病虫害的局部发生与挑治 [J]. 北方果树，2018, (1)：24~26, 31.

[2] 安月晴，杨晓平，胡红菊，等.梨瘿蚊综合防治技术进展 [J]. 湖北植保，2019, (4)：56~60.

[3] 白明第，陆晓英，张武，等.几种生物药剂对葡萄白粉病防治效果初报 [J]. 中国南方果树，2019, (1)：69~71.

[4] 白瑞霞，王越辉，马之胜，等.桃红颈天牛研究进展 [J]. 中国森林病虫，2017, (2)：5~9.

[5] 曹娟.桃树的病虫害及防治 [J]. 现代园艺，2017, (13)：164~165.

[6] 曹素芳，赵明新，王玮，等.甘肃省景泰县梨茎蜂发生动态监测 [J]. 中国农学通报，2017, 33(6)：155~158.

[7] 曾传龙，谢标洪.江西省赣州葡萄主要病虫害的发生与防治 [J]. 现代园艺，2016, (1)：88.

[8] 柴全喜，宋素智.水木坚蚧的发生与防治 [J]. 山西果树，2016, (4)：59.

[9] 车升国，樊庆军，温延臣，等.菏泽市葡萄主要病害鉴别与综合防控技术 [J]. 山西果树，2019, 187(1)：55~57.

[10] 邓亚丽，冯巧菊，徐金刚，等.葡萄天蛾和葡萄蔓割病的发生与防治 [J]. 现代农村科技，2013, (24)：26~27.

[11] 董冉，魏树伟，冉昆，等.梨炭疽病的发生与防治措施 [J]. 中国果树，2017, (1)：56~57.

[12] 董冉，魏树伟，王宏伟，等.华北地区梨黑斑病的发生与防治 [J]. 果农之友，2019, 208(9)：36~37.

[13] 董天云.上海地区桃褐腐病的发生情况与绿色防控 [J]. 上海农业科技，2020, (2)：112~114.

[14] 董晓颖.猕猴桃病虫害综合防治技术 [J]. 西北园艺：综合，2018, 255(5)：47~48.

[15] 杜浩，刘坤，赵广，等.梨瘿蚊及其天敌种群动态和时空生态位研究 [J]. 中国植保导刊，2019, 315(3)：36~41.

[16] 杜华,武宁,董艳阁,等.梨小食心虫的发生规律及防治措施 [J].果农之友,2020,219(8):39~40.

[17] 方国富.杨梅癌肿病和根结线虫病的发生规律及防治方法 [J].植物保护学,2011,(16):152,154.

[18] 方加兴,申卫星,孟宪鹏,等.泰山黑虎峪灯下金龟甲种群结构及其发生动态研究 [J].中国植保导刊,2016,(6):40~43.

[19] 封云涛,魏明峰,郭晓君,等.三种杀螨剂对山楂叶螨的毒力评价 [J].植物保护学报,2018,45(3):245~251.

[20] 高延林,邵军辉.设施红地球葡萄穗轴褐枯病综合防治技术 [J].河北果树,2016,(5):28~29.

[21] 耿国勇,宋孙榜,张丽丽,等.葡萄透翅蛾的危害与防治 [J].果农之友,2013,(3):41.

[22] 龚国淑,崔永亮,陈华保,等.一种猕猴桃褐斑病综合防治方法,2017.

[23] 龚云华.桃树缩叶病的发生特点及防治 [J].农业与技术,2017,37(24):204~205.

[24] 顾耘,吕瑞云.近年来胶东地区苹果病虫害发生与控制的新趋势和新进展 [J].烟台果树,2017,(1):20~22.

[25] 韩明利,马爱红,路子云,等.桃红颈天牛发生为害及防治技术研究进展 [J].河北农业科学,2019,23(1):53~56.

[26] 郝宇,杨立柱.葡萄炭疽病的发生及防治 [J].现代农业科技,2019,741(7):101~102.

[27] 何东.伊犁苹果棉蚜的发生与防治 [J].南方农业,2017,11(20):22~23.

[28] 何海永,黄露,吴石平.杨梅果实主要病害发生危害及其病原形态鉴定 [J].贵州农业科学,2019,47(5):43~45.

[29] 何敏山.猕猴桃主要病害分析及防治措施探究 [J].南方农业,2018,12(30):28,30.

[30] 何小平,田立超,万涛.嘉陵公园 7 种常见园林害虫及其防治措施 [J].现代园艺,2018,(23):164~166.

[31] 何学友,邱君志,蔡守平.油茶黑胶粉虱及扁座壳孢对其自然控制作用[J].中国森林病虫,2011,30(4):9,23~25.

[32] 洪勇.安顺市葡萄炭疽病的发病原因及防治方法 [J].现代农业科技,2017,(3):114~115.

[33] 侯迎春.露地及温室栽培桃潜叶蛾的发生与防治 [J].中国果树,2012,(4):79.

[34] 侯平军,崔永辉.葡萄穗轴褐枯病的发生与防治 [J].河南农业,2016,(22):36.

[35] 胡金鑫,彭明,刘华.金丝峡天蛾科昆虫多样性研究 [J].陕西林业科技,2017,(3):28~33.

[36] 胡连艳.葡萄天蛾的发生与无公害防治 [J].现代农村科技,2018,(8):31~32.

[37] 胡增丽.梨瘿蚊为害特点及综合防治技术分析 [J].南方农业,2020,(2):3~4.

[38] 胡作栋.东方褐盔蜡蚧的发生规律与综合防治技术 [J].西北园艺:果树,2014,(1):13~14.

[39] 滑磊.果树冬季病虫害防治技术 [J].河北果树,2016,02(2):55~56.

[40] 黄冬华,周超华,徐雷,等.江西早熟梨病虫害发生现状及综合治理 [J].生物灾害科学,2015,(1):22~26.

[41] 黄广泰,杨波.葡萄虎天牛发生规律及防治 [J].河南农业,2002,(5):17.

[42] 黄建荣，李国平，田彩红，等.桃蛀螟为害青茄的初报 [J]. 植物保护，2018, 44(03): 239~240.

[43] 黄胜先，范斌，李佳林，等.思州柚主要病虫害种类及发生规律调查 [J]. 现代农业科技，2020, 765(7): 116~~118.

[44] 霍晓红.柿炭疽病防治方法 [J]. 河北果树，2014, (5): 54.

[45] 纪兆林，张权，严纯，等.桃细菌性穿孔病及防治研究进展 [J]. 植物保护，2020(5).

[46] 贾军团，李文妮，来顺宇，等.陕西永寿县苹果斑点落叶病的发生规律及防治措施 [J]. 中国园艺文摘，2017, (5): 209~210.

[47] 蒋景德，孙伟.杨梅柏牡蛎蚧发生规律及防治方法 [J]. 上海农业科技，2012, (5): 102, 110.

[48] 蒋妮，刘丽辉，缪剑华，等.桃蛀螟在广西杧术上的发生危害规律及防治研究 [J]. 湖北农业科学，2016, (1): 82~85.

[49] 蒋勇，贾丛榕.璧山区主要园林害虫及其防治 [J]. 现代园艺，2015, (21): 90.

[50] 金炜.安徽省几种特色水果主要虫害发生调查及防治研究 [D]. 2016.

[51] 金银利，马全朝，乔利，等.一种茶树柿广翅蜡蝉的防控方法，2020.

[52] 柯杨，马瑜，朱海云，等.葡萄灰霉病无公害防治研究进展 [J]. 生物学杂志，2017, (3): 87~91.

[53] 李宝燕，于晓丽，石洁，等.葡萄霜霉病田间初始发生相关因素分析 [J]. 中国农学通报，2019, (9): 28~33.

[54] 李红旭，曹素芳，赵明新，等.甘肃省梨树主要病虫害调查初报 [J]. 甘肃农业科技，2018, (10): 37~41.

[55] 李杰.桑天牛发生规律及综合防治技术 [J]. 现代农业科技，2018, (9): 156, 158.

[56] 李金章，席忠诚，刘建平，等.甘肃庆阳苹果绵蚜发生情况普查及防治措施 [J]. 中国果树，2017, (4): 86~90.

[57] 李娟，何丽丽，车小娟，等.秦岭北麓猕猴桃叶部常见病害防治技术 [J]. 西北园艺（果树），2019(5): 32~33.

[58] 梁泊，唐欣甫.北京地区桃树根癌病的发生与防治 [J]. 烟台果树，2019, (2): 45~46.

[59] 梁杰，张海波，焦景杰，等.林木草履蚧的危害与防治 [J]. 现代农业科技，2019, (014): 117, 121.

[60] 梁丽娟，白国玲，孙晓莉.柿树炭疽病防治技术 [J]. 城市建设理论研究（电子版），2014, (32): 2001.

[61] 林玲，陈立，李玮，等.葡萄黑痘病病原菌生长特性研究 [J]. 南方农业学报，2016, 47(4): 571~575.

[62] 刘博，刘国鹏.麻皮蝽在猕猴桃园的危害及防治措施 [J]. 陕西农业科学，2017, 63(12): 63~64.

[63] 刘恩来.葡萄房枯病的症状及防治 [J]. 农业灾害研究，2018, (3): 81~82.

[64] 刘佳，周勇，朱航，等.斜纹夜蛾抗药性监测及茚虫威对其解毒代谢酶的影响 [J]. 昆虫学报，2016, 59(11): 1 254~1 262.

[65] 刘三军 , 周增强 , 陈锦永 , 等 . 黄河中下游地区葡萄霜霉病的发生规律及防治 [J]. 果农之友 , 2016, (5): 36~37.

[66] 刘淑芳 . 葡萄白腐病的发生规律及防治措施 [J]. 山西果树 , 2018, 1(181): 56~57.

[67] 刘淑芳 . 葡萄炭疽病的发生规律及防治措施 [J]. 现代园艺 , 2018, 3(351): 126.

[68] 刘万好 , 唐美玲 , 卢建生 , 等 . 葡萄短须螨的发生规律及防治技术 [J]. 烟台果树 , 2018, 144(4): 57~58.

[69] 刘艳红 , 张权义 , 贾栋 . 桃蚜种群消长规律预测模型的建立与应用 [J]. 山西农业科学 , 2019, 401(7): 130~133.

[70] 刘英胜 , 孙昊洋 . 梨锈病发病规律及综合防治技术 [J]. 河北果树 , 2016, (6): 13.

[71] 刘永林 . 盘州市刺梨白粉病发生情况及防治研究 [J]. 农业科学 , 2020, 3(1): 27~28.

[72] 卢粉兰 , 王润军 . 葡萄灰霉病发生规律及防治技术 [J]. 河北果树 , 2016, (3): 29.

[73] 路芳 , 郑亚茹 . 葡萄白腐病综合防治技术 [J]. 河北果树 , 2017, (5): 53~54.

[74] 罗文辉 . 炎陵黄桃主要病虫害防治 [J]. 林业与生态 , 2018, 755(8): 36~38.

[75] 罗正德 . 桃树缩叶病发生规律和防治措施 [J]. 烟台果树 , 2019, 148(4): 50.

[76] 马爱国 . 中国林业有害生物概况 [M]. 北京：中国林业出版社 , 2008.

[77] 马罡 , 李佳乐 , 张薇 , 等 . 葡萄短须螨的发生与防治 [J]. 落叶果树 , 2019, 51(6): 50~51.

[78] 马海燕 . 葡萄黑痘病发生规律及防治措施 [J]. 山东林业科技 , 2018, 48(2): 84~85.

[79] 马丽君 . 渭北苹果园蛀干害虫桑天牛发生与防治 [J]. 西北园艺（果树）, 2020, 280(5): 25~26.

[80] 马如花 , 李志奇 , 赵娟 . 铜绿异丽金龟的控制技术 [J]. 现代园艺 , 2013, (18): 84~85.

[81] 马兴莉 , 宋宏伟 , 张真 , 等 . 河南枣区绿盲蝽发生规律及绿色防控技术 [J]. 中国森林病虫 , 2016, 35(3): 38~41.

[82] 马烨 . 苹果树腐烂病的发生及综合防治 [J]. 现代农业 , 2019, 514(4): 27.

[83] 孟玲 . 富平县柿树角斑病发生与防治 [J]. 陕西林业科技 , 2016, (3): 96~97.

[84] 米仁荣 , 田虹 , 蔡道辉 , 等 . 龙山县柑橘柿广翅蜡蝉的发生与防治 [J]. 现代农业科学 , 2018, (7): 145.

[85] 牟丰盛 , 陈磊 , 周洪亮 . 玉米梨剑纹夜蛾的识别与防治 [J]. 吉林农业 , 2016, (10): 88.

[86] 潘换来 , 潘小刚 , 范婷 . 苹果褐斑病的发生与综合防治 [J]. 烟台果树 , 2019, 145(1): 50~53.

[87] 秦霞 , 杨红芳 , 刘清瑞 . 桃树细菌性穿孔病的发生因素与综合防治 [J]. 种业导刊 , 2016, (7): 13~14.

[88] 邱强 . 果树病虫害诊断与防治彩色图谱 [M]. 北京：中国农业科学技术出版社 , 2013.

[89] 冉红凡 , 路子云 , 刘文旭 , 等 . 梨小食心虫生物防治研究进展 [J]. 应用昆虫学报 , 2016, 53(5): 931~941.

[90] 热孜娃 · 吐尔逊 . 吐鲁番葡萄白粉病发生规律及防治措施 [J]. 现代园艺 , 2017, (23): 169.

[91] 任善军 , 董恩玉 , 裴艳飞 , 等 . 山东平原梨园梨二叉蚜的安全防治 [J]. 果树实用技术与信息 , 2017, (10): 24.

[92] 任艳玲 , 田虹 , 王涛 , 等 . 出口蓝莓基地病虫害调查初报 [J]. 浙江农业学报 , 2016, 28(6): 1 025~1 029.

［93］申桂艳.桑天牛研究进展 [J].防护林科技,2016(11): 79~80.

［94］盛玉,潘海发,陈红莉,等.桃细菌性穿孔病测报及生产防治关键技术 [J].农业灾害研究,2020, 10(1): 6~7, 46.

［95］时明刚,段科平,王常平,等.吉首高山金秋梨梨锈病发生特点与防治技术研究 [J].生物灾害科学,2019, 42(1): 40~44.

［96］宋伟,宋锐,孙玉霞,等.桃树流胶病综合防治技术 [J].四川农业科技,2019, (12): 27~28.

［97］苏文文,李苇洁,李良良,等.猕猴桃褐斑病的发生及防治 [J].农技服务,2020, 392(5): 88~89.

［98］孙瑞红,姜莉莉,王圣楠,等.山东省桃树重要害虫的监测与防控 [J].落叶果树,2020, 52(3): 42~45.

［99］汪荣灶,程根明.柿广翅蜡蝉发生规律调查 [J].中国茶叶,2016, (7): 18.

［100］汪耀辉,张剑锋,闫小亚.甘肃天水苹果斑点落叶病的发生与防治 [J].西北园艺:果树,2019(6): 24~25.

［101］王穿才,马辉.黑腹果蝇对东魁杨梅的为害及其生物学特性与防治技术研究 [J].中国南方果树,2008, 37(4): 54~55.

［102］王芳,付红梅,胡松余,等.油茶桃蛀螟生物学特性及灯光诱杀技术研究 [J].浙江林业科技,2020, 40(4): 57~62.

［103］王福建,赵林,杨峰,等.徐淮地区梨园病虫害防治现状及措施 [J].黑龙江农业科学,2015, 2(2): 174.

［104］王桂春,程航,韩秀君,等.梨小食心虫成虫发生规律的气象因子分析 [J].干旱气象,2016, 34(2): 356~361.

［105］王和朋.桃树流胶病的物理和化学综合防治方法 [J].现代园艺,2019, 379(7): 178~179.

［106］王华弟,黄茜斌,饶汉宗.杨梅蓑蛾类害虫的发生危害规律与监测防控技术 [J].上海农业科技,2017, (5): 129~131.

［107］王华弟,沈颖,黄茜斌.杨梅柏牡蛎蚧发生规律与监测防治技术 [J].中国植保导刊,2016, 36(11): 45~49.

［108］王华弟,沈颖,汪恩国,等.杨梅果蝇种群发生动态监测与综合防治技术研究 [J].农学学报,2017, 7(6): 6~14.

［109］王继廉,李玉花.枇杷病虫害防治要点 [J].云南农业,2016, 324(1): 39~40.

［110］王江柱,王勤英.梨病虫害诊断与防治图谱 [M].北京:金盾出版社,2015.

［111］王静.辽宁西部梨剑纹夜蛾生物学特性 [J].吉林农业,2018, 428(11): 80.

［112］王列珍,樊林志.葡萄根瘤蚜的发生及防治措施 [J].河北果树,2018, 152(2): 33~34.

［113］王林聪,李志刚,李军,等.不同波长诱虫灯对红树林主要害虫的诱集作用 [J].环境昆虫学报,2016, (5): 1 028~1 031.

［114］王萍莉,李小万,高朋,等.白星花金龟的羽化及交配行为 [J].植物保护,2018, 44(1): 174~178.

［115］王庆波,林明极,王久林,等.东宁市梨木虱发生规律及防治技术研究 [J].中国林副特产,2016, 3(3): 44~46.

[116] 王世明 . 石灰水对苹果绵蚜的田间防效 [J]. 中国果业信息 , 2020, 37(3): 56.

[117] 王伟 . 桃树虫害桃红颈天牛和桃球坚介壳虫的发生与防治 [J]. 现代农业科技 , 2019, 753(19): 118, 120.

[118] 王西锐 , 赵磊 , 王宝 , 等 . 翠香猕猴桃黑斑病防治技术 [J]. 陕西农业科学 , 2016, (2): 125~126.

[119] 王晓娥 , 杨静 . 葡萄园绿盲蝽的发生与防治 [J]. 现代农业科技 , 2017, (3): 117.

[120] 王焱 . 上海林业病虫 [M]. 上海 : 上海科学技术出版社 , 2007.

[121] 王永崇 . 作物病虫害分类介绍及其防治图谱——葡萄蔓割病及其防治图谱 [J]. 农药市场信息 , 2016, (11): 66.

[122] 王永崇 . 作物病虫害分类介绍及其防治图谱——桃缩叶病及其防治图谱 [J]. 农药市场信息 , 2016.

[123] 王争科 , 刘敏 , 杨淑凤 , 等 . 苹果园卷叶害虫发生规律与防治技术 [J]. 西北园艺 (果树), 2016, (4): 22~24.

[124] 王作品 , 邢维杰 . '晚红' 葡萄房枯病的发生与防治 [J]. 北方果树 , 2014, (1): 33~34.

[125] 魏琳 . 葡萄蔓割病的认识与防治 [J]. 河南科技 , 2013, (7): 210.

[126] 魏艳玲 , 谢中卫 . 临泉县桃树炭疽病的发生及防治 [J]. 现代农业科技 , 2016, (15): 133, 135.

[127] 巫胜利 , 杨朝荔 , 邢家仲 , 等 . 草履蚧生物学、生态学特性观察及综合防治技术研究 [J]. 中国园艺文摘 , 2016, 32(4): 55.

[128] 谢永堂 . 泸西高原梨黑斑病发生规律与防治对策 [J]. 云南农业 , 2014, (7): 30.

[129] 谢志刚 , 张明 , 卜令龙 , 等 . 梨褐斑病的发生规律与防治方法 [J]. 落叶果树 , 2017, (6): 41~42.

[130] 徐法燕 , 冯惠珺 . 聊城市城区阻隔法防治草履蚧方法初探 [J]. 农业与技术 , 2020, 40 (9): 139~140.

[131] 徐公天 , 杨志华 . 中国园林害虫 [M]. 北京 : 中国林业出版社 , 2007.

[132] 闫希光 . 4 种杀菌剂对梨白粉病的防治效果 [J]. 中国果树 , 2019, (3): 81~82, 87.

[133] 严凯 , 罗泽丽 , 胡芳丽 , 等 . 刺梨白粉病的发生规律及生物学特性 [J]. 江苏农业科学 , 2017, 45(21): 119~122.

[134] 杨超 , 张国丽 , 任毓忠 , 等 . 北疆沿天山北坡一带葡萄穗轴褐枯病病原菌的鉴定 [J]. 植物保护 , 2017, (3): 129~135.

[135] 杨丽琼 . 苹果斑点落叶病发生规律及防治对策 [J]. 云南农业 , 2017, (6): 36~37.

[136] 杨伟涛 , 刘永胜 . 梨黑星病的发生与防治 [J]. 现代农村科技 , 2017, 2(546): 42.

[137] 杨小芹 . 浅谈苹果腐烂病及无公害的综合防治技术 [J]. 农业与技术 , 2017, 37(4): 108.

[138] 杨晓芳 , 谢红站 , 李伟 . 梨树病害的发生规律和防治方法 [J]. 河南农业 , 2019, 519(31): 33.

[139] 杨晓平 , 陈启亮 , 张靖国 , 等 . 梨黑斑病及抗病育种研究进展 [J]. 果树学报 , 2017, (10): 1 340~1 348.

[140] 姚晖 . 巨峰葡萄褐斑病绿色防治技术 [J]. 农业与技术 , 2019, 39(24): 85~86.

[141] 叶正文，李雄伟，周京一，等.桃流胶病研究进展 [J].上海农业学报，2020, 36(2): 146~150.

[142] 尹志学，孙英姿.苹果轮纹病和苹果炭疽病的区别及防治 [J].河北果树，2014, (6): 44~45.

[143] 于利国，陈展，魏建国，等.草履蚧生物学特性研究 [J].黑龙江农业科学，2019, (10): 63~66.

[144] 于秋香，李桂香，李震，等.冬季果园管理主要措施 [J].河北果树，2017, 1(1): 44.

[145] 于永，陈岚，胡作栋.东方褐盔蜡蚧在葡萄园的发生规律和综合治理技术 [J].现代园艺，2016, (11): 134~135.

[146] 余慧金.屏南县桃褐腐病的发生与防治 [J].福建农业科技，2016, 47(3): 27~28.

[147] 余杰颖，张斌，余江平，等.贵阳地区桃树常见病虫害种类及优势种调查 [J].中国南方果树，2015, (6): 98~101.

[148] 袁自更.柿绒蚧发生规律及综合防控技术 [J].果农之友，2017, (9): 29~30.

[149] 岳琳，杨亚丽，张永翊，等.苹果腐烂病发生原因及防治措施 [J].山西果树，2018, (3): 62~63.

[150] 翟浩，张勇，李晓军，等.不同杀虫剂对苹果黄蚜的田间防控效果 [J].安徽农业科学，2018, (1): 143~145.

[151] 张宝.木纳格葡萄粉蚧防治要点 [J].西北园艺（果树），2015, (3): 51.

[152] 张斌，耿坤，夏忠敏，等.贵阳地区枇杷常见病害调查初报 [J].中国南方果树，2014, (2): 86~88.

[153] 张博，马罡，张薇，等.葡萄粉蚧的发生与防治 [J].落叶果树，2018, 50(3): 44~45.

[154] 张迪，王晓东.葡萄灰霉病生物防治研究进展 [J].中国植保导刊，2017, (7): 24~28.

[155] 张广杰，王倩，刘玉升.白星花金龟人为条件生物学与应用潜力 [J].环境昆虫学报，2020, 42(2): 24~33.

[156] 张红梅，徐兴才，陈福寿，等.昆明桃园梨小食心虫发生规律 [J].植物保护，2016(1): 184~188.

[157] 张坤鹏，宫庆涛，武海斌，等.新型杀螨剂对山楂叶螨的防治效果 [J].农药，2016, 55(1): 67~69.

[158] 张涛，李婷，冯渊博.梨网蝽在西安市樱桃上的危害与防治 [J].北方果树，2011, (5): 37~38.

[159] 张未仲，李捷，周旭凌，等.绿盲蝽研究进展 [J].农学学报，2018, 8(10): 13~18.

[160] 张喜强，刘春隔.柿树角斑病和圆斑病的发生与防治 [J].现代农村科技，2017, (7): 33~34.

[161] 张晓伟，郝国伟，杨盛，等.山西省梨瘿蚊发生规律研究 [J].山西果树，2016, (1): 8~10.

[162] 张晓宇，王建国，梁丽娟，等.富平县柿子炭疽病防治措施 [J].绿色科技，2020, (1): 197~198.

[163] 张颜春，王福毅，刘文林，等.2013 年套袋红富士苹果轮纹病发生原因 [J].河北果树，2014, (2): 9, 11.

[164] 张艳杰，欧春青，王斐，等.梨抗黑星病研究进展 [J].中国果树，2017, (1): 78~82.

[165] 张一萍.葡萄病虫害诊断与防治原色图谱 [M].北京：金盾出版社，2005.

[166] 张毅.蛴螬在猕猴桃上的发生规律研究 [J].陕西农业科学，2018, (10): 27~28.

[167] 赵爱平，孙聪，展恩玲，等．梨小食心虫越冬场所调查及性诱剂诱捕距离初探 [J]. 中国植保导刊，2016, 36(12): 24~28.

[168] 赵龙龙，张未仲，胡增丽，等．冬型中国梨木虱在梨树不同部位的产卵特点 [J]. 植物保护，2019, 45(4): 201~204.

[169] 赵永飞，祝国栋，任卫国，等．北方落叶梨树主要病虫害的发生与防治 [J]. 现代农业科技，2019, 758(24): 97~98.

[170] 赵玉玉，许向利，李帅，等．陕西关中地区杀虫剂清园措施对桃树桃蚜种群的影响 [J]. 植物保护，2017, (1): 205~209.

[171] 郑科．苹果褐斑病的发生与防治 [J]. 北方果树，2018, (5): 35~36.

[172] 郑玉峰．桑盾蚧的发生与防治 [J]. 现代农村科技，2016, (8): 27.

[173] 郑洲翔，阳艳萍，刘德浩，等．杨叶肖槿害虫种类及为害研究 [J]. 林业与环境科学，2016, 32(5): 69~73.

[174] 支九田，鱼庆庆．富平县苹果褐斑病大发生的原因及绿色防控技术探讨 [J]. 陕西农业科学，2016, 62(12): 83~84, 113.

[175] 周洪亮，牟丰盛，陈磊．玉米白星花金龟的发生与防治 [J]. 吉林农业，2016, 15(384): 99.

[176] 周吉生，周中磊．苹果炭疽病及其防治技术 [J]. 北方果树，2019, (3): 37~38.

[177] 周亚辉，许业帆，梁晨浩，等．防治梨二叉蚜田间药剂防效试验 [J]. 上海农业科技，2017, (6): 124~125.

[178] 朱凤华，陈晓林，皮楚舒，等．桃褐腐病的发生与防治 [J]. 湖北植保，2017, (6): 20, 33.

[179] 祝国庆，张勇，钱春莲，等．不同药剂对葡萄短须螨的防治效果 [J]. 园艺与种苗，2019, (2): 17~18.

[180] 宗殿龙．柿绒蚧的发生规律及防治技术 [J]. 河北果树，2020, (1): 43, 46.

[181] 邹继生，唐斌，李育民，等．上海地区梨锈病的发生规律、灾变预警及防控技术 [J]. 中国农技推广，2018, 34(8): 64~66.

[182] 科学数据库，中国科学院，http://www.zoology.csdb.cn/